THE IG NOBEL PRIZES

最有梗的桂冠
搞笑
諾貝爾獎

馬克・亞伯拉罕斯——著
Marc Abrahams
林東翰——譯

目　錄

0 導言

- 什麼是「搞笑諾貝爾獎」？
- 獲得搞笑諾貝爾獎該高興嗎？
- 怎麼選出得主？
- 頒獎典禮
- 怎麼處理會冒犯人的內容
- 內容分級監察人的任務
- 內容分級監察人的警告
- 這個獎引發的爭議
- 搞笑諾貝爾獎源起簡史
- 如何提名參加這個獎
- 如何閱讀本書

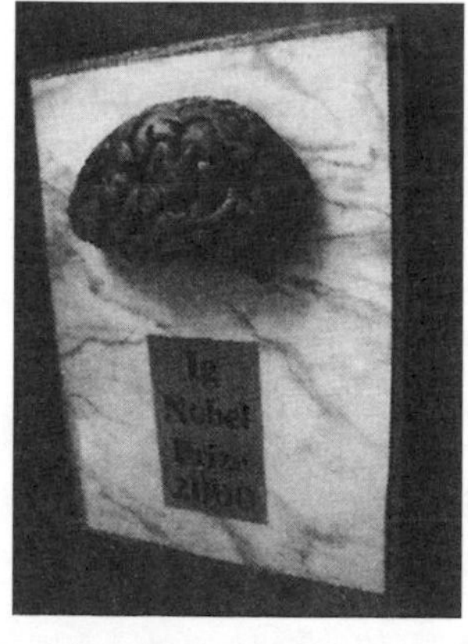

搞笑諾貝爾獎每一年
都會設計不同的獎座，
本照片是二〇〇〇年的講座。

什麼是「搞笑諾貝爾獎」？

有些人對這個獎垂涎三尺，有人卻避之唯恐不及；有些人認為它是文明的標記，有人倒認為它是難以抹除的汙點；有些人大笑著接受它，另有些人卻是嘲笑它。許多人推崇它，也有少許人是罵聲連連，而某些人就只是覺得一頭霧水。還有很多人則是瘋狂愛上它。

這就是搞笑諾貝爾獎。

搞笑諾貝爾獎的得主們對於他們研究成果的熱中程度，就好像神探福爾摩斯對他那遠近馳名的「蒐集剪報」嗜好一樣：

「那一大本蒐集了倫敦各種書報雜誌分類廣告剪報的檔案夾，他每天都會拿出來看，全年無休。他翻頁的時候，會一邊喃喃念著：『天哪！這簡直是人們吐苦水、哀泣與竊竊低語的大合唱！根本是奇行異事的大集合！然而，對於那些研究不尋常事件的學者來說，這裡肯定是最有價值的獵場了。』」

不過，福爾摩斯只是虛構的小說人物，而搞笑諾貝爾獎得主是活生生的真人。

每一年，我們都會頒發十座搞笑諾貝爾獎，給「其成就無法或不應該再來一次」的人士。「搞笑諾貝爾獎」是要向那些完成了極可笑成就的人士致敬的——有些成就讓人肅然起敬，有些恐怕不然。

每一項獲頒搞笑諾貝爾獎的成就都能令人：

（1）開懷大笑，還有

（2）不可置信地搖頭。

許多成就是科學方面的：有個挪威生物學家評估了麥芽酒、大蒜、酸奶油對水蛭的胃口產生什麼影響；美國一名教授餵蛤蜊吃百憂解；紐約一名獸醫把貓身上抓來的耳疥蟲塞進自己耳朵裡，詳細記載接下來發生的所有狀況；一名法國生物學家做了許多實驗，來證明水能夠記住事情。還有一名加拿大的教授，安排了一場哥斯大黎加的不同品種蝌蚪試吃會，注意：是試吃蝌蚪，不是為這些蝌蚪安排試吃會。

有些成就和味覺有關：英國一名物理學家測定了浸泡餅乾最理想的方式；澳洲有位很有煽動力的演說家解釋說，人類並非真的需要吃東西才能活；韓國有位宗教領袖帶動了「百萬對佳偶集團結婚」產業的穩定成長。

有些成就則是經濟方面的：有個傢伙搞垮了英國歷史最悠久的銀行；有個商品交易員把智利的國民生產毛額賠掉了0.5%；一名美國經濟學家證明，死亡和稅賦有詭異的密切關係。得獎的還有垃圾債券之父，以及倫敦勞合社莫名其妙糾纏不清的投資人。

有些成就則跟「發現」和「失去」有關：發現月球背面有十英里高建築群的業餘科學家；由於堅信古代洞穴的壁畫只是塗鴉，而把它們給擦掉的法國童子軍。另外有幾位外科醫生整理出一份調查報告，記載了在人類直腸裡發現過的物品。

有些成就是醫學方面的：有個男人意外刺破了手指，然後發出惡臭長達五年，治療他的醫生也忍受了這股臭味五年之久；某加拿大醫生研究了身高、陰莖長度和腳掌大小之間的關聯；一名印度精神科醫生發現，挖鼻孔是青少年共通的活動。還有名蘇格蘭醫生則詳細記錄了格拉斯哥的馬桶爆裂事件。

有些成就和物種繁衍有關：某荷蘭研究團隊率先使用磁振造影機，拍下一對情侶性交中的生殖器影像；一對沒有子女的老夫婦則是發明了一台機器，利用離心力協助孕婦分娩。

有些成就和藝術有關：像是粉紅塑膠火鶴的創作者；解剖學經典海報《動物界陰莖大展》的幕後推手；發現聆聽公共場所背景音樂，有助於預防疾病的心理學教授；另外有位日本心理學家，則是把鴿子訓練得能夠分辨畢卡索跟莫內的畫作。

有些成就涉及文學：一份篇幅僅僅十頁，卻有多達九百七十六名共同作者的科學論文；寫出《放屁是對抗無法言喻的恐懼的防衛方式》這篇報告的義大利心理醫生；帶動了無所不在的垃圾電子郵件的費城商人；還有成立了「撇號保護學會」(Apostrophe Protection Society)[1]的一名退休編輯。

有些成就，則是贏得了令人夢寐以求的搞笑諾貝爾獎和平獎，像是互相在對手後院引爆原子彈的國家領導人們。英國海軍則是告訴他們的水兵不再使用砲彈，改以喊出「砰」代替。一名立陶宛蘑菇業大亨打造了最有趣的公園，人稱「史達林世界」。南非一對夫妻檔則是發明了一套汽車警報器，裡頭包含了一組動作偵測器以及火焰噴射器。

還有很多很多。

這些事情可能讓人難以置信，所以搞笑諾貝爾獎管理委員會才會印行相關資訊，讓任何人都能拿來驗證，以及細細品味它們的始末細節。

再者，這也是為什麼我們會邀請獲獎者，前來參加每年十月在哈佛大學舉行的搞笑諾貝爾獎頒獎典禮。獎項得主必須自費來參加典禮，對許多人來說，這一趟顯然值回票價——會有一千兩百名親切的觀眾，擠在僅容站立的禮堂裡，用溫馨、如雷的掌聲和射來射去的紙飛機，歡迎得主蒞臨。

此外搞笑諾貝爾獎還會邀請真正的諾貝爾獎得主，親手把搞笑版獎座頒給獲獎者。這種場面往往是神奇的瞬間：在那一刻，感覺彷彿宇宙裡相對的兩個極端因某種因緣際會而相遇、接觸。諾貝爾獎得主與搞笑諾貝爾獎得主相視對望，雙方都既喜悅又驚訝。

獲得搞笑諾貝爾獎該高興嗎？

得獎算是走運嗎？沒錯！有些人為了贏得搞笑諾貝爾獎，可是奮鬥了好幾年還無法如願呢。大多數得主都是突然得知自己獲得了這份殊榮。某個好日子出現了通知書，接著會深入懇談數次，確定通知書確實有送達，最後——是由一個令人不知所措、不尋常的世界的人予以正式表揚，他們也做過許多……呃……不尋常、令人不知所措的事。

事實上，大部分搞笑諾貝爾獎得主得知獲獎時，會覺得很樂，至少會有一點點高興。這份殊榮確實奇怪，不過人生苦短，那何不就此接受了呢?

一般說來，這世界似乎很喜歡把事物分成非A即B，因此別的獎項大多是讚揚優良表現，或嘲諷差勁的事情。奧運獎牌是頒給最優異的運動員；「最差服裝獎」則是送給穿著最難看的名流。諾貝爾獎頒給科學家、作家和其他各門專精的人才。確實，偶爾會有看走眼的事或發生遺珠之憾，不過那些獎與其他大多數的獎，是為了表彰最極端的人類——這些人的成就不是極優，就是極差。

搞笑諾貝爾獎就不一樣了！它正如其名，是要表揚那種平常存在我們大多數人之中最荒唐的事物。生命是混亂的，好事壞事摻雜，陰和陽也難以辨別；有時候，森林與樹林，上面與下面，同樣不易區辨。

大部分的人終其一生，都未曾獲得夠不得了、有看頭的獎，讓大家知道「沒錯，他們做了件了不起的事」。這也是我們頒發搞笑諾貝爾獎的用意。要是你得了一座，就代表你做了某件事。做了什麼事可能很難解釋清楚，甚至很可能完全無法解釋。要解釋你的成就對大眾是好是壞可能很困難，甚至很痛苦。然而你確實做了那件事，而且因為做那件事而受到認可，讓其他人明白這些他們將來會認可的事情。

怎麼選出獲獎人？

搞笑諾貝爾獎得主和他們的成就都是真人真事，是不容吹噓造假的。在某次搞笑諾貝爾獎頒獎典禮的尾聲，一名英國女記者爬上講台，向剛剛幫忙頒發獎座的一名諾貝爾獎得主搭訕。

「這是你第一次參加搞笑諾貝爾獎頒獎典禮，是嗎？」她詢問這位傑出的科學家：「你喜歡嗎？」「喔，是啊，」他樂得眼睛笑瞇瞇的，回答說：「那些人好好笑！你能想像要是他們真的幹了那些事，會怎樣嗎？」

女記者低聲竊笑著，「他們**確實**幹了那些事啊。」

得主是誰選出來的？答案是「搞笑諾貝爾獎管理委員會」。這個委員會有哪些人？呃，它的成員包括了我編輯的趣味科普雜誌《不可思議研究年鑑》（*Annals of Improbable Research*，簡寫*AIR*）的編輯群、大批的科學家（沒錯，其中包括幾位諾貝爾獎得主）、新聞記者，以及許多不同國家不同領域的人士。他們從未齊聚一堂過。提名過什麼人，或者委員會裡到底有哪些人，同樣沒有留下記錄。要決定最後的得主名單時有個傳統，我們會從街上隨機找些路人給意見，讓結果不會太偏單方面。

提名的名單打哪來的？任何地方、每個地方都有。任何人都可以提名任何人角逐搞笑諾貝爾獎，而且這麼做的人相當多。每年我們都收到幾千筆提名，裡頭也有相當多人提名他們自己（到目前，只有一個獎項頒給自己提名者——是挪威的貝爾罕姆與沙維克〔Baerheim and Sandvik〕這個團隊，他們研究了淡麥酒、大蒜和酸奶油對水蛭胃口的影響。）

大體上，這些被選出來的得主若是堅信，這個獎會讓他們在老闆、政府面前（或類似的場合）覺得專業受到貶損，他們可以回絕這個獎。不過只有少數人婉拒我們送出的獎項，大多數得主都前來參加頒獎典禮，要是預算或環境不允許而無法成行，至少也會送來得獎感言。

前來領獎的得主通常都會受到溫馨的歡迎。要是有人氣度夠大，願意出席公開慶祝他們愚蠢的成就，觀眾和主辦人就算會偷偷竊笑，通常還是會向他們致意，表示讚賞。

頒獎典禮

要是你贏得搞笑諾貝爾獎，那麼最棒的就是能成為頒獎典禮的主角，並且成為本市「奶油面朝下的吐司」[2]（upside-down-buttered toast of the town）。

最初頒獎典禮就像一些惡搞活動一樣，在寂靜的深夜裡展開，大約有三百五十個人擠在麻省理工學院的一間博物館內。在第一年（一九九一年），我們邀請了四位諾貝爾獎得主來幫我們頒獎。四個人全都戴著葛諾丘眼鏡[3]，披著肩帶，戴著氈帽，精心打扮、穿著體面地盛裝出現。我們也會邀請一般民眾來參加，而且入場券立刻就被爭搶一空。記者也會出現，在當晚，每個人都有著要偷偷摸摸，把這件與眾不同的事件付諸實現的那種惡搞的感覺。重點在於「偷偷摸摸」——因為我們都覺得，上頭當局的人彷彿遲早會衝進來，叫我們停止這種無聊事，回家洗洗睡。不過並沒有人來阻止，而且典禮大獲成功，結果隔年，我們還得把典禮移到麻省理工學院最大的會議廳舉行。

從此以後，提名名單像滔滔不絕的洪水般湧來，而且觀眾、搞笑諾貝爾獎得主以及諾貝爾獎得主，每一年都會遠道前來頒獎典禮參一腳。

在一九九四年的第四次第一屆搞笑諾貝爾獎頒獎典禮之後，一個因消化不良而覺得煩躁的麻省理工學院管理階層人士，試圖禁止這樁盛事。很離奇卻也很搞笑的，搞笑諾貝爾獎管理委員會於是把所有家當打包上路，全搬到兩英里外，目前的永久根據地——哈佛大學裡最悠久、最大也最莊嚴宏偉的會議廳「桑德斯劇院」。幾個哈佛大學學生社團與《不可思議研究年鑑》一起贊助這項活動。許多哈佛大學與麻省理工學院的教職人員、學生與行政人員，以及其他許多人，也投入了這個現在變成一年一度，全由義工參與主辦的成果發表會。

典禮本身也越來越複雜了。輕鬆愉快的典禮上，有各種消解大會莊嚴性的插曲，像是奧斯卡式的吹捧恭維、加冕典禮、馬戲團、足球賽、歌劇、裝瘋賣傻、實驗室意外以及傳統的百老匯節目《Hellzapopping》。每一年，在那新的十項搞笑諾貝爾獎頒獎的過程中間和高潮之處，還會加入更多好料。在典禮上，我就像《芝麻街》裡的那隻大青蛙一樣擔任司儀，這個戲院裡擠滿了才華洋溢的瘋子，各個都朝著自己的獨立世界全速前進，我得竭盡所能地試著保持那極為薄弱的冷靜與尊嚴。

大約在第二年的時候，開始形成一個傳統：由總共約一千兩百名的觀眾整晚朝著台上射紙飛機，而台上的人也整晚都在撿紙飛機射回去。由於丟上台的紙張實在太多，我們吩咐了兩個人不斷掃開紙屑；不這樣做的話，我們在台上幾乎完全無法走動。

當晚從傳統式的「歡迎，歡迎！」致詞開始，致詞者是一名女性長者，整段致詞就只是說著：「歡迎，歡迎！」還有由觀眾委派代表組成隊伍的盛大進場儀式，那些派出代表出席的團體比如有「爛藝品博物館」(Museum of Bad Art)、支持與反對法律繁複性的律師團體(Lawyers for and Against Complexity)、「計算尺保護協會」(Society for the Preservation of Slide Rules)、「小小科學家社團」(Junior Scientists' Club，這個社團的所有會員年紀在七歲左右)、「明天會更好水果蛋糕」(Fruitcakes for a Better Tomorrow)、「落腮鬍協會」(Society of Bearded Men)、「哈佛官僚俱樂部」(Harvard Bureaucracy Club)、「反重力老奶奶」(Grannies Against Gravity)，以及抗議團體「爭取芬蘭適度變革非極端份子」(Non-Extremists for Moderate Change in Finland)。

到了晚上的某個時刻，會舉行「與諾貝爾獎得主約會機會爭奪賽」，會有一名幸運的觀眾贏得與諾貝爾獎得主約會的機會。

一九九四年的頒獎典禮包括了《解說電子之舞》（*The Interpretive Dance of the Electrons*）全球首次、也是唯一一次表演：這是「尼可拉．霍金斯舞蹈公司」（Nicola Hawkins Dance Company）演出的芭蕾舞劇，由諾貝爾獎得主理查．羅伯茲（Richard Roberts）、杜德利．赫許巴哈（Dudley Herschbach）與威廉．李普斯康（William Lipscomb）擔綱主角。

自一九九六年後，我們每年都會寫一齣小型歌劇，交由職業歌劇演唱者和幾位諾貝爾獎得主一起表演。創作這些歌劇作品的關鍵在於，要把角色安排給各色各樣的演出者，這些演出者若不是（一）技巧與天分極度高超，不然就是（二）有討人喜歡的策略。我們的第一部作品是《蟑螂歌劇》（*The Cockroach Opera*），後來幾年裡分別首度呈獻了《大爆炸》（*Il Kaboom Grosso*，關於大爆炸學說〔Big Bang〕，最後的部分找了五位諾貝爾獎得主演出次原子粒子）、《席德的歌劇》（*The Seedy Opera*，找了五名男高音擔任主角，扮演搞笑諾貝爾獎得主物理學家理查．席德〔Richard Seed〕，這傢伙打算複製他自己），以及其他輕鬆的小品音樂劇。

每年的頒獎典禮，也包含一些由科學界、文學界、藝術界的名人帶來的特別節目，賣弄一下他們讓人意想不到的才藝。

名稱來自著名的「海森堡不確定性原理」（Heisenberg Uncertainty Principle），以諾貝爾獎得主維爾納．海森堡（Werner Heisenberg）命名的「海森堡確定性講座」，給了許多著名的科學家、大學校長、演員、政治家與音樂家演講機會，向聽眾發表任何他們想講的主題；不過有個限制：得在三十秒內講完。這活動由一名職業足球裁判嚴格執行時間限制，超過時限的人都會被丟下講台。從觀眾反應證明，這做法很受歡迎。

有一年，一群有名的思想家，在一場要認定「世界最聰明的人」

的比賽裡僵持不下。這場比賽決定用一對一，三十秒辯論的方式來決定，辯論雙方都要在三十秒內發言完畢，裁判約翰．巴瑞特（John Barrett）會嚴格控制發言時間。

在第六次與第七次第一屆的搞笑諾貝爾獎年度頒獎典禮上，我們都拍賣出了諾貝爾獎得主的左腳石膏模，拍賣所得全捐贈給本地學校的科學計畫案。

第十一次第一屆的年度頭號搞笑諾貝爾獎頒獎典禮，高潮戲是一場婚禮。那是一場貨真價實的婚禮，主角是兩名科學家，結婚典禮為時六十秒，有一千兩百名賓客，包括四名淚水盈眶的諾貝爾獎得主，以及四十名戴著史達林面具的人（這件事說來話長，跟當年的和平獎得主有關），整場婚禮經由網際網路現場直播。搞笑諾貝爾獎得主、「不再臭屁內褲」（內裝有可替換活性碳過濾器，在臭屁可能外洩之前，就會把臭屁消除）發明者巴克．威默（Buck Weimer），送了幾件內褲給這對新人，還教他們怎麼用。那一夜稍晚的時候，新娘的母親離開桑德斯劇院時，開心地告訴大家：「雖然這場婚禮和我為我女兒所打算的不盡相同，不過卻更理想。」

由於頒獎典禮上有這麼多事情要進行，還有那麼多人要演說，我們面臨了一個嚴重的問題：要怎麼優雅地打斷那些無法、或不願長話短說的人？「海森堡確定性講座」限時三十秒的成功經驗，讓我們想到了一勞永逸的方法：一九九九年，我們採用了偉大的創舉：「甜便便小姐」（Miss Sweetie Poo）。

甜便便小姐是個超級可愛的八歲小女孩，只要她覺得演說者發言超出了時間，就會上前走到講檯旁，抬頭望著演說者說：「別再講了，很無聊，別再講了，很無聊，別再講了，很無聊。」她會這樣一直念到演說者投降為止。

找來甜便便小姐的效果非常好。自從她出現，頒獎典禮時間比以前省了40%——甜便便小姐是我們最了不起的發明。

後來，世界各國有越來越多新聞報導搞笑諾貝爾獎，我們也努力讓遠方的人能夠更容易觀賞頒獎典禮。從一九九三年以來，國家公共廣播電台（NPR）每年都在北美播送搞笑諾貝爾獎典禮；而從一九九五年的第五次第一屆年度搞笑諾貝爾獎開始，我們便在網路上現場直播每一屆頒獎典禮[4]。多年以來，我們的轉播工程師一直是被判過刑的重刑犯、哈佛研究生羅伯特．泰潘．莫里斯（Robert Tappan Morris），他的蠕蟲程式曾癱瘓了整個網際網路，這也讓他成為最有名的電腦網路罪犯。

要是你剛好知道有人夠格獲得明年度的搞笑諾貝爾獎，歡迎你寄提名名單過來。

怎麼處理會冒犯人的內容

在頒獎典禮上，我們很盡力地維持一種高貴、正直的基調（tone），往逆時針方向扭了三度[5]。

觀眾和聽眾都有清楚明確的辨別能力，然而我們從來就不確定那是什麼。觀眾有年幼孩童、當了祖父母的、有神職人員、理性的科學家，有的坐在劇院，有的透過網路轉播，一部分人則是貼在收音機旁，眾人看著、聽著頒獎典禮。為了確保不會有不當的內容冒犯到他們的眼睛、耳朵或（上網者的）指尖，我們聘請了紐約知名律師威廉．J．馬隆尼先生（William J. Maloney），來維持典禮內容不會越線。

每年他會在典禮當天放下工作，開車北上來到250英里外，麻州的劍橋，盡職執行「內容分級監察人」的任務。內容分級監察人會拿著一支廉價的錫製軍號、一支小旗子、穿著考究的西裝，再加上崇高的個人威嚴，在他覺得很可能有礙觀瞻的任何事情發生之前，加以制止。

搞笑諾貝爾獎管理委員會要馬隆尼先生為本書讀者解釋他的任

務，底下就是他的說明。

內容分級監察人的任務

「擔任搞笑諾貝爾獎頒獎典禮的內容分級監察人……或是審查員，你愛怎麼稱呼就怎麼稱呼……防止觀眾和聽眾看到、聽到他們最想看、最想聽的東西，是我的職責，也是很奇妙的樂趣。我那不定時的干預行為，會遭到一小撮抗議者敵視也實屬正常；他們就像嬰孩看待搶走他糖果的人那樣，堅信我剝奪了他們某些最特殊、美妙的娛樂。」

「不過，要是我允許了在一九九六年的頒獎典禮上所預先阻止的事，讓他們證明經由充氣娃娃染上淋病的傳染過程的話，他們是會覺得很樂，還是會厭惡呢？二〇〇一年頒獎典禮的觀眾，需要親自聞一聞巴克・威默的「不再臭屁內褲」，以確認它能在臭氣外洩之前就把臭氣消除嗎？看著卓越的科學家、諾貝爾獎得主，用巨大的人造手指挖著鼻孔，或是再次用著比例怪異的人工四肢來驗證身高、腳掌尺寸與陰莖長度的關係，會覺得好玩嗎？文明社會應該為了慶祝一九九七年和平獎，而藉由「觀察活人在不同的死刑執行方式下所遭受的痛苦」來加以驗證嗎？真的，我們真的需要看著一個胖子壓垮馬桶，來確認這種事的確會發生嗎？」

「這是我替觀眾把關、極可能有礙大家觀瞻的部分事件。經過再三思索，我確信就算是抨擊我抨擊得最激烈的人也會認同，對於維護搞笑諾貝爾獎頒獎典禮的莊嚴，時時刻刻緊迫盯人是絕對必要的。儘管科學是單純而且對人類有益的，但是那些從事科學研究的人，尤其是得到搞笑諾貝爾獎的，似乎越來越會汙染人們的思想和行為。大家運氣很好，內容分級監察人已經準備好阻止任何會侵犯眼睛、耳朵與指尖的不當內容。」

內容分級監察人的警告

「走馬看花地檢查過本書之後，我的結論是：本書並非全都適合所有年齡層的讀者。書裡充斥著不當、令人不快的圖片、字眼、句子和想法。我極力奉勸大家別買這本書；要是你已經買了，那就別看。萬一別人知道你擁有這本書，你會被嘲笑，被大家當成拒絕往來戶。若加上一些值得考慮的做法的話，本書可能會比較無傷大雅，雖然它仍然不能算是優良好書。以下這幾頁████████，你應該完全撕掉；而出現在████████████這幾頁的圖片，你應該貼上膠帶遮蓋起來。就我個人的藏書來說，我喜歡用水電膠帶，這種膠帶是不透明的，而不管你怎麼撕開膠帶，都會撕壞底下的圖片。」

這個獎引發的爭議

搞笑諾貝爾獎一直擺脫不掉爭議。英國政府的科學顧問羅伯特．梅爵士（Sir Robert May）就要求，即使英國科學家願意接受搞笑諾貝爾獎獎項，主辦人也別再頒給他們。梅寄了兩封怒不可遏的投書給搞笑諾貝爾獎管理委員會，後來還接受了新聞專訪。結果回應並不如他的預期。底下的社論就是典型的回應，這篇社論登在英國科學雜誌《化學與產業》（*Chemistry & Industry*）一九九六年十月七日發行的那期。《化學與產業》同意我們在這裡重登一次。

笑掉我們的大牙了

英國首席科學顧問羅伯特．梅是否既傲慢又掃興？最近他大肆批評諷仿諾貝爾獎的搞笑諾貝爾獎，這件事顯然只能確認，英國的科學機關本身太一板一眼了。

在《自然》期刊的某次專訪裡，梅警告說，搞笑諾貝爾獎正鋌而走險，陷「真正的」科學計畫於不義，使它們成了毫無用處的笑料；他們應該把焦點擺在「反科學」與「偽科學」上面。他建議搞笑諾貝爾獎：「讓認真的科學家能繼續從事他們的工作。」他會有這番怨言，是因為前一年英國食品科學家因為研究泡麥片粥而獲獎，引發媒體大肆報導，令人備覺尷尬。

這些牢騷有幾處漏洞。第一點，決定哪些科學家算是「認真的」，以及由於某些研究人員不希望成為笑柄，就要求（主辦方）別頒獎給他們（他們不算是差勁的科學家，但也稱不上優秀），這些都不干羅伯特 · 梅這種官僚的事。

第二點，搞笑諾貝爾獎是由學者舉辦，頒給學者的——這和梅拿來跟搞笑諾貝爾獎類比的那個惡名昭彰的美國金羊毛獎（Golden Fleece），並不一樣。搞笑諾貝爾獎是讓科學界的人自我解嘲的。

第三點，電視喜劇和小報新聞引起的短暫窘境，是打擊不了真正「認真的」科學家的研究成果的——當然，還要假設其他科學家也認定他們的研究成果是「認真的」。如果在出了一陣子風頭之後，有些科學家要花許多時間跟心力，向大家解釋他們的研究成果為什麼值得撥款贊助，那樣也算是好事，這種事應該更常發生，而非更少。

最後一點，根據報導，梅建議搞笑諾貝爾獎主辦人，應該先得到獎項得主同意（才頒獎給他們）。不過去年英國科學家確實同意接受獎項，這點讓梅的牢騷變得完全沒有著力點。此外，這個特殊的獎證明了，就算事先獲得同意也無法避免媒體惡意嘲弄。就像搞笑諾貝爾獎主辦人馬克 · 亞伯拉罕斯明明白白對梅說的：「不論好事壞事，愛嘲諷的英國小報和電視喜劇演員都很少放過。」

「對於搞笑諾貝爾獎是否有不良影響，梅並沒有舉出令人信

> 服的證據，他的失言只讓他（以及英國科學界）看起來既膚淺又缺乏幽默感。他誤把不快當成災難，把一板一眼誤當成認真。而且他誤解了這個獎的重點、過程與樂趣。這位顧問對此事的觀點不夠周延，科學家與其他人應該拒絕接納他的看法。但願在搞笑諾貝爾獎的金榜上，英國科學家能長佔其一席之地，名留青史。」

引發羅伯特．梅抱怨的一九九五年度獎項，是頒給諾維區（Norwich）的三名科學家，他們是以「關於浸泡早餐麥片的精確分析，並以〈水分含量對壓緊早餐麥片行為的影響研究〉（A Study of the Effects of Water Content on the Compaction Behaviour of Breakfast Cereal Flakes）為名發表報告」得獎。同一年，尼克．李森（Nick Leeson）在霸菱銀行（Barings Bank）破產事件所扮演的角色，讓他獲得搞笑諾貝爾獎經濟學獎。

搞笑諾貝爾獎管理委員會沒有因為羅伯特．梅的小小打擊就退縮，而完全忽略掉大英帝國內有重大成就的人，也沒有讓將來的得主打消念頭，拒絕接受這個在世界舞台的崇高地位。

在一九九六年，任職亞斯頓大學（Aston University）的羅伯特．馬修斯（Robert Matthews），就無懼祖國科學界首席官員的崇高地位，高高興興地領了物理學獎（因為他證明了土司塗上奶油的那一面，比較會落在地面上）。一九九八年度，格溫特皇家醫院（Royal Gwent Hospital）的三名醫生與一個匿名的病人一同獲得醫學獎，那名病人是他們獲獎的報告「被刺傷手指的男人與五年來揮之不去的臭味」裡的主角。的確，自從一九九二年以來，大英帝國每年至少產生一位搞笑諾貝爾獎得主（而且常常不只一位）。出自大英帝國的搞笑諾貝爾獎被提名人不只人數多，涵蓋領域也廣，每年挑出十名是輕而易舉。不過其他許多國家也是一樣。在這場永無止境的競逐中，單單靠口碑是沒有用的。沒有一個國家可以、或是應該倚賴其昔日成就的榮光。

搞笑諾貝爾獎源起簡史

創設搞笑諾貝爾獎，是我意外成為《無法複製的結果》(*Journal of Irreproducible Results*) 這本雜誌的編輯之後沒多久的事。這本雜誌是亞歷克斯．孔 (Alex Kohn) 和哈瑞．李普金 (Harry Lipkin) 這兩個非常有趣又有名的以色列科學家，在一九五五年創辦的，後來轉到他人之手，而且經營慘澹到幾乎快停刊。我從沒看過這本雜誌，但是在一九九〇年，我寄了好幾篇文章去試探看看它是否還存在，要是還在的話，看他們是否願意刊出那些文章。幾個星期後，我收到一個男人的電話留言，他說他是發行人，他收到那些文章了，問我願不願意擔任該雜誌編輯。

擔任科學雜誌的編輯後 (即使只是趣味性雜誌)，我常常遇到想獲得諾貝爾獎而找我幫忙的人。我總是要費盡唇舌解釋，我對諾貝爾獎完全沒有影響力，不過他們都會有志一同地鉅細靡遺告訴我，他們完成了什麼東西，還有為什麼夠格得獎。就某些方面來說，他們沒錯，他們是夠資格得獎，只不過不是諾貝爾獎。

就這樣，我跟每個我說得動來幫忙的人合作，開始辦起搞笑諾貝爾獎頒獎典禮。亞歷克斯．孔建議我仿造「顏面無光獎」(Ignoble Prize) 這個名字來取名——他和哈瑞．李普金已經把這個虛構的獎掛在嘴邊說了好幾年了。

搞笑諾貝爾獎的得主得做出「愚蠢並且引人省思」的事，而且「其研究成果無法或不應該重製」。其中有些研究結果可能愚蠢到了極致，有些則是令人驚訝到極點。有些到最後甚至可能變成——誰會曉得呢？——既是「愚蠢的好事」，而且「甚至可能很重要」。有些獎會頒給科學成就，一些則是頒給經濟、和平與其他方面。我們選出七名得主，並邀請他們前來參加頒獎典禮（然而起初我們是新手，只能聯絡到少數人）。在第一年，我們也選了三項偽造的成就。

我們在一九九一年十月，舉行了第一次搞笑諾貝爾獎頒獎典禮。從這十個獎項可以清楚看出，那些真正的研究成果在各方面都勝過那些虛構的。所以呢，接下來這些年，搞笑諾貝爾獎都是頒給真實的人物，有真實文件證明的成就。

附帶一提，該雜誌的發行人經過了一次公司重組，也很清楚他們不再對科學趣味雜誌感興趣，但因為不願看著它每況愈下，我們都離職並立刻創辦了一本新雜誌：《不可思議研究年鑑》。四名諾貝爾獎得主分別以自己特有的咯咯咯笑聲對我說，我是《不可思議研究年鑑》領導人[6]的那天，我一直記憶猶新，而《不可思議研究年鑑》是搞笑諾貝爾獎最傲人的基地。

搞笑諾貝爾獎如何提名

正式的獲獎規範標準

搞笑諾貝爾獎頒給「無法或不應該重製的研究成果」。

非正式的獲獎規範標準

獲獎的研究成果必須兼具愚蠢與引人省思這兩項條件。

誰有權提出提名名單

任何人都行。

誰有資格得獎

任何人，任何地方的人都有資格。不管哪一種人都會有不尋常的想法，還會誓言付諸實行。那些註定會得搞笑諾貝爾獎的人，其想法也都很不尋常，而且不會擔心發誓的問題——他們會直接快速採取行動。鞋子與船、甘藍菜與國王、離心力分娩機、水蛭胃口刺激試驗、泡茶的全面技術規範、分類在病人直腸發現的體外異物——以上任何一項都有可能達到「贏得搞笑諾貝爾獎的題材」的基本要求，而且大部分都達到了。你可以提名陌生人、同事、老闆、配偶，或是你自己。你可以提名一個人，也可以提名一個團隊。

誰沒有資格得獎

虛構的人物，或者是無法證實確實存在的人（與研究成果）。

分類

一旦選出了得主，每個獎都會有其專屬類別。有的類別每年都會頒發，像是生物學、醫學、物理學、和平獎、經濟學。其他類別（安全工程學、環境保護）則會依照該成就的特殊性與（或）怪異本質，來設立合適的獎項。但事實上，搞笑諾貝爾獎得主是不可能被這些類別框住的。（不過呢，要「框住」搞笑諾貝爾獎得主也不是不可能。比方說，有許多搞笑諾貝爾獎經濟學獎得主就無法來參加頒獎典禮，因為他們還要在牢裡待個五到十五年呢。）

好與壞

每年頒發的十件搞笑諾貝爾獎之中，大約一半是頒給大部分人會覺得或許愚蠢，卻值得表揚的事蹟，其他半數則頒給（在某些人眼中）較不值得表揚的。[7]至於是「好」還是「壞」，完全取決於評論者自己。

如何提交資料

在《不可思議研究年鑑》的網站（ https://www.improbable.com），你可以查到搞笑諾貝爾獎的精神、歷年來的獲獎人及其研究或事蹟、參加頒獎典禮的方式、各年頒獎的精彩花絮等，以及當年度的頒獎典禮舉辦時間。你也可以查到提名候選人的方式（請將提名用的資料寄到marc@improbable.com，信件主旨載明「Ig Nobel Nominations」）。

如何閱讀本書

本書是打算讓人大聲讀出來的，如果能夠在電梯裡用來開導同電梯的乘客，那再好不過了。另外像是火車、公車、地下鐵和候機室，也是不錯的地點。要是你在集團裡工作，每週都有煩人的會要開，可以試著每週挑一段出來念，當作幫會議定下初步結論。不會有人想要、或是能夠在聽完你念的內容之後，還能討論進度規劃和預算案。如果你是老師，在課堂上大聲念出幾段，當作一種啟發方式，或者是現實生活的警世小故事。

不要一坐下來就一次把整本書看完，因為這樣會讓你在往後幾天因過度亢奮或過度疲憊而無法入眠。

大衛・布許（David B. Busch）和詹姆斯・施特林（James R. Starling）那篇〈直腸裡能塞進多少東西？〉請留在最後再考慮要不要讀，尤其你打算在一大群人面前大聲念出來的話。

每位搞笑諾貝爾獎得主都有更深刻、更引人入勝的故事，這是你在本書無法讀到的。想要知道更多資訊就利用裡頭的參考資料。

進入《不可思議研究年鑑》的網站可以連結到（大部分的）搞笑諾貝爾獎得主的首頁、發表過的作品以及（或是）新聞剪報。你也能找到幾次頒獎典禮的錄影畫面，還能連結到國家公共廣播電台《國家論壇：艾拉・佛雷托的週五科學日》（*Talk of the Nation/Science Friday with Ira Flatow*）節目所錄製的年度搞笑諾貝爾獎的廣播錄音。

我們在《不可思議研究年鑑》雜誌和每個月發一次的免費電子新聞郵件《不可思議研究迷你年鑑》（*mini-AIR*）裡，也刊載了以前的搞笑諾貝爾獎得主的後續發展。

讀完本書之後，你可能會發現有兩件有趣的事可做；第一，找個你覺得他的判斷力和你一致的人，然後特別挑出幾個搞笑諾貝爾獎得主，比較一下你們倆對這些得主的觀感。回答這樣的問題：「這裡頭哪個得主值得讚賞，哪個該罵？」或許會顯露出你料想不到的觀念與個性上的差異。

第二，詳細看看附錄，裡頭列出了逐年各個獎項的得主。隨便挑出某一年，稍微想想當那一群得主在搞笑諾貝爾獎頒獎典禮現場碰面，開玩笑地討論著把他們的成果組合起來，那會碰撞出怎樣的火花呢？舉個例子來說，在一九九九年頒獎典禮上的集體討論，就特別具有啟發性。

最後，在你開始看本書之前要告訴你一句：**這些人和這些事情都是真實的**。你應該會覺得難以置信，要是真的如此，那麼你可以利用那些參考資訊，**親自查閱並了解**。

1〔譯註〕撇號亦可稱為省略號。

2〔譯註〕「奶油面朝下」與本書〈奶油吐司掉落時，哪一面朝下？〉有關；後半的toast of the town意思則是「本市的風光人物」。

3〔譯註〕Groucho glasses，一種黏著假鼻子跟假鬍鬚的眼鏡，名稱源自美國喜劇演員葛諾丘·馬克斯（Groucho Marx）。

4〔原註〕你可以在《不可思議研究年鑑》的網站www.improbable.com上，觀看影片以及其他精彩內容。

5〔譯註〕雙關語，如音響的音調鈕，往逆時針方向是調弱。

6〔譯註〕*AIR*head，也有「笨蛋」的意思。

7〔編註〕現在大多頒給前者。

1 醫學大突破

人體肢幹總免不了會受損殘缺；
醫生和醫療人員會竭盡全力防止人們衰老，
或是將斷掉的、受感染的、
或只是出毛病的地方治癒。
有時候成功了，有時候會失敗，
有時候則是讓他們贏得搞笑諾貝爾獎。
底下這四件醫學成就就有幸得到這份殊榮：

- 用電擊療法急救響尾蛇咬中毒，無效！
- 充氣娃娃成了淋病傳染途徑
- 青春期就是愛挖鼻孔
- 公共場所播放的音樂可以預防感冒

用電擊療法急救響尾蛇咬中毒，無效！

近來，在美國以高壓電擊療法來急救蛇毒中毒者越來越普遍。我們提供了一則病例來證明：對於遭草原響尾蛇（*Crotalus viridis*）咬傷的傷患面部施以電擊療法，是危險而且無效的。

——摘自達特與葛斯塔夫森發表的報告

正式宣布｜搞笑諾貝爾獎醫學獎

這個獎項要頒發給兩組人：

其一，「X病人」這位前海軍陸戰隊員——遭到自己寵物響尾蛇毒牙咬傷的英勇受害者——由於「決定用電擊療法處置」而獲頒此獎：在他本人的堅持之下，他的朋友把汽車的高壓線（spark-plug wire）**接上他的嘴唇並且發動引擎，以3000 rpm的轉速運轉長達五分鐘。**

其二，洛磯山毒物醫療中心（Rocky Mountain Poison Center）**的理查 · C · 達特醫生**（Richard C. Dart）**以及亞利桑那大學醫療科學中心**（University of Arizona Health Sciences Center）**的理查 · A · 葛斯塔夫森醫生**（Richard A. Gustafson）**，他們因為發表立論嚴謹可靠的醫學報告〈用電擊療法急救遭響尾蛇咬中毒者是無效的〉**（Failure of Electric Shock Treatment for Rattlesnake Envenomation）**而獲頒此獎。**

他們的報告發表在1991年6月發行的《急救醫學年鑑》（*Annals of Emergency Medicine*）第20冊，第6集，第659至661頁。

「不要相信你所讀過的任何東西」這句話，讓一名前海軍陸戰隊員學到了寶貴的一課。和這寶貴的一課扯上關係的，還包括他的寵物響尾蛇、一輛汽車、一個太過言聽計從的朋友、一輛救護車、一架直升機、好幾公升等張靜脈注射液、一整套醫療用品，以及無數醫療人員。

在此我們將使用醫學報告裡的名字「X病人」，來稱呼我們要討論的這個人。曾被劇毒的寵物蛇咬傷過十四次的這位「X病人」認為，自己已經做好最萬全的預防措施，來迎接可能因為運氣欠佳而發生的第十五次蛇吻。

雖然遭到響尾蛇咬傷可能會致命，不過還是有一套標準的處置程序——注射「蛇毒血清」(antivenin)。在患者被蛇咬傷後，儘速注射足夠劑量的蛇毒血清，這樣的處理方式幾乎都能見效。但不知怎麼的（大概只有他自己最清楚了），「X病人」堅持要用另外一種治療方法。

他曾經在男性雜誌裡讀過幾篇報導，上面提過有一種療法極為有效：利用適量、強力的電擊。報導中說基本上要用高電壓的電流；有些「專家」則是推薦用電擊棒，而且至少有一家公司製造供應專門用在這種用途的電擊棒。「X病人」和他的朋友事先協定好，將來要是他們其中一人遭響尾蛇咬傷，另一個人就要立即用充足的電力來救他。

這樣一點點的事前「預防」措施，可是遠遠比事後才「治療」還糟糕。糟到超過你能想像。

• • •

有一天，「X病人」跟他的蛇在玩耍時，這條蛇將牠的毒牙牢牢地扎進「X病人」的上嘴唇。

「X病人」的朋友立即採取行動。就依照他們倆所協議好的，他讓「X病人」躺在汽車旁的地上，然後用一個小型金屬夾，將汽車高壓線固定在「X病人」那受創嚴重的嘴唇上，把他和車子的電力系統相連接。

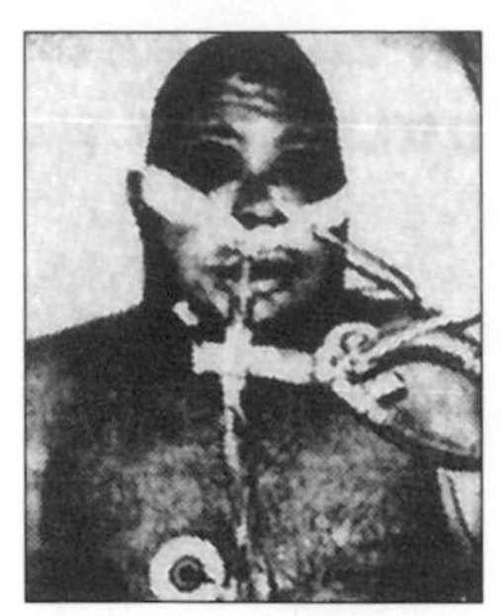

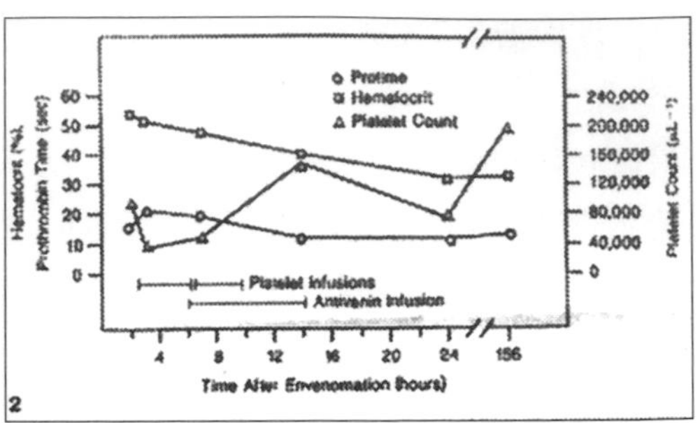

X病人堅持用電擊治療蛇咬中毒。

接著他的朋友發動車子，讓引擎轉速達到3000 rpm。為了確保能產生足夠的電量，他維持這個引擎轉速持續長達五分鐘。過程就像後來發表的這份醫學報告所敘述的：

「病人在第一次通電的時候就失去知覺了。將近十五分鐘之後，第一輛救護車才趕到，並發現病人已經不省人事，而且有大便失禁現象。」

救護車的隨行護理人員徵召來一架直升機。在飛行期間，「X病人」曾短暫自行甦醒，還抗拒對他施行的急救措施。

在他到達醫院之後立即拍下的照片裡，顯示出他「從臉部一直蔓延到胸部的部位腫脹極為嚴重，而且那些部位周圍以及胸腔上半部已經淤血」。這個傢伙活生生像個烤得熟透的馬鈴薯。

被找來處理這件病例的理查．達特醫生與理查．葛斯塔夫森醫生兩人，當時都在土桑市的亞利桑那大學醫療科學中心的「亞利桑那毒物與藥物資訊中心」(Arizona Poison and Drug Information Center)服務。處理的過程既複雜又冗長。

對於他們病人最初選擇的處理方式，達特與葛斯塔夫森醫生如此表示：

「儘管美國的調查員經過多次嘗試，即使是在理想的狀況之下，還是沒有辦法證明用電擊來處理對病情會有正面效果……此外……這種處理法可能有副作用。」

最後，儘管病人本人很誠摯地努力，不過還是施打了大量藥物，他才終於完全康復。理查·達特醫生與理查·葛斯塔夫森醫生就這個病例寫了一份極具教育意義的專業報告，發表在《急救醫學年鑑》上。

由於他們讓大眾對於遭遇蛇吻時的處理上了寶貴的一課，X病人與救他性命的兩位醫生，共同獲得了一九九四年搞笑諾貝爾獎的醫學獎。

得獎者無法來到搞笑諾貝爾獎頒獎典禮會場，不過達特醫生寄了一捲預錄好的得獎感言錄影帶。在領獎時他說：

「領到這座獎的時候，我像是被電昏了似的，不過還不像我們的病人昏得那樣徹底。」

• • •

達特與葛斯塔夫森的醫學報告，改變了公共衛生官員對於有大量響尾蛇出沒的區域的做法。現在的公共訊息宣導活動，經常在他們的「不要做……」表列裡加進一個項目，奧克拉荷馬州毒物管制中心的一份諮詢書就是典型的例子。那份列表以底下這些項目為結語：

- 不要浪費時間去捕捉或殺死蛇；辨識蛇的種類是有幫助，但不是很必要。
- 不要綁止血帶。
- 不要用冰敷或熱敷包覆。
- 不要給傷者服用鎮定劑或酒精飲料。
- 不要使用電擊棒或採取電擊。

充氣娃娃成了淋病傳染途徑

GONORESMITTET AV DUKKE.
（由充氣娃娃傳染上淋病）[1]

——在愛倫・克萊斯特與哈洛得・摩伊獲頒搞笑諾貝爾獎隔天，挪威報紙《VG》的頭版頭條標題

正式宣布｜搞笑諾貝爾獎公共衛生獎頒給

格陵蘭努克（Nuuk）**的愛倫・克萊斯特**（Ellen Kleist）**與挪威奧斯陸的哈洛得・摩伊**（Harald Moi），**他們以深具警惕作用的醫學報告〈經由充氣娃娃造成的的淋病傳染途徑〉**（Transmission of Gonorrhea Through an Inflatable Doll）**獲獎。**

他們的報告發表在1993年8月號的《泌尿生殖器醫學》（*Genitourinary Medicine*）第69冊，第6集，第322頁。該期刊後來更名，叫作《性傳染病》（*Sexually Transmitted Infections*）。

哈洛得・摩伊醫生決定離開他的出生地挪威幾年，接下一份在格陵蘭努克的性病專科診所的工作。在那個時候，不管是他還是診所的護士愛倫・克萊斯特，都不是十分了解充氣娃娃。不過，當有個欲言又止的船員來到他們的診所，展示了他染上的疾病病徵，而且不肯明明白白說明緣由，摩伊醫生和克萊斯特護士起了疑心。他們利用優秀的問診推測技巧後發現，充氣娃娃除了它本身那引人注目的角色外，也在病患染上花柳病的事情上參了一腳。

那位病人是拖網漁船船長，他來到性病專科診所時，已經有淋病的典型症狀了，驗血之後證實了診察結果。然而摩伊醫生和克萊斯特護士難以從他那極端散亂的故事中理出頭緒。他們強迫病人把細節交代清楚。

他們會這樣打破砂鍋問到底，倒不只是因為好奇心驅使。在格陵蘭，就像世界其他許多地方一樣，專科醫生必須協助調查每件淋病病例並追查其來源，好避免造成大流行。對其他某些特定的性傳染病也會做類似的要求。

這位船長曾經出海三個月之久，不過他的症狀是在他的航程快結束才開始出現的。顯然，他是在船上染上淋病的；問題在於，是怎麼染上的？他船上的船員都是男性，而那位船長堅稱他從來沒有跟同性有過性行為。

經過摩伊醫生和克萊斯特護士嚴厲的質問，這位船長終於乖乖吐實了。某天晚上，他前去某個船員的艙房，在未經允許的情況下借了一件器具：一個充氣娃娃。幾天過後，他注意到自己出現染病的初期症狀。

充氣娃娃的主人在船長借走它之前沒多久，才對他的「資產」物盡其用了一番。他（充氣娃娃的主人）後來也做了淋病檢驗，證實他的情況極為嚴重，而且是承蒙他出海之前才約會過的一位有血有肉、不需充氣的女孩子所賜。

這則推理故事的答案，是醫藥年鑑裡獨一無二的病例。摩伊醫生和克萊斯特護士決定寫份報告投書到醫學期刊。

由於他們在醫學及文學上的成功，哈洛得·摩伊與愛倫·克萊斯特獲頒一九九六年搞笑諾貝爾獎的公共衛生獎。

摩伊醫生自費前來參加搞笑諾貝爾獎頒獎典禮。在接受獎項時，他說：

「各位先生、各位女士，我很高興也很榮幸來領取這個大名鼎鼎的搞笑諾貝爾獎。這個病例的最大問題，在於對其伴侶的病歷報告與醫療處理方法，要如何寫得合乎規定。文獻上找不到針對充氣娃娃所做的抗生素藥物代謝動力學可供參考。那麼除了幫它打一針讓它消氣之外，還能做些什麼？」

接下來那天，摩伊醫生在哈佛醫學院一群全神貫注、擠得僅容站立聽講的醫生面前，上了一堂課。在他講課結束，全場幾近瘋狂的鼓掌聲逐漸安靜下來之後，前排的一位哈佛大學教授告訴另一名同事：「今天我學到了重要的一課。」

幾個星期後，搞笑諾貝爾獎管理委員會收到了一位紐約市民的來信，他從報紙上看到摩伊醫生的事蹟。信中寫道：「這個例子可以提醒我們大家，當你跟充氣娃娃發生性行為時，等於你也和其他與那個娃娃睡過的人發生過性行為。」

搞笑諾貝爾獎小百科｜充氣娃娃在現代醫學裡的角色

在現代的醫學院與護理學院的課程裡，充氣娃娃頂多只會被一筆帶過，很少有醫學教科書願意多花篇幅討論這個主題。

醫學文獻裡確實包含了一些蠻有趣的研究報告，像是：《波士頓地區專科醫生對解剖用人型娃娃的利用》（*Use of Anatomical Dolls by Boston-Area Professionals*，一九九二年），《得癡呆症的嬰兒娃娃》（*Baby Dolls in Dementia*，一九九〇年），《解剖用人型娃娃的外生殖器是否不夠逼真？》（*Are the Genitalia of Anatomical Dolls Distorted?*，一九九〇年）；有挑釁意味的《照真實人體修正人型娃娃：研究VS臨床實務》（*Anatomically Correct Dolls: Research vs. Clinical Practice*，一九八八年）；以及這份來搗亂的眼科醫學報告《一個引誘洋娃娃眼珠上下動作的花招》（*A Maneuver to Elicit Vertical Dolls' Eye Movements*，一九七九年）。不過對於摩伊醫生與克萊斯特護士所處理的這個病例，沒有一份報告可以提供任何參考。

1〔譯註〕譯成英文意思是Infected gonorrhea from doll。

青春期就是愛挖鼻孔

研究背景：Rhinotillexomania[1]是最近用來形容挖鼻孔挖上癮所創造的新辭彙。這是研究廣大人口挖鼻孔行為的小小的世界性文獻。

研究方法：我們從四所市立學校抽樣找了200名青少年，來研究他們挖鼻孔的行為。

研究結果：以一天4次這種中度的頻率，幾乎所有樣本都承認有；頻率超過一天20次的，佔樣本人數的7.6%。將近17%的人認為自己有嚴重的愛挖鼻孔問題。

——摘自昂德拉迪與斯里哈利發表的報告

正式宣布｜搞笑諾貝爾獎公共衛生獎頒給

印度邦加羅爾（Bangalore）**國家精神健康與神經科學學會**（National Institute of Mental Health and Neurosciences）**的奇達朗強．昂德拉迪**（Chittaranjan Andrade）**與B．S．斯里哈利**（B.S. Srihari），**他們以不懈探索的醫學發現「挖鼻孔是青少年間很普遍的行為」而獲獎。**

其報告以〈對青少年樣本進行之「挖鼻孔成癮症」的初步調查〉（A Preliminary Survey of Rhinotillexomania in an Adolescent Sample）為標題，發表於2001年6月的《臨床精神病學期刊》（*Journal of Clinical Psychiatry*）第62冊，第6集，第426至431頁。

二十一世紀來臨之時，兩名卓越的精神病理學家為人類提供了一份證明——書面的證明——證明大部分青少年都愛挖鼻孔。

昂德拉迪醫生與斯里哈利醫生，是印度邦加羅爾國家精神健康與神經科學學會的同事，他們從早期美國威斯康辛州的科學家所發

表的一篇報告裡得到靈感。這份威斯康辛的研究報告聲稱：有90%的成人經常挖鼻孔；不過報告中卻沒有提到，青少年是否比他們長輩更少、同樣、或更頻繁挖鼻孔。

昂德拉迪和斯里哈利醫生決定找出答案。他們有個正當的目的。實際上，人類的任何行為（如果過度的話）都可視為精神性疾病，挖鼻孔也不例外。他們寫道：「整體而言，當挖鼻孔的行為明顯成為很平常、正常的習慣，就必須找出在青少年人口裡，挖鼻孔成癮達到不正常的程度，佔了多少比例。」

他們事先閱讀了其他一些研究挖鼻孔行為的醫學報告。除了少數例外，這些研究報告處理的是許多與眾不同的個案，這些個案絕大部分是精神病患者。昂德拉迪醫生與斯里哈利醫生從中得知，挖鼻孔中途被他人干擾時，可能會變成習慣性、用力過度，並且造成流鼻血。

這兩位精神病理學家研讀了奇格里奧提（Gigliotti）與華寧（Waring）一九六八年的報告《自發行為造成之鼻子與顎骨嚴重創傷：案例報告》（*Self-Inflicted Destruction of Nose And Palate: Report of Case*）。

他們把艾克塔（Akhtar）與哈斯汀（Hasting）一九七八的報告《威脅生命安全的鼻子自殘行為》（*Life-Threatening Self-Mutilation of the Nose*）拿出來擦乾淨。

他們也對塔拉喬（Tarachow）一九六六年的報告《食糞症與其相關現象》（*Coprophagia and Allied Phenomena*）大感驚異，裡頭記載說：「有些人會吃掉鼻屎，而且還覺得好吃。」

這些案例都有各自有趣的地方，不過對於昂德拉迪和斯里哈利醫生腦袋裡想要做的，這些只能當作參考的材料。想要知道一群人裡有哪些人、什麼樣的人、在哪裡、在何時、為什麼和怎麼挖鼻子，就必須用統計學的方式來取樣，去找很多挖鼻孔的實例。

- 在你看來，有多少百分比的人會挖鼻孔？
- 平均來說，你一天會挖幾次鼻孔？
- 你會偶爾在公共場合挖鼻孔嗎？（請回答會或不會）
- 你為何挖鼻孔？（請盡量勾選底下符合的選項）

  □為了讓鼻子暢通　□為了減輕不舒服或搔癢
  □為了外表的理由　□為了個人衛生
  □出於習慣　□就是高興

- 你怎麼挖鼻孔？（請盡量勾選底下符合的選項）

  □用手指　□使用鑷子這類東西
  □使用鉛筆這類東西

- 你經常吃掉從鼻子裡挖出來的東西嗎？（請回答是或不是）
- 你認為自己有很嚴重的挖鼻孔問題嗎？（請回答是或不是）

有兩百名學生回答了這份問卷，得出的某些結果令人訝異。

- 挖鼻孔的習慣在所有社會階層裡，都是一樣的。
- 宣稱從不挖鼻孔的學生佔不到4%。有一半的學生一天挖鼻孔超過4次（含4次）；大約7%的學生一天縱情挖鼻孔超過20次（含20次）。
- 只用手指挖鼻孔者佔80%。其餘的人在使用工具比例上幾乎平分秋色；一些人選用鑷子，其他人則偏好鉛筆。
- 超過一半的人是為了讓鼻子通暢或減輕不適與搔癢。大約11%的人宣稱是為了外表的理由，差不多同樣多的人只是為了高興而挖。
- 4.5%的人表示會吃掉鼻屎。

這些數據只是精彩的部分。這份問卷得到了豐富的資料。

奇達朗強．昂德拉迪醫生
遠從印度搭機前來美國，
領取二〇〇一年搞笑諾貝爾獎
的公共衛生獎。
（照片提供：戴安娜．庫達拉尤瓦
〔Diana Kudarayova〕，
《不可思議研究年鑑》）

威斯康辛的研究人員以前是找成人當作取樣樣本，昂德拉迪醫生和斯里哈利醫生則很清楚，他們得找青少年作為取樣的樣本。

他們準備了一份書面問卷，裡頭包含了上一頁所列的問題。（你可能會很樂意親自填一下這份問卷，或是拿給朋友或同事。）

為了表彰他們以嚴謹、學術性、而且極其講究人道的方法研究挖鼻孔行為，奇達朗強．昂德拉迪醫生與B．S．斯里哈利醫生獲頒二〇〇一年搞笑諾貝爾獎的公共衛生獎。

昂德拉迪醫生自費從印度的邦加羅爾，來到麻省的劍橋參加頒獎典禮。在領獎時，他說：

「今天，我代表自己以及其他為我感到高興的人，很高興地在這裡領取本年度的搞笑諾貝爾獎公共衛生獎。我的工作是……你們不會相信的，儘管屏住呼吸——研究『挖鼻孔成癮症』，這是對沉迷於挖鼻孔行為的一個比較好聽的稱呼。」

「如今，就像大家所知的，在你們自己青少年時期的某個階段，也會有些習慣性的行為。我希望你們沒有像是『拔毛症』（trichotillomania），也就是禁不住地拉扯頭髮；或是『咬指甲症』（onychophagia），也就是拚命咬指甲的行為，或是『挖鼻孔成癮症』，這些精神病學上的習慣性病態行為。」

「有些人是好管他人閒事（poke their nose into other people's business），我是把別人挖鼻子的閒事當成自己的正事來管（poke my business into other people's nose）。謝謝各位，謝謝。」

兩天後，昂德拉迪醫生在搞笑諾貝爾獎的非正式講座中，發表公開演講與示範，把他的研究論點說明得更清楚。在答覆了幾個問題之後，他向在場聽眾明確地保證，適度地挖鼻孔是「完完全全正常」的行為。

印度最重要的報紙《印度時報》（*Times of India*），在其頭版頭條報導了這則新聞，標題是：「致力深掘的印度科學家獲頒搞笑諾貝爾獎。」

1 〔譯註〕Rhinotillexomania字源來自希臘字，rhino是鼻子，tillexis指挖東西的習慣。

公共場所播放的音樂可以預防感冒

現今的研究認為，在許多種疾病（例如普通感冒）的初發期及治療過程中，至少有一種有趣的新模式，可以達到防治疾病的可能。

——摘自查涅司基、布芮南與哈里遜的一份初步報告

正式宣布｜搞笑諾貝爾獎醫學獎頒給

威克斯大學（Wilkes University）**的卡爾．J．查涅司基**（Carl J. Charnetski）**與法蘭西斯．X．布芮南二世**（Francis X. Brennan, Jr.），**以及華盛頓州西雅圖Muzak股份有限公司的詹姆斯．F．哈里遜**（James F. Harrison），**以表彰他們發現聆聽公共場所背景音樂能刺激人體產生免疫球蛋白A**（immunoglobulin A; IgA），**從而有助於預防一般的感冒。**

他們的研究報告在他們贏得搞笑諾貝爾獎的一年後，以〈音樂與聽覺刺激對於分泌型免疫球蛋白A的影響〉（Effect of Music and Auditory Stimuli on Secretory Immunoglobulin A (IgA)）之名，發表於1998年12月出版的《知覺與運動能力》（*Perceptual and Motor Skills*）第87冊，第3集，第2部，第1163至1170頁。

音樂能增強你的免疫系統嗎？能讓你增加性行為次數嗎？幾年前，心理學教授卡爾．查涅司基參加了一個會議，聽到某個人提到「免疫球蛋白A」這種化學物質。查涅司基教授馬上就開始了一項極具企圖的研究計畫，到目前為止，該項計畫牽涉到了免疫球蛋白A、音樂、新聞記者、性，以及很多人的口水。

人類受到感染或遇到其他危害時，免疫系統會產生抗體，免疫球蛋白A這種化學物質是「抗體」的其中一種，查涅司基教授頗有

先見之明的稱它為IgA。查涅司基教授推論，如果他能夠找出能刺激人體產生更多這種化學物質的一些很平常、歡樂的活動，那麼他就找到了開啟健康之門的神祕之鑰。

他與同事法蘭西斯·布芮南教授開始尋找可能有這種效果的，令人愉悅的活動。這倒是很容易就能鑑別出來，因為人體的免疫球蛋白A的量很容易量測——只要做唾液測試就可以了。

他們測試的第一種歡樂愉悅的活動，是聽音樂。這個研究很簡單，他們讓自願受測者來聽音樂，以及吐口水。

在最初期的實驗裡，他們讓學院的學生聽音樂音符；學生聽了三十分鐘歡樂、弱拍的音符，然後再聽三十分鐘哀傷、重拍的音符。學生們聽過歡樂的音符後，唾液裡測出的免疫球蛋白A數值較高，而聽過沉悶的音符會使得測出數值較低。

這個發現讓查涅司基與布芮南教授覺得振奮。接下來，他們與Muzak股份有限公司[1]的詹姆斯·哈里遜一起合作，用更多大家熟悉的類型的音樂來實驗。

他們把受測者分成四組來作測試：

- 一組人聽三十分鐘的「環境音樂」錄音帶，有些人稱呼這種音樂為「輕柔爵士」(smooth jazz)。
- 另一組人聽同樣類型的音樂，不過是由廣播收音機播出的，而不是用錄音帶。
- 第三組人聽的是半小時的音調聲與卡躂聲。
- 第四組人則是——照研究人員的說法——「經歷了三十分鐘的靜默」。

研究人員也檢驗了每個人的口水。

聆聽錄音帶播放的輕柔爵士的人，唾液中免疫球蛋白A的含量增加了——不過聽廣播收音機播出的人則沒有增加。聆聽音調聲與卡躂聲的人，他們唾液中免疫球蛋白A的含量減少了。

那些「經歷了靜默」的人，則與聆聽電台播放輕柔爵士的人一樣，唾液中免疫球蛋白A含量沒變。

查涅司基、布列南與哈里遜公開表示這些發現「極具意義」，可能足以將疾病預防引領向新時代。為了表彰他們合作無間地鑽研感冒，一九九七年搞笑諾貝爾獎醫學獎頒給了他們三人。

這三位獲獎者在思索過一陣子之後，有的確定無法前來參加頒獎典禮，有的則表示不會出席。

該團隊的研究活動很快便繼續下去，雖然哈里遜在中途悄悄地退出研究。

查涅司基與布列南教授接著發現了音樂如何影響報紙記者的口水。那項研究是對威克斯巴里（Wilkes-Barre）地方報《時代領袖》（*Times Leader*）的新聞室十個記者所進行的。實驗結果也是令人振奮，再不然也至少是有意義的，雖然也許說服力不太夠。（所有細節都在〈報紙新聞室裡的壓力與免疫系統功能〉（Stress and Immune System Function in a Newspaper's Newsroom）這篇研究報告裡，可以在《心理學報導》（*Psychological Reports*）這份期刊裡找到。）

在那個階段，查涅司基與布列南教授把研究的焦點從音樂轉移到性。一九九九年，他們公開宣稱，性行為比較頻繁的大學生比起性行為較少的學生，免疫系統較強健。

兩年後，他們在《心情愉悅有益身心》（*Feeling Good is Good for You*）這本書裡，對他們的所有研究下了總結。出版商的促銷書介寫得很好：「媒體很愛報導關於性、縱情大笑或其他單純的娛樂對你有多好多好，而你也很愛聽這些。不過，鼓動人們享樂是增強人體免疫力的合法藥方嗎？能否單單只靠微笑就能對抗病菌侵襲呢？研究人員卡爾・查涅司基與法蘭西斯・布芮南告訴你：『可以！』」

---

1 〔原註〕該公司製作了全球大部分的公共場所背景音樂。

2 食物類・準備與處理

很多人對吃的要求很簡單，
有的人則是絞盡腦汁、大費周章地準備和料理。
底下是四個絞盡腦汁又大費周章料理食物，
而贏得搞笑諾貝爾獎的例子。

- 極高速烤肉
- QQ彈彈的亮藍色果凍
- 兜風過的豬會排出沙門氏菌
- 稀稀水水的早餐麥片

極高速烤肉

「消防局是真的被惹毛了，所以我也不打算再故技重施。」高柏表示：「我告訴消防局，若是有人使用汽油也能生起同樣的烈焰，而且更危險，但我不打算和他們爭辯。」高柏說，西拉法葉（West Lafayette）消防署官員威脅，以違反都市火災防治法傳喚他。高柏表示，「我告訴他們，假如他們真的這麼做，那麼他們必須控告每一個有炭火烤肉架的人」。但高柏也提起，有個火災防治中心對他蠻不錯的。「他請我複製一份我點火時的紀錄片，他們打算拿來當作教育訓練影片。」

——摘自印地安納市《印地安納星報》（*Indianapolis Star*）一九九六年十月六日的報導

正式宣布｜搞笑諾貝爾獎化學獎頒給

普度大學（Purdue University）**的喬治·高柏**（George Goble），**因為他徹底打破了炭火烤肉架生火速度世界紀錄——只花了三秒，使用的材料是木炭及液態氧。**

喬治·高柏放在網站上的快速炭火烤肉架生火影片已經撤下，可改用「BBQ liquid oxygen」等字搜尋類似的影片。

普度大學的一名電腦工程師決心要用全世界最有效率的方式，點燃烤肉架的炭火。他成功了！

喬治·高柏喜歡烤肉，這是他能夠破紀錄的原因。烤肉造成的破壞只不過是過程中的副作用而已。重點在於速度。

這個計畫的歷史，就像他的生火過程一樣，具啟發性而且很短暫。高柏曾經向當地的某家報紙解釋過：

「高柏說，他和工程師朋友多年來經常在戶外煮東西，後來有了這樣的想法：『每次要煮東西都得先耗掉三、四十分鐘，所以我們開始嘗試用吹風機、切到低速的吸塵器和丙烷噴槍來生火。』高柏說：『後來，我們用潛水使用的那種鋼瓶裝的氧氣瓶，用十呎長的管子來吹氣。我們只花了三十秒就生起烤肉架的火。每年我們都會加速吹氣的速度，一直到只需要幾秒鐘就能起火，氣壓大到會把烤肉架的煤磚都吹跑。』」

而最有效率的方法則是如下——高柏找人把點著的香菸放在煤磚上。然後他再倒三加侖的液態氧在香菸上。

當然，安全第一，要不然，再怎麼不得已也要排第二。高柏用一支八呎長的木桿來傾倒液態氧。圍觀者必須盡可能站得遠遠的。「除非你瞇著眼睛，否則不要直視火燄。」高柏警告圍觀者：「它的亮度就像太陽一樣。」

廉價烤肉架使用一次就燒壞了，比較好的產品，像是韋柏牌（Weber）烤肉架，用液態氧升火法可以撐兩到三次才完全報銷。

高柏如往常一樣，不到四秒就點好烤肉架的火焰，卻引起了當

喬治．高柏正用快火烹調他的午餐。（照片提供：喬．賽科斯）

地消防局官員日益嚴密的關切；高柏公開聲明，將來就算他想準備「特快餐」，也不會採取這麼特別的方法了。

喬治·高柏由於奠定了烤肉生火的極速新標準，所以贏得一九九六年的搞笑諾貝爾獎化學獎。

得獎者無法親臨搞笑諾貝爾獎頒獎典禮，於是由他的同事喬·賽科斯（Joe Cychosz）代表他前來領獎。賽科斯先生以其畢生凡事據實以告的態度，先是報出自己那發音和複數的「瘋子」（psycho）一樣的名字，接著說道：

「很難相信這項成果的起源只是一隻吹風機，以及一票想要趕快開飯的傢伙。我代表喬治，誠摯地感謝搞笑諾貝爾獎管理委員會。」

QQ彈彈的亮藍色果凍

若想了解Jell-O果凍吉力丁的特別之處，你必須先知道傳統吉力丁做的甜點是怎麼製造的。

首先你要先準備兩隻小牛腿，以滾水燙過，把毛刮乾淨，將它們剖成兩半，並且去除脂肪。接下來放在鍋子裡煮，撈掉泡沫，然後繼續煮個六、七小時——放涼後過濾，刮除液體裡的脂肪，再次煮沸，加入五顆蛋的蛋殼和蛋白（以便去除雜質），再次刮除液體裡的雜質，然後用自製的果凍專用網袋過濾兩次。

接著加入調味料、糖、香料，倒進果凍模子，放在冰塊裡，就可以準備就寢等它成型——因為這個時候已經接近半夜了。 ——摘自《Jell-O：果凍創造始末》

正式宣布｜搞笑諾貝爾獎化學獎頒給

艾薇媞・貝莎（Ivette Bassa），**她是彩色膠狀物的創造者，因為達成了二十世紀化學界最顛峰的成就，創造了人工合成的亮藍色Jell-O果凍而獲獎。**

《Jell-O：果凍創造始末》（*Jell-O：A Biography*）一書，是哈克特（Harcourt）的卡洛琳・溫曼（Carolyn Wyman）在2001年所著，對於Jell-O果凍有詳實的研究。

一九九二年，生產Jell-O果凍吉力丁的卡大食品公司（Kraft General Foods），有別於傳統地做出驚人大突破。該公司顛覆了人們對甜點的原始觀感，故意製造出外觀令人厭惡、噁心的食物。

Jell-O果凍吉力丁長久以來都被稱為「美國最有名的甜點」。一般都認為它是容易入口而且有趣的食物。近百年來，製造商不斷

贏得搞笑諾貝爾獎的各色各樣Jell-O果凍。

嘗試創造出多樣且誘人的色彩。重點在於「誘人」，而大部分的顏色——至少在理論上來說——看起來會和自然界大多數誘人的美食相近，例如覆盆子、草莓、檸檬、櫻桃、柳橙、香蕉等等。

後來在一九九二年的時候，該公司做了一個簡單的實驗。他們發表了新系列的Jell-O果凍，顏色特殊到會讓大人覺得噁心、作嘔的程度。他們的理論基礎是：孩子們會對大人噁心或作嘔的反應覺得很有趣，從而喜歡上這項產品。

這個實驗沒花多少時間，而且十分成功。叫作「漿果藍」(Berry Blue)的這個顏色，靈感來自侵略地球的外星飛碟上發光的藍色光罩，而它榮登Jell-O果凍眾多商品中，銷售排行榜的第三名。

• • •

Jell-O「漿果藍」果凍史裡，最早的幕後英雄是艾薇媞·貝莎這名食品應用技術人員，她發現了用化學合成方式為Jell-O果凍上色，並維持果凍原有美味的方法。

由於艾薇媞・貝莎兼顧了科學及營養學，讓果凍變得更多彩多姿，她贏得了一九九二年的搞笑諾貝爾獎化學獎。

艾薇媞・貝莎和來自卡夫食品公司的工作團隊全員到齊，搭乘公司的私人噴射客機，前來參加搞笑諾貝爾獎頒獎典禮。

領獎時，艾薇媞・貝莎說：

「能夠獲得這項榮耀真是讓我受寵若驚。我的這個成就，不過是數百年來科學無止境的探究及實踐活動所累積而成的一小部分罷了。我們團隊希望能讓大家認識，為這個領域的研究工作奠定基礎的三位偉大化學家。

「埃米爾・費區（Emil Fischer）發明了合成糖精以及合成的嘌呤衍生物（purine derivatives）[1]，因而贏得了一九〇二年的諾貝爾化學獎；贏得一九二五年諾貝爾獎的膠質化合物研究先驅，理察・A・席格蒙地（Richard A. Zsigmondy）；以及發現化學鍵的性質，而贏得一九五四年諾貝爾獎的萊納斯・鮑林（Linus Pauling）。最重要的，我要向遺澤後人的十九世紀科學家們致意，他們的研究為二十世紀的化學家們開啟了大門——例如在紐約的勒魯瓦發明出咳嗽藥的波爾・B・韋特（Pearl B. Wait），他是在一八九七年第一個合成製造出Jell-O吉力丁甜點的化學家。」

典禮結束後，貝莎及她的團隊向所有觀眾分發剛做好的亮藍色Jell-O果凍。所有孩子皆樂於接受，大多數成人則是堅決地拒絕。

1〔譯註〕嘌呤（C5H4N4）為尿酸化合物之基元，其衍生物普遍存在自然界中。

兜風過的豬會排出沙門氏菌

我們把這個實驗叫作「兜風的豬」，因為它的理論基礎是用騙局來矇騙豬隻。

——摘自威廉斯與紐威爾的報告。

正式宣布｜搞笑諾貝爾獎生物學獎頒給

奧勒岡州衛生部的保羅・威廉斯二世（Paul Williams Jr）**與利物浦熱帶醫學學院的肯尼斯・W・紐威爾**（Kenneth W. Newell）。**他們因為前所未聞的研究〈兜風過的豬會排出沙門氏菌〉**（Salmonella Excretion in Joy-Riding Pig）**而獲獎。**

他們的研究發表於1970年的《美國公共衛生與國家保健期刊》（*American Journal of Public Health and the Nation's Health*）第60卷第926至929頁。

兩位公共衛生保健專家採用投機取巧的方式，費心解開一個關於豬隻，而且是醫界長久以來一直無法解決的難題。

這個難題就是：要怎樣才能讓人類不會感染沙門氏菌？

保羅・威廉斯與肯尼斯・紐威爾認為，找出答案的方法，也許就是載豬出去兜風。

沙門氏菌是一種非常骯髒而且討人厭的細菌，只需要很少量就能讓人感染。一旦遭到感染，只要幾個小時，就會出現症狀：反胃、嘔吐、腹絞痛、腹瀉、發燒以及頭痛，外加所有可能隨之而來的不舒服。而令人深惡痛絕的沙門氏菌，常常在禽肉和豬肉裡發現，通常牲畜們會因為被汙染的飲水、糞便或不乾淨的飼料而得到沙門氏菌。

讓人想不透的是：通常還在農場裡的時候，豬隻就已經定期做過沙門氏菌篩檢。牠們的健康檢查結果都沒有問題。但是，當牠們經過前往屠宰場的這段路之後，再做一次沙門氏菌檢驗，就至少有30%到80%的豬隻會呈現陽性反應。

為豬隻檢驗沙門氏菌的方法，是先作直腸抹片，然後在實驗室分析結果。

部分科學家認為，豬隻是因為卡車上或集中區裡的某些東西，而感染到沙門氏菌的——也許是被其他豬隻傳染，也許是從周遭環境裡染上。而有些科學家則認為，豬隻在農場時就已經感染沙門氏菌，只不過還在身體內部潛伏著，直到牠們做最後一趟死亡之旅時，因為太緊張，使牠們的感染物通過腸子一直跑到臀部的出口，所以在做直腸抹片時才會檢驗出來。

• • •

威廉斯與紐威爾把他們這項實驗叫作「兜風的豬」。他們決定要驗證第二項論點是否可能發生。

他們用簡單的醫學名詞來描述：

「在同一座農場的某一群豬，我們可以利用直腸抹片檢驗，來得知在牠們身上發現沙門氏菌的比例有多少。接下來我們會載運一卡車乾淨而且沒有驗出沙門氏菌的豬隻，以平常運送到屠宰場的方式運送。結果呢？我們載牠們去鄉間小路兜風，不過，兜了一大圈的旅途終點不是屠宰場，而是回到農場。接著，我們又再再一次檢驗。」

威廉斯與紐威爾也報告了實驗的前置作業：「我們把腐壞的麵包、捲餅、蛋糕和各種烘焙食物（包括外面的包裝紙），一起搗爛之後餵給豬吃。」（在搞笑諾貝爾獎得獎感言裡，威廉斯補充說：「在磨碎的麵包與捲餅包裝紙輸送去餵豬的過程裡，我們還加了麥麩進去。」）

兜風過程本身很順利：

「實驗當天的氣溫大約在華氏七十到七十八度之間，是個舒服且晴朗的好日子⋯⋯豬隻們被裝在卡車上兜風了六十哩。接著，卡車停在陰涼處休息了半個小時，讓豬隻們回農場前又兜風了九十哩。整個兜風行程共花了三小時又四十五分鐘。等豬隻回到農場，再為牠們做一次直腸抹片，結果顯示出有六隻豬排泄出沙門氏菌（佔30%）。」

所以他們實驗成功了。保羅．威廉斯與肯尼斯．紐威爾扎扎實實地證明了：兜風過的豬會排出沙門氏菌。由於這項成就，他們贏得了一九九三年的搞笑諾貝爾獎生物學獎。

肯尼斯．紐威爾於一九九〇年逝世。保羅．威廉斯因禁不起長程旅行來參加搞笑諾貝爾頒獎典禮而婉拒出席，不過他寄來了一捲錄得獎感言的錄影帶。他在影帶裡說：

「紐威爾博士為這個實驗的報告，創造了一個既吸引人又非常恰當的題目。這些實驗和這篇論文雖然有點不尋常，但是並不古怪。無論如何，我虛心地收下這份與紐威爾博士共同獲得的既美好、又有點奇怪的無價榮耀。我們能夠在一九六七年進行這項實驗，實在是好事，因為以現在的環境，已經無法再做這個實驗了。激進的動物權人士可能會趕到木頭柵欄前，堅稱科學家耍弄豬隻太殘忍了——更何況把原本給人類食用的烘焙食品拿來養肥牠們。」

翌年，搞笑諾貝爾獎管理委員會主席在奧勒岡州波特蘭市的鮑威爾書店（Powell's），特別加辦一場公開的頒獎儀式，在始料未及的一大群「兜風的豬實驗」狂熱者面前，正式頒獎給保羅．威廉斯。

搞笑諾貝爾獎小百科｜兜風的豬與你何干？

在搞笑諾貝爾獎的得獎論文裡，威廉斯與紐威爾明白指出兜風的豬與人類之間的關聯：

「假若其他種類動物與人類的行為，和我們這次研究的豬隻相似，那麼我們習慣用來判斷腸道細菌科的致病原，以及腸道傳染病與胃腸疾病之間的關係，其依據將變成無效。

「換另一種說法，假如你的醫生幫你做糞便檢驗，而檢驗結果是正常的，那麼這個檢驗或許遺漏了某些東西。」

你的醫生也許不知道這項發現。我們建議你再去做一次來確認，要是能帶著威廉斯與紐威爾的報告的話，會很有幫助。我們特別建議你提醒醫生，注意論文的最後一段，裡頭提到：

「甘格羅沙（Gangarosa）的研究團隊假設，人與人之間的媒介也可能產生此種反應，而他們的研究支持了這項假說。這些作者指出，檢測人體排泄物中的EI Tor這種霍亂弧菌時，瀉藥可能影響檢測結果。」

稀稀水水的早餐麥片

把早餐穀類麥片放入圓柱型的容器裡，用兩種不同的方法加以壓密，施以100帕（Pa）到85百萬帕（MPa）[1]的壓力，量測其體積作為壓力的函數。含水量——從4%到18%的範圍內（含水重量比）——對於麥片壓密行為的影響，其測試方式是以1到85百萬帕的壓力加以擠壓……

黑克爾形變應力」（Heckel deformation stress）在水含量增加到12%時會減少，到水含量增加至18%時則開始變得不精確。

「佩萊格壓縮率」（Peleg compressibility）與「川喜田降伏應力」（Kawakita yield stress）只會在水含量為12%到18%之間的時候顯著減少。

——摘自喬傑特、帕克與史密斯的報告

正式宣布｜搞笑諾貝爾獎物理學獎頒給

英格蘭諾里奇（Norwich）**食品研究學院**（Institute of Food Research）**的D・M・R・喬傑特**（D.M.R. Georget）**、羅傑・帕克**（Roger Parker）**與安德魯・史密斯**（Andrew Smith）**。他們由於對加了水的早餐穀類麥片做了精確的研究分析而獲獎，其研究成果發表在以〈水含量對於早餐穀類麥片壓密行為的影響研究〉**（A study of the Effects of Water Content on the Compaction Behavior of Breakfast Cereal Flakes）**為題的論文。**

他們的論文發表在1994年11月《麵粉技術期刊》（*Powder Technology*），第81冊，第2期，第189到196頁。

許多人吃早餐時都會狐疑，為什麼他們的早餐麥片會變得稀稀水水的。感謝一九九四年時某個辛苦耗時的研究調查，現在我們知道答案了。

D・M・R・喬傑特、羅傑・帕克與安德魯・史密斯仔細研究了早餐麥片的基礎物理學。

他們不只用肉眼檢查麥片，還多增了一批裝備：一部Mettler儀器廠的LP16水分測量儀（Mettler LP16 moisture balance）；一部Instron 1122號萬能試驗機（Instron 1122 Universal testing machine）；一部以活塞推動的毛細管測流計；其他還有一些沒提到的設備。

在這之前，那些想弄清楚早餐穀類麥片的基本物理特性的人，都是在工程學圖書館的書堆裡，鑽研大量和早餐行為特性有關的研究報告。

喬傑特、帕克與史密斯則是有系統地做了研究。在開始深入研究麥片之前，這三個傻子搜集了所有最棒的早餐麥片研究團隊發表過的研究著作：佩萊格（Peleg）、川喜田（Kawakita）與黑克爾（Heckel）；羅柏茲（Roberts）與洛伊（Rowe）；特蘭（Train）與約克（York）；伊爾卡（Illka）與帕隆寧（Paronen）；以及人們永遠不會遺忘的馬魯希斯（Marousis）與沙勒瓦科斯（Saravacos）。

喬傑特、帕克與史密斯把哪些因素是已知、哪些因素還是未知都搞清楚了，就立刻動手。他們弄來一些早餐穀類麥片，操作實驗，計算數據，該畫圖的、該繪表的都做了。最後，他們解開了謎題。

基本上，他們會拿一些麥片摻水，然後倒進一個圓柱容器，接著他們拿東西插進容器來擠壓麥片。他們會量測麥片變得越來越水時，受擠壓的麥片有多少。為了得到麥片變成水水的整個詳細過程，他們一次又一次地實驗，每次用的麥片都會稍微再調稀一點。

他們發現，在達到某個含水量之前，麥片粥呈現液體狀，它會保持著如少女般的堅持；一旦過了那個分界點，麥片粥的狀態就會突然變得捉摸不定。用簡單的話來說就是：當含水量增加時，黑克爾形變應力相對於粒子的密度，會越來越敏感。現在看起來或許很理所當然，不過在當時那是唯一完全明顯的情況。

從脆脆的麥片變成水水的麥片粥，這個過程要比人們想像的更加多彩多姿，尤其從數字上來看。舉例來說：最大的變化，出現在麥片粥含水量為12%到18%之間。不過其樂趣在於咀嚼玩味所有數字，所以讀者迫不及待地想拿一份喬傑特、帕克與史密斯的完整報告，或許還會倒上一碗麥片，坐下來一饗這霹啪作響、多重感官的饗宴。

有一點要注意：雖然所有結果是喬傑特、帕克與史密斯用水做實驗得到的，但理論上，一旦某天別人用牛奶重複操作他們的實驗，他們（喬傑特、帕克與史密斯）的結論還是能成立。目前的實驗結果暫且還是適用於水。

喬傑特、帕克與史密斯的《水含量對於早餐穀類麥片壓密行為的影響研究》，是穀類麥片的水化作用思想史的歷史高峰，由於他們讓我們更進一步了解早餐碗裡發生了什麼事，因而獲頒一九九五年搞笑諾貝爾獎物理學獎。

得主無法蒞臨頒獎典禮現場；他們寄來一捲他們本人在實驗室錄下的得獎感言錄影帶，以及一碗燕麥片。影帶裡，安德魯．史密斯代表他們三人發言：「在我們的早餐穀類麥片壓密實驗研究裡，我們並沒有讓它們最後變成玩笑話，或是採用任何其他感官的技術，而是把顯微機械特性，和食品顆粒組成分子尺度上的變化作連結。這讓我們對其組織構造有了更具價值的理解，這些結果對製造商、對你們這些消費者的意義又是什麼？嗯，這一切只是因為要追求早餐穀類麥片的終極食用體驗罷了。我希望這個獎項能刺激更多人投入這個領域的研究。」

註：這個特別的獎項，間接引發了「英國首席科學顧問憤怒指責」這個奇怪事件。詳細情形請參閱本書導言。

1 〔譯註〕壓力單位1Pa=1N/m^2（牛頓／米平方）。

3 食物類・適口性

有句古老諺語說
「不是為了吃而活著，而是為了活著而吃」。
不管是這句諺語的證明，
或是對這段話做出反證的實驗，
都得到了搞笑諾貝爾獎。
本章就記錄了其中的三件成果。

- 蝌蚪美味評量
- 麥酒、大蒜與酸奶油對水蛭食慾的影響
- 不用吃東西就能活

蝌蚪美味評量

希望這個理論將來會因為有更多的蝌蚪樣本，而得到驗證。

——摘自理查‧瓦薩格研究報告的結論

正式宣布｜搞笑諾貝爾獎生物學獎頒給

來自達荷西大學（Dalhousie University）**的理查‧瓦薩格**（Richard Wassersug），**他以第一手報告〈哥斯大黎加旱季期之蝌蚪的美味評量〉**（On the Comparative Palatability of Some Dry-Season Tadpoles from Costa Rica）**而獲獎。**

這項研究發表於1971年7月《中美洲自然誌》（*American Midland Naturalist*）第86卷第1期，第101頁至109頁。

大部分的科學報告皆以摘要做開頭，總括說起來，傳統的摘要總是既枯燥又無法讓人食指大動。理查‧瓦薩格一九七一年的報告摘要雖然依舊枯躁，閱讀時卻能引發讀者的食慾。報告內容是這樣子的：

「摘要：十一名自願品嘗者透過標準的程序，來品嘗八個品種青蛙的蝌蚪。蝌蚪的美味程度，以『嘗起來不錯』到『非常難吃』幾個等級來評量。報告中認為，美味是蝌蚪的一項弱點。」

科學家為什麼要吃蝌蚪呢——或者該這麼問，科學家為什麼要說服其他十一位科學家吃蝌蚪呢？

當然啦，是為了解答科學上的謎題，也因為他叫得動那些人。

他們抓到的蝌蚪，有著讓人無法置信的奇怪紋路及顏色，絕大多數都能融入牠們棲息的溪流或池子裡的沙子、小石子、或者植被中。不過有些蝌蚪外表有誇張的紋路或鮮豔的顏色，甚至兩者兼具。為什麼掠食者不吃牠們？牠們這麼顯眼，掠食者大可早在牠們還沒長成青蛙之前，就大口把牠們吞下肚——這麼一來，這品種的青蛙以及這品種的蝌蚪很快就會滅絕。

最主要的理論是，外表引人注意的蝌蚪，其味道對掠食者來說一定是難吃無比，難吃到讓掠食者理都不想理。但如同科學家所說的，「這只是理論」——直到理查・瓦薩格想出了一套完整的檢驗方法。

他在哥斯大黎加實際執行，此地的蝌蚪種類繁多，而且可以拿來漱口清掉口中異味的啤酒十分便宜。

蝌蚪曾被形容為「根本就是用水藻放牧的水下迷你版母牛」。一般來說，任一種生物若想吃蝌蚪，牠們都吃得到。而且有非常多生物都想吃蝌蚪——甲蟲、水蝨、蜻蜓、多種魚類，以及其他有辦法一口吞下蝌蚪的動物。但人類無法苛求這些飢腸轆轆的生物坐在餐桌前，舉辦優雅的品嘗實驗。因此理查・瓦薩格決定尋找自然界蝌蚪掠食者的替代品，而且這些替代品務必要成本低廉。所以他找了研究生。

瓦薩格規劃了嚴謹的程序。

先想盡辦法蒐集大小相同的蝌蚪。在實驗開始之前，蝌蚪會被存放在乾淨、清澈的水裡好幾個小時。

瓦薩格對品嘗實驗的描述如下：

「實驗一直到志願品嘗者嘗完最後一項，整個流程要至少兩個半小時。每個品嘗者都要隔開進行品嘗，而且被要求不得彼此討論味道，一直到實驗結束。蝌蚪會標上數字，一次一種，依照數字而不是按照名字，個別送到實驗對象面前。品嘗者不會知道吃下去的是哪一種蝌蚪……」

「品嘗者被要求要為每一種蝌蚪的皮膚、尾巴以及身體的美味程度做評量，以數字1到數字5表示：1味道不錯，2沒味道，3只是稍微難吃，4一般程度的難吃，5非常難以接受。他們同時被要求在實驗進行時，為蝌蚪嘗起來的味道做評註，並在實驗結束後，記錄哪一種最美味與哪一種最難吃。

標準的品嘗程序包括幾個階段。蝌蚪預先泡在乾淨的清水中。品嘗者先將蝌蚪含在嘴巴裡約十到二十秒不要咀嚼，接著咬破皮膚將尾巴咬斷，輕輕咀嚼十至二十秒。最後的十到二十秒，品嘗者要用力充分咀嚼蝌蚪的身體。參與實驗的人被指示不要將蝌蚪吞下，而要將它吐出，並在品嘗下一隻蝌蚪的步驟開始前，先用清水漱口兩次。」

瓦薩格淘汰了十一名品嘗者中的其中兩名，因為他們是老菸槍，很難品嘗出味道的差異。留下的九名品嘗者則達到專業水準，成功完成了實驗。

實驗的結果非常明確。九名品嘗者中，有六名把*Bufalo marinus*這個品種的蝌蚪評為味道最差的。牠的味道被評為「苦」，而且完全沒有人表示喜歡牠的味道。有幾種蝌蚪嘗起來倒是還不錯。大致來說，品嘗者覺得蝌蚪身體的味道比不上外皮味道，但是嘗起來比尾巴好一點。

總括來說，實驗結果支持瓦薩格的論點：蝌蚪看起來越顯眼，牠的味道嘗起來就越差。由於理查・瓦薩格達成了這個在科學常識裡微不足道卻刺激性十足的進展，因此贏得了二〇〇一年搞笑諾貝爾獎的生物學獎。

他主持這個實驗時，任教於加州大學柏克萊分校。二十九年後，他被加拿大新斯科細亞省（Nova Scotia）省會哈利法克斯（Halifax）的達荷西大學（Dalhousie University）聘為終身職生物學教授。他自費從新斯科細亞前來參加搞笑諾貝爾獎頒獎典禮。領獎時他說：

「搞笑諾貝爾獎的得獎論文，終於不再只是一個毫無品味的研

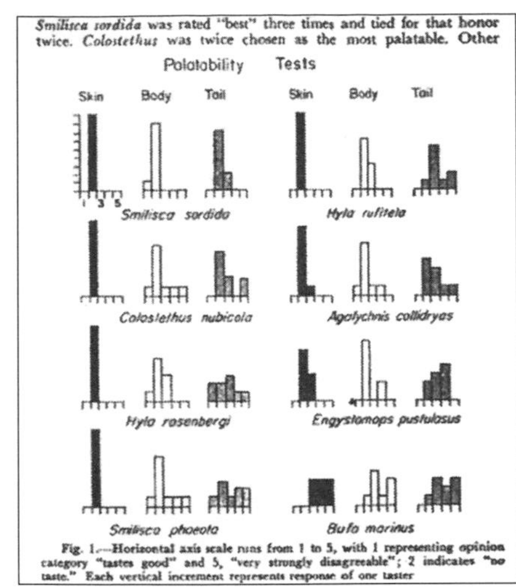

理查·瓦薩格的研究報告。

究。我想特別說明的是，標題中提到的『旱季』(dry season) 蝌蚪，指的是找到蝌蚪的季節，和實驗蝌蚪的準備一點關係也沒有——蝌蚪既沒有經過風乾 (dried)，也沒有調味 (seasoned)。」

「若不是三十年前我那一群哥斯大黎加叢林生物學研究生的幫忙，我無法贏得這個獎項。這群欣然咀嚼蝌蚪、只拿到一些啤酒當獎品的研究生是我的英雄，我非常感謝他們。我們也感謝熱帶研究協會提供我們這個研究機會，並且讓我們有機會喝到哥斯大黎加的啤酒。」

「同時我也要感謝休·考特 (Hugh Cott)，他比我還要早，是投注畢生精力研究蠻荒地區野生生物是否能夠食用的先鋒：他的目的是為了幫助第二次世界大戰期間，因故困在異國的英國士兵。考特組織了一個由英國老人組成的鳥蛋試吃小組，並證明蛋的味道比較好吃的鳥類，都夠聰明地把蛋藏在十分陡峭的峭壁，讓英國士兵沒辦法萬無一失地安全取得鳥蛋，這可是一件了不起的成就。」

搞笑諾貝爾獎管理委員會為了慶祝瓦薩格教授蒞臨，想要在兩天後在麻省理工學院舉行搞笑諾貝爾獎非正式講座時，辦一場蝌蚪品嘗大會。他們的努力嘗試被美國聯邦法律及大學法所阻撓，況且，也沒有願意參加品嘗會的志願者。

搞笑諾貝爾獎小百科｜瓦薩格的其他研究

理查・瓦薩格一向對不尋常的東西有特殊喜好。在他整個生物學家生涯中，他進行了許多範圍廣泛、問題包羅萬象的研究，其中絕大多數都具有重要的科學意義。當中某些實驗格外有趣，包括：

- 一九九三年，瓦薩格與一名同事發表了標題為〈蛇與烏龜在重力突然降低時的行為反應〉（The Behavioral Reactions of a Snake and a Turtle to Abrupt Decreases in Gravity）的研究報告。
- 一九九三年，一篇標題為〈兩棲動物的動暈症〉（Motion Sickness in Amphibians）的研究報告中，瓦薩格與兩位夥伴「對無尾兩棲動物（anurans，比如青蛙）及有尾兩棲動物（urodeles，比如蠑螈）是否會因為受到了拋物線飛行的刺激而得到動暈症，進行了研究與探討。在動物飛行前先餵食牠們，若動物飛行後在盛放牠們的容器裡發現嘔吐物，則證明飛行運動會引發兩棲動物嘔吐。」
- 一九九六年，在九州的太空世界遊樂園（Space World）把日本雨蛙（*Hyla Japonica*）放在自由落體遊樂器「FreeFall “G. 0”」，進行三十五圈重力會變化的自由落體。實驗結果「充分顯示在微重力的環境下，有可能可以養殖兩棲動物，並且用在外太空進行的生物研究實驗」。

麥酒、大蒜與酸奶油對水蛭食慾的影響

醫療用的水蛭由於在現代的顯微手術上的用途，而重拾喪失已久的關注。然而，有時候水蛭會完全拒絕合作。為了克服這個問題，十九世紀的醫師在病人身上使用水蛭之前，通常會把水蛭浸泡在烈啤酒裡。一九二〇年代，一名教會女執事試過用一點點酸奶油塗在皮膚上，會促進水蛭的吸食行為；而我們近來發現，水蛭似乎會受大蒜味道吸引。我們設計了一套研究計畫，來評估這些治療措施的效果。

——摘自貝爾罕和沙維克發表於《大英醫學期刊》（*British Medical Journal*）上的研究報告

正式宣布｜搞笑諾貝爾獎生物學獎頒給

挪威博根大學（University of Bergen）**的安德烈·貝爾罕**（Anders Baerheim）**和霍格·沙維克**（Hogne Sandvik），**他們以美味且有品味的研究報告〈麥酒、大蒜與酸奶油對水蛭食慾的影響〉**（Effect of Ale, Garlic, and Soured Cream on the Appetite of Leeches）**而獲獎**。

他們的研究結果發表於1994年12月24至31日第309期的《大英醫學期刊》第1689頁。

要引起水蛭的食慾，怎麼做最有效？

直到二十世紀中葉，水蛭都還是醫療上常用的工具，後來被摒棄不用幾十年，然而最近又光榮地重返醫療戰場了。因為那些為顯微手術操刀的醫生們大聲嚷嚷說，他們需要水蛭幫忙！舉例來說，在縫合斷指的手術過程中，避免血液凝結是很重要的，而使用水蛭是目前所知的最好方法。

對外科醫療團隊來說，一隻饑腸轆轆的水蛭是最好不過了。然而就像人類一樣，水蛭並不是值得信賴的夥伴。在危急的情況下，一隻沒有胃口、動也不動的水蛭，是一點用處也沒有。

我們要怎麼刺激水蛭的食慾呢？你一定料想不到，醫生們會相信那些從十九世紀或二十世紀初的醫療院所流傳下來的智慧——用啤酒或酸奶油，保證能讓一隻飽脹的水蛭胃口大開！

一直到近代，醫療還比較像是技能，而幾乎不像科學。一九九四年，安德烈．貝爾罕和霍格．沙維克得知，從來沒有人用**科學方法**來測試如何刺激水蛭的胃口，因此他們準備著手實驗。除了啤酒和酸奶油這兩道傳統開胃菜，他們還加了一項新菜色——大蒜。貝爾罕和沙維克用了一套簡單的實驗步驟：

「將六隻水蛭短暫地泡在兩種不同的啤酒中（健力士黑麥啤酒〔Guinness stout〕）以及翰莎波克黑烈啤酒〔Hansa bock〕），再將牠們放到霍格的前臂上。我們測量從水蛭接觸皮膚到霍格感覺被咬的時間。每一隻水蛭以隨機的順序，浸泡在各種溶液裡三次。」

實驗得到以下明確結果：

- 啤酒：「接觸到啤酒之後，有些水蛭行為改變了，牠們前半身晃呀晃的，吸附力變弱了，要不就是攻擊自己的背。」
- 大蒜：「接觸過大蒜的兩隻水蛭開始蠕動爬行，卻完全沒有準備好要就戰鬥位置開始吸食——牠們的情況越來越差。將這些水蛭移到上臂時，牠們試著進食，卻沒有辦法順利控制進食的動作。這兩隻水蛭在兩個半小時之後都死了。為了人道因素，大蒜被判出局。」
- 酸奶油：接觸到酸奶油的水蛭變得饑腸轆轆。將這些水蛭從手臂上取下移到玻璃燒杯時，牠們「可還是緊緊地吸附在玻璃杯壁上呢」。然而，這些水蛭還停留在手臂上時，牠們張口開咬的速度，不見得比那些沒有接觸過酸奶油或是人工刺

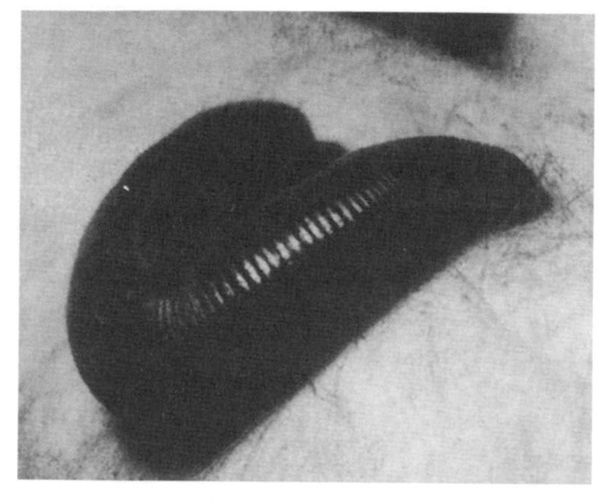

在測試過程中，
一隻水蛭吸附在手臂上。
這張照片摘自
《大英醫學期刊》
上刊的那篇報告。

激品的同伴來得快。

所以，到底要如何刺激水蛭的胃口呢？科學並未提出解答，但是最好不要用啤酒或大蒜，酸奶油可能也沒有用。

安德烈・貝爾罕和霍格・沙維克大膽地用科學方法，來測試這些以前廣為流傳的「知識」，證明了這些古老的智慧其實大錯特錯，因而獲頒一九九六年的搞笑諾貝爾獎生物學獎。

他們兩人無法出席頒獎典禮，所以寄來了一捲領獎感言的錄影帶：「我們十分感謝能獲頒此獎，謹把這個獎獻給我們的水蛭夥伴們，因為在實驗過程中，牠們總是十分熱心地參與。實驗室裡的動物很少會因為牠們的學術成就而得到肯定，所以牠們對於這份榮耀的反應是可以預期的——牠們大肆慶祝了一番！因為水蛭今天不克前來領獎，所以我們找了另外一個人代理。由於他不是水蛭，所以我們相信他絕對能應對得宜。」

結果，這位神祕的「代理人」是個高大、臉色黝黑的紳士，名叫特伊・寇思尼斯（Terje Korsnes）[1]，麻州的挪威名譽領事。寇思尼斯走上講台，對著劇院裡滿滿的一千兩百名觀眾發表了一篇簡短演說，然後又說了些話：

「謝謝大家，我的同胞貝爾罕和沙維克無法親自來到頒獎典禮。很顯然，這種突破性的研究應該要獲得大家的認同，我確信這正是博根的科學界一直在等待的那種認可。我的確害怕這樣的主題在劍橋這兒會不受重視；或許這兒的聰明觀眾裡，有人想更進一步從這個題目上吸取知識。為了幫大家忙，我帶了這些水蛭要發給各位，這樣就可以開始你們的計畫了。」

這時候，他手伸進西裝口袋裡，拿出整整一袋的水蛭，然後開始丟給觀眾。這些水蛭是塑膠製的，不過搞笑諾貝爾獎主辦人根本不知道這點——觀眾們更不用說了。

就這樣，從那天起，全世界的人又多知道一些和水蛭與醫學有關的事，也更清楚挪威外交官的德性了。

搞笑諾貝爾獎小百科｜並不是所有科學家都會覺得不好意思

安德烈·貝爾罕和霍格·沙維克在搞笑諾貝爾獎得主裡頭，可是獨一無二的。

在聲譽卓著的《大英醫學期刊》上發表了《麥酒、大蒜與酸奶油對水蛭食慾的影響》之後，他們寄了一本雜誌到搞笑諾貝爾獎管理委員會，還附上一則說明，解釋他們為什麼夠資格得到一座搞笑諾貝爾獎。

一九九六年，他們被選為該年的搞笑諾貝爾獎得主之一。他們光榮戰勝該領域的數千名被提名人，其中又有好幾百人是毛遂自薦的。

到目前我們已經頒發了超過一百座獎，雖然每年有許多人提名自己角逐搞笑諾貝爾獎，不過貝爾罕和沙維克這組，是截至撰寫本書時，唯一毛遂自薦而獲獎的得主。

搞笑諾貝爾獎小百科｜水蛭食慾差，你就慘了

貝爾罕和沙維克的發現可以證明對你本人很重要，非常非常重要。我們建議你把這份報告影印下來，隨時放在身上。底下會告訴你為什麼。

你衰運透頂斷了一根手指，不過所幸還能找到那根手指並且帶到醫院，讓你和你的斷指一起送進手術室。外科醫師跟護士都會到場，他們的儀器設備也都齊全備妥。手術開始，為了讓重創的手指以及僵硬的關節裡的血液維持不凝固，他們會請出水蛭；到目前為止，一切都安好。

不過要是水蛭肚子不餓，醫師該怎麼辦？

你的外科醫師要是不知道最新的醫用水蛭研究，他可能會試圖用啤酒或大蒜刺激牠們的胃口，這麼一來會讓這些小傢伙酩酊大醉或是一命歸西，你跟你的手指要復合就無望了。

不過若是你夠機靈，把這些印好的報告拿給你的外科醫師看，教教他怎麼做，醫療團隊就會把水蛭準備妥當——不會沾上啤酒與大蒜——你的手指復合手術就能很快完成，皆大歡喜。

1〔譯註〕特伊・寇思尼斯就是本書〈誰會下地獄？〉中，挪威小鎮「地獄」的火車站站長。

不用吃東西就能活

這倒也不是一個否定的過程。最近幾年來，我經常在接受大師指導之下，連流體食物也停止進食。他們向我保證，人體所需要的只是「流動光」。但是我喜歡藉著喝茶與朋友社交一下，而且——在寫作期間——我也還未能克服對於沒有味道而造成的間歇性厭煩。

——摘自潔思穆因《以光為生》一書之前言

正式宣布｜搞笑諾貝爾獎生物學獎頒給

澳洲的潔思穆因（大家所知的本名是艾倫・葛瑞芙），禁食教派的第一夫人——她以著作《以光為生》（*Living on Light*）而獲獎，她在這本書中闡述：雖然一般人都會進食，但事實上他們並非真的需要食物。

潔思穆因在《以光為生》一書中闡述她的營養史沿革及觀點，KOHA出版社，於1998出版。

禁食主義者是一個組織鬆散卻令人愉快的族群，他們宣稱他們不一起聚會吃飯，甚至獨自一人也不吃東西，也覺得樂在其中。

禁食主義者表示自己完全不需要進食，就算吃也是為了社交理由，或者只是調劑生活，而不是為了攝取營養。

潔思穆因（Jasmuheen）本名是艾倫・葛瑞芙（Ellen Greve），她自稱最後一次真正食用食物，是在一九九三年。從那時候開始，她的營養素及活力都來自於「開闢另一種替代的營養素來源」。她因為孳孳不倦與戒食，而成為眾人最熟知的禁食主義者。

什麼是禁食教派？潔思穆因就「如何修行」這個問題，對參加她研討會的聽眾或購買她著作的讀者，提出了清楚而簡單的定義：

「禁食，是能夠利用宇宙的生命動力或是氣功，吸收個人身體所需的所有養分、維生素以及營養補給，來維持健康軀體的一種能力。只要是修習過這個能力的人，就不需要吃東西。」

潔思穆因修習這項能力，並且不再需要食用食物。如同她最暢銷的《以光為生》一書封底所記述的：「自一九九三年開始，潔思穆因的軀體即藉由宇宙生命動力『普拉納』（Prana，梵文意指能量）來取得營養。」

儘管潔思穆外表看起來非常健康而且活力充沛，卻飽受議論和質疑。例如倫敦《泰晤士報》二〇〇〇年四月六日的一篇報導中提到，有一位澳洲記者在登記機位時，恰好與潔思穆因搭乘同一班，居然聽到機上的服務人員向這位宗教領袖再次確認她點了一份素食。潔思穆因立刻否認這件事，後來又改口。「是的，我有點餐，但我不會去吃。」她這麼說。

潔思穆因對待質疑她的人一向很寬容，她在自己的網站上，明白寫出這件事的狀況：

「事實是：十年來我由於嫌麻煩，飛機餐一直註記要素食餐點，航空公司登記機位的小姐在向我確認這件事，被這名《每日鏡報》記者偶然聽到了。事實上，搭長途班機飛行時，有時候我會吃個馬鈴薯來幫助入睡，我發現一直不吃東西會讓我很難睡著。吃少量食物能夠觸發消化過程，因而降低我們的能量，讓我們入睡。這沒什麼大不了的。」

在那前一年，澳洲新聞節目《六十分鐘》安排了測試，檢驗潔思穆因的主張。他們預備將她隔離在布里斯班一間飯店房間裡七天，全程有一整組記者貼身盯著她，確認她確實沒有吃東西，同時有一名隨行醫師密切注意她的健康。到了第三天醫生關切了一下，因為她開始出現脫水的症狀，而且身體不適，因此她和整組人馬移到另一個比較舒適、似乎比較沒有壓力的城市近郊山間休息處。兩天後，《六十分鐘》叫停了這次測試，緊急送潔思穆因到醫院去。

對於這件事，潔思穆因依然用她一貫機智圓滑且誠懇的態度回覆批評者。她的組織發表的新聞稿是這樣的：

「這次為期七天的對潔思穆因的挑戰，在進行了五天之後，因為隨行的溫克（Wenck）醫生的建議，《六十分鐘》決定不繼續。醫生關切她體重減輕且輕微脫水，由於溫克醫生沒有讀過潔思穆因對這種事件的深入研究，而認為這種狀況有危險；任何對於她七年來所做的研究不熟的醫生，都會誤認這是很嚴重的事。潔思穆因在挑戰開始之前就提醒《六十分鐘》，一定要仔細閱讀她的研究報告，這樣才能夠對她身體系統的變化有心理準備，而不會驚慌失措。製作人理察·卡列頓（Richard Carleton）和溫克醫生承認，他們沒有閱讀她的文章，因此在覺得情況開始變得危險時立刻喊停，即使潔思穆因表示她很安全而且樂於繼續挑戰。」

雖然懷疑、嘲諷者不斷，潔思穆因仍然非常成功。她的組織「宇宙網際網路學院」（Cosmic Internet Academy，縮寫為CIA），致力於推動「全球之和諧單一族群」，會分發教學資料、舉辦研討會，並且設立靜養處。

據報導，她的著作《能量營養》、《共鳴》、《靈感》（第一集，第二集，以及第三集）、《意識流》（第一集，第二集，以及第三集）、《我們的燦爛國度—— the Game of DA》、《光的使者》、《以光為生》、《我們的下一代—— X世代》以及《與DOW共舞》，她的錄影帶《澳洲海外》、《生命呼吸》、《內在的聖殿》、《情感的重整》、《賦權的冥想》、《上升的加速度》、《冥想自療》、《阿卡沙祕錄冥想》，她舉辦的為期五日的「美好生活靜養營」，以及正向覺醒行動協會（Movement of an Awakened Positive Society）為期七日的「國際靜養營」，全都賣得非常好，讓她得一直跨國奔波，相當繁忙。

人們經常問潔思穆因，她是否會因為不再進食而變瘦？她說沒錯，「我會排定計畫讓自己達到某個重量，然後維持穩定。自從我不再留心過去飲用過的許多飲料，或是曾體驗過的許多美味，我的體重一直保持在四十七到四十八公斤之間。」她繼續解釋，「修習之後，要增加體重，比起扼要地說清楚內在信仰模式，以及讓一開始的體重不往下掉，要困難得多了。」有一年，她終於克服相當大的困難，增重了八公斤。

雖然禁食教能夠成功控制幾乎所有身體機能，潔思穆因仍奉勸大家，有時候為了社會因素，做法也要不同。例如「關於月經，因為我生過孩子，我認為按照步驟的讓身體停止這個流血機制會比較方便。這個嘗試失敗後，我向大師尋求醫學上的指導，他告訴我，『傳統上』普遍認為月經穩定象徵身體健康，日後它也會一直是健康的重要象徵。」

潔思穆因在她的網站上（www.jasmuheen.com）表示，她最首要的目標「是要在二〇一二年時，讓全世界的人們吃得健康、穿得暖、住得舒適，並且接受到完善的教育……」

由於她為了餵飽世人所做的努力，潔思穆因贏得了二〇〇〇年搞笑諾貝爾獎的文學獎。

得獎者無法、或者不願意出席搞笑諾貝爾獎頒獎典禮，不過她和搞笑諾貝爾獎協會董事會透過電子郵件，聊得很愉快。由於潔思穆因像空中飛人似的往來各國，主持研討會並採樣當地的光，因此信件討論的範圍很廣，話題不侷限在當地問題。她表示，能夠贏得搞笑諾貝爾獎，她感到很光榮很欣喜，但由於已經事先安排好一趟前往巴西賺大錢的行程，所以無法來哈佛大學參加典禮。

搞笑諾貝爾獎小百科｜這些人據說不吃也活得好好的

潔思穆因不是史上第一位禁食主義者，她也沒有宣稱自己是第一位禁食主義者。她在書裡寫道：「從創世一開始，禁食主義就已經存在了。」以下是早期幾位拒絕吃飯的名人：

這份資料是由加拿大蒙特婁防癆院的治療師朱爾根．布赫（Juergen Buche）編纂的，資料搜集自「新聞報導以及行家才懂的刊物」。下文大部分是摘錄自布赫著作裡的原文：

- 朱達．梅勒（Judah Mehler，一六六〇～一七五一年），猶太拉比，「吃得很節儉，一個星期只吃一天飯。一年當中只有十二次在猶太教節日時，會打破禁食的齋戒。身為三個猶太教團體的拉比，生活非常忙碌，活到九十一歲。」

  資料來源：《雷普利的信不信由你》（*Ripley's Believe It or Not*）。

- 瑪莉．福盧特納（Marie Frutner），巴伐利亞女性，「四十年來只喝水不進食，一八三五年間還在慕尼黑接受觀察了一段時間。」

  資料來源：《健康研究》（*Health Research*）期刊的希爾頓．哈特瑪（Hilton Hotema）。

- 揚德．梅爾（Yand Mel），二十歲時，「過去九年來她都不曾進食。她看起來不餓，除了沒有食慾之外，過著與一般人一樣的正常生活。」她的消化道變成休眠、發育不完全的狀態；她也不喝水。

  資料來源：T.Y. Ga博士，同Jones, H.B.等人在一九四〇年出版的《Am. J. Cancer》第243至250頁。

- 吉力．芭拉（Giri Bala），西孟加拉人。「現年已七十歲，當她還是孩子時，食量非常大，但十二歲以後就不再進食。

她從未生病，是調息（Pranayama）與瑜珈的專家。總是很快樂，看起來像個孩子，照常做家事，沒有生理排泄物。印度布德萬已故的摩訶拉伽（Maharajah）比加里・強德・馬特伯（Bijali Chand Mahtab）則在研究她。

資料來源：帕拉和薩・尤迦南達（Paramhansa Yogananda）一九四六年的書《一個瑜伽行者的自傳》（*Autobiography of a Yogi*）。

- 達納拉克・舒彌（Danalak Shumi），印度馬卡拉（Marcara）人，十八歲。「已經超過一年不吃東西也不喝水。她活得很正常而且健康。十四歲時，她開始失去食慾，直到後來無法吸收任何東西。政府送她到邦加羅爾綜合醫院檢查。」
  資料來源：一九五三年八月號的《孟買新聞》（*Bombay Press*）。
- 巴拉約吉尼・薩拉斯瓦帝（Balayogini Sarasvati），印度阿曼（Amma）人。「曾有超過三年的時間只靠喝水維持生命」。
  資料來源：一九五九年六月號的《玫瑰十字會文摘》（*Rosicrucian Digest*）。
- 卡里巴拉・達西（Caribala Dassi），她是巴布拉姆柏克賽（Babulamboxer）修道院的修女，普瑞立亞的辯護者（Pleader of Purillia）。根據印度一九三二年的資料，她生活了四十多年不需進食及飲水，並且很規律的操持一般家務，外表看起來很健康。資料來源：未提供。
- 德蕾莎・亞維拉（Teresa Avila），巴伐利亞佃農，於一八九八年出生，自一九二六年起就不吃飯、不喝水、不睡覺。她既不瘦也沒有病厭厭的，在田園裡工作，「Aberee 1960」形容她為最快樂的人之一。資料來源：未提供。
- 特雷塞・紐爾曼（Therese Neumann），「德國修女，一九五二年去世。四十年未曾進食，不需食物也不需要水，生活得很愜意。」資料來源：未提供。

4 食物類・茶與咖啡

茶與咖啡實在很重要，
不論男女都絞盡腦汁想著要泡什麼、
為什麼要泡、要怎麼泡這杯或那杯。
以下就是其中四件特別的成就：

- 泡好茶的官方標準程序
- 喝它，要有膽量才行——麝香貓咖啡
- 加拿大甜甜圈店的社會學
- 浸泡鬆餅的最佳方法

泡好茶的官方標準程序

我們制定出一套完美的泡茶標準，而且能夠被大家當成一回事，受到肯定，我們覺得非常高興。

——摘自英國標準局的史帝夫・泰勒（Steve Tyler）接受《衛報》專訪的內容

正式宣布｜搞笑諾貝爾獎文學獎頒給

英國標準局（British Standards Institution）。該局為泡茶的正確方法，制定了長達六頁的標準程序（BS6008號），因而獲獎。

泡出一杯上等好茶的正確方法是什麼？

這問題有很多解答，但其中最標準的，是英國標準局制定的程序。

泡茶標準程序（Tea Standard）是由英國標準局發布的，這個機構也跟任何一個標準局一樣有個簡稱，叫作「BSI」。

和BSI公開發布的其他所有標準程序一樣，泡茶的標準程序有個官方標準名稱「感覺測試用的茶湯之準備方法」（Method for Preparation of a Liquor of Tea for Use in Sensory Tests），而且它有官方編號，是BS6008號。

「BS6008號」標準從一九八〇年制訂之後就沒有更改過。它是長達六頁的出版品，而且還不便宜，每份二十英鎊，由英國標準局公開發售。

對於那些不了解茶藝的人來說，「感覺測試用的茶湯之準備方法」標題裡的名詞「湯」（liquor），就有些令人費解了。BSI特別指出，這裡的「湯」字與酒精或烈酒完全沒有關係，它是指「可溶性物質濃縮物的水溶液」。

有些人不免要問：泡茶，到底是什麼意思？官方的說法是：「將乾燥茶葉放置於瓷壺或陶壺內，注入剛煮好的沸水沖泡，再將此沖泡出來的茶湯盛入白瓷杯或陶碗內。」茶壺必需「有蓋子，且在蓋子的一處有一齒狀突起，蓋子下緣可與茶壺內的溝槽鬆鬆地貼合。」

「BS6008號」標準不是死板不變的。它其中的規章也提到可以沖泡成奶茶：「在茶碗中未調味過的茶湯裡，添加適量的牛奶」，當然也可以不加。

以下是節錄自「BS6008號」標準的英國泡茶標準程序：

- 每二公克的茶葉，用一百毫升的滾水沖泡，上下誤差不超過百分之二。
- 茶湯的口感及外觀，會受到用來泡茶的水質硬度影響。
- 將剛煮好的滾水注入茶壺內，水位以距離茶壺邊緣四至六公釐為上限。
- 蓋上蓋子，靜置，讓茶葉浸泡六分鐘整。
- 泡成奶茶的茶、奶比例，每一百毫升茶湯添加1.75毫升牛奶。
- 蓋子蓋著舉起茶壺，將茶湯從浸泡過的茶葉中倒出。
- 將茶湯慢慢注入牛奶中，以免滾燙的茶湯將牛奶燙壞。如果要把牛奶直接加進茶湯裡，茶湯最好保持在攝氏六十五到八十度之間。

截至目前為止，英國標準局已經發布超過一萬五千種標準，範圍包括了商業性活動以及日常生活。泡茶標準程序排在BS6007號（「用於供電與照明的橡膠絕緣電線標準」（Rubber-Insulated Cables for Electric Power and Lighting）之後，BS6009號（「拋棄式皮下注射針：識別用色標編碼標準」（Hypodermic Needles for single use：Colour coding for identification）之前。底下是6000系列其他幾個比較熱門的標準：

- BS6094號「實驗室攪打紙漿方法標準」（Methods for Laboratory Beating Pulp)。

- BS6102號「組裝自行車前叉螺帽配件的螺紋標準」(Screw Threads Used to Assemble Head Fittings on Bicycle Forks)。
- BS6271號「迷你型鋼鋸鋸帶」(Miniature Hacksaw Blades)。
- BS6310號「耳塞耦合式耳機量測用之封閉式人耳模擬器標準」(Occluded-Ear Simulator for the Measurement of Earphones Coupled to the Ear by Ear Inserts)。
- BS6366號「英式橄欖球鞋鞋釘標準」(Studs for Rugby Football Boots)。
- BS6386號「帶固定螺拴之削平型直柄銑刀夾頭:夾頭鼻端尺寸標準」(Tool Chucks with Clamp Screws for Flatted Parallel Shanks: Dimensions of Chuck Nose)。

對許多文學評論家來說,其他這些受歡迎的標準,都無法和BS6008號標準「感覺測試用的茶湯之準備方法」媲美。BS6008號標準裡頭熱騰騰、冒著蒸氣的散文,制定了一套讓喝茶者有所依據的標準,濃縮體現了文學、體面舉止與下午茶時光。

英國標準局的代表
雷吉諾德・布萊克解說怎麼用
正規的英國標準程序沖泡一杯茶。
(照片提供:席拉・吉布森
〔Sheila Gibson〕)

英國標準局就靠這篇長達六頁的經典之作，獲頒一九九九年的搞笑諾貝爾獎文學獎。

英國標準局的代表雷吉諾德 · 布萊克（Reginald Blake）在標準局的贊助下，從英國飛來參加搞笑諾貝爾獎頒獎典禮。他身穿深色西裝，頭戴著綴有一個小茶壺的帽子，耳朵上掛著叮叮噹噹的小茶杯，抵達波士頓機場，搭了一小段計程車到達哈佛大學的典禮現場。布萊克先生聲嘶力竭地讓大家明白，他不僅僅代表僱用他的英國標準局，也代表整個英國的泡茶與飲茶傳統。他說：

「我們花了五千年，只制定出一套沖泡熱茶的標準，所以別期待我們能在西元七千年來臨之前，制訂出沖泡冷茶或冰茶的標準。順道一提，我們英國人有這樣的共識，波士頓茶黨事件可說是不折不扣、最盛大的嘗試泡出冰茶的始祖。」

「要如何迅速泡好一杯茶呢？每一百毫升的水放入一小撮二公克的茶葉即可。當然，在這裡我就不需要再為大家一一示範了。注水到茶壺內，水位距離壺緣四至六公釐，蓋上壺蓋。浸泡六分鐘。將五毫升的牛奶倒入茶杯中，再將茶湯倒入杯中。依照著優良的傳統，我要謝謝英國標準局，波士頓交響樂團，還有凱撒大帝的名言[1]：『我到之處，我見之地，我都要喝杯茶！』。謝謝大家。」

觀眾們熱烈地向布萊克先生投以滿滿的熱情、紙飛機，和茶包。

---

1 〔譯註〕凱撒大帝的名言其實是：「我到之處，我見之地，我征服也。」

搞笑諾貝爾獎小百科｜李普斯康教授泡了一杯好茶

在一九九九年的搞笑諾貝爾獎頒獎典禮會場，有一位貴賓深深被英國泡茶標準所感動，向英國標準局的布萊克先生表達了他的敬意，在一千兩百名瞬間變成瘋狂茶迷的觀眾們面前，來了一場加映表演。

一九七六年的諾貝爾獎化學獎得主威廉・李普斯康教授（William Lipscomb），放映了名為《李普斯康教授泡了一杯好茶》的幻燈片，並擔任旁白。下面這兩幅圖片，說明了這位哈佛大學的化學教授是如何使用科學方法，泡出自己最愛的飲料。

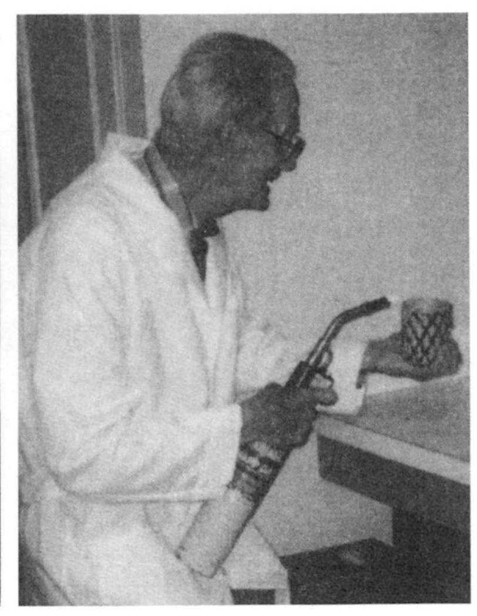

這是《李普斯康教授泡了一杯好茶》幻燈片中的精彩片段：諾貝爾獎化學獎得主威廉・李普斯康教授，向一九九九年的搞笑諾貝爾獎文學獎得主致敬。
左｜李普斯康教授取水。
右｜李普斯康教授把水煮滾。

喝它，要有膽量才行——麝香貓咖啡

來到東爪哇農場（East Java）的貴客們，早餐時大多會被招待一杯咖啡。通常，農場主人會等客人們喝掉杯裡最後一滴咖啡時，才透露這杯咖啡的祕密。這咖啡之所以美味，祕密出在篩選咖啡豆的方式——是由爪哇特有的麝香貓篩選的。這些麝香貓只會吃下味道最佳、最完熟的咖啡果實，幾個小時之後，有些咖啡豆會被消化掉，剩下的會被排出體外，農場工人會撿回這些豆子，準備送去烘焙。

——摘自印尼觀光局宣傳看板

正式宣布｜搞笑諾貝爾獎營養獎頒給

位於亞特蘭大，約翰．馬丁尼茲公司的約翰．馬丁尼茲先生（John Martinez），**因為他向世人呈現了這個世界級的麝香貓咖啡**（Luak Coffee）。**這是一種由印尼當地特有的麝香貓所未消化、排泄出的咖啡豆製成的咖啡。**

如果你想喝一杯上好的麝香貓咖啡，可以直接到印尼的蘇門答臘、爪哇以及蘇拉威西島，或者聯絡美國喬治亞州亞特蘭大市的約翰．馬丁尼茲公司。

製作麝香貓咖啡必須要經過消化道（it takes guts），要喝下它——至少在第一次時——也得夠有膽量（it takes guts）才行！世界最昂貴的咖啡來自印尼，它是由動物所採集、吞食，最後排出體外，再由當地人收集烘焙，然後再高價銷售給遠地的咖啡愛好者（這也是麝香貓咖啡價錢高到嚇人的最主要原因）。至於這種令人感到兩極化刺激感的全新口味，之所以會在為咖啡瘋狂的國際社會引起騷動，我想該負最大責任的，是約翰．馬丁尼茲先生這位受過良好教育、出身咖啡世家的紳士。

麝香貓正式名稱是椰子貓，學名則是*Paradoxurus Hermaphroditus*，牠是一種體形小、深棕色的野貓，和北美山貓是近親，棲息在印尼熱帶雨林區，大半生都在樹上度過。麝香貓是食用水果的動物，以莓果與含果漿的水果為主食。一般認為，牠們只選擇熟得恰到好處的果實來吃。這些果實種子經過麝香貓的消化系統之後，便出現最原本的狀態。最讓人好奇的是，牠們只挑選那些熟透的咖啡果實來吃，但豆子通過整個消化系統後卻沒有被消化掉，所以牠們可說是挑選咖啡豆行家中的行家。

麝香貓咖啡產自蘇門答臘島、爪哇島、蘇拉威西島等地，每年大約出口八十到兩百磅（在麝香貓咖啡交易市場上，很難估出一個精確數字），大部分是銷往日本及美國。

事實上，麝香貓雖對咖啡豆做了前置處理，不過可能跟外行人想像的不一樣。咖啡豆的外層是一層富含蛋白質、黏糊糊的果肉，在烘焙豆子前必需先去除這層果肉，到目前幾乎都是用機器來去除，但是麝香貓咖啡用的是全天然的方法——麝香貓自己的腸道。麝香貓排出這些豆子時，果肉已經被消化掉了，也就是說已經去掉外面那層不必要的物質了。要收集這些咖啡豆非常簡單，你只要一邊走、一邊撿起麝香貓留下的一小坨一小坨排泄物就好了。

就像某位評論家寫的：「這咖啡不尋常的氣味與香氣，應該是在收成咖啡豆之前，就先經由動物消化系統處理過而產生的！」麝香貓的香腺系統很發達，麝香貓咖啡的死忠愛好者堅持，這樣只會讓咖啡增添一點點可供辨識的風味。儘管有些人覺得麝香貓咖啡喝起來有點「騷味」，但大部分的人都覺得它又香又醇又營養，很多人堅持它才是全世界最好喝的咖啡。

約翰・馬丁尼茲是在牙買加一個種植咖啡樹的家族裡長大的，後來他移居美國，創立了約翰・馬丁尼茲公司，建立起世界上數一數二的咖啡專家與咖啡商的美名。原本沒沒無名的麝香貓咖啡，能夠享有現在這種世界級的地位，約翰・馬丁尼茲功不可沒！在接受《亞特蘭大立憲報》(*Atlanta Journal-Constitution*) 訪問時，馬丁尼茲拿起產品表示：「當你在國際市場上買賣交易量第二大的商品時，你就必須做出特色，展現出你的與眾不同。」

任何可以接近麝香貓和那些咖啡樹的人，都能撿到一些咖啡豆，而且不用任何本錢，那為什麼麝香貓咖啡不僅價格高昂，而且貴到令人咋舌呢？很顯然，是為了保證它能夠和那段令人印象深刻的推銷台詞相符。

就因為約翰・馬丁尼茲為這個世界舞台帶來一種珍稀、鮮美的全新滋味，所以他獲頒一九九五年搞笑諾貝爾獎營養學獎。

約翰・馬丁尼茲自費從喬治亞州的亞特蘭大搭機來到頒獎現場，以一襲華麗且剪裁細緻的西服，泰然自若地出席。他接下獎座，對流通全球的麝香貓咖啡說了以下獻詞：「為了符合今晚典禮的精神，我寫了一首短詩，詩名就叫作〈麝香貓頌〉。」

麝香貓，麝香貓
我們已經聽到叫聲了
是飛機？ 還是小鳥？
不，我的朋友，不是那回事
我的大明星是臭鼬的近親

麝香貓，麝香貓
我們問，「那是什麼東西？」
大英百科全書說，牠是一種椰子貓
*Paradoxurus*屬，*hermaphroditus*種
科學資訊讓我們更興奮

麝香貓，麝香貓
你住在哪裡？
在熱得像煉獄的蘇門答臘
在漆黑夜色的掩護下
找尋那熟透的、鮮紅、閃亮的咖啡果

麝香貓，麝香貓
當你飽食一頓之後
也創造出全新滋味
敬齊聚在此的大家，這就是那一小瓢
我們正在喝你的大便製造出來的咖啡

馬丁尼茲發表完得獎感言之後，眨了眨眼睛示意，五名年輕舞者就滑步進入會場，她們穿著實驗室的白袍，每個人手上都拿著一杯剛剛煮好、熱騰騰的麝香貓咖啡，要請會場內五位諾貝爾獎得主品嘗品嘗！這些得主們低頭看了看手中的咖啡，又抬起頭來，你望望我，我看看你，不知如何是好。會場中的每個人，這時似乎都看透了這些大人物內心在猶豫掙扎什麼：「我們當中只要有個人喝下這杯東西……其他人就得跟著喝掉！」接下來的場面令人發噱：這

五位年輕的姑娘
帶給五位諾貝爾得主
一個驚喜：
熱騰騰冒著蒸氣
的麝香貓咖啡。

幾名諾貝爾獎得主僵住好一會兒，幾度將杯子湊進嘴邊又放下，最後終於有一位身先士卒喝掉了，另外四個人見狀，先是優雅地嘗了嘗這個難得的高級享受，接下來一飲而盡。這個時候，這五位令人崇敬的大人物開始開起糞便的玩笑來了，而且聊得一發不可收拾，最後頒獎典禮主持人不耐煩之餘，只得羞愧地咕噥道：「好了，夥伴們……」。為了公平起見，主持人借了一個杯子，痛快地喝下一大口麝香貓咖啡。有人起哄問他：「滋味如何？」他回答說：「比想像中好喝多啦！」

搞笑諾貝爾獎小百科｜科學家的首次麝香貓咖啡體驗

這些照片記錄的，相當於斐德烈大帝著名的馬鈴薯公開品嘗會的現代版：有五名諾貝爾獎得主體驗了生平第一次的——不論是在公開場合或在其他地方——麝香貓咖啡。

左｜一九八六年諾貝爾化學獎得主杜德利・赫許巴哈、一九七九年物理學獎得主薛頓・葛萊休、一九九〇年醫學獎得主約瑟夫・墨瑞（Joseph Murray）、一九七六年化學獎得主威廉・李普斯康第一次品嘗麝香貓咖啡。一九九三年獲得諾貝爾生理學及醫學獎的理察・羅勃茲不在照片中。
右｜李普斯康教授正在分析這杯飲料。

加拿大甜甜圈店的社會學

甜甜圈是一種大量生產、大量消費的產品，然而在加拿大，甜甜圈也是容納認同政治的詭異容器。

——摘自史提夫・潘佛德的論文《甜甜圈社交生活》

正式宣布｜搞笑諾貝爾獎社會學獎頒給

加拿大多倫多市約克大學（York University）**的史提夫・潘佛德**（Steve Penfold），**他因為博士論文探討了「加拿大甜甜圈店的社會學」而得獎。**

他為取得約克大學歷史系博士學位而寫的博士論文，標題為《甜甜圈社交生活：Golden Horseshoe地區1950到1999年的日常商品與共通處》（*The Social Life of Donuts: Commodity and Community in the Golden Horseshoe, 1950–1999*）。最初的簡短版本是以〈「Eddie Shack無法取代Tim Horton」：加拿大大眾文化裡的甜甜圈以及庶民傳統〉（'Eddie Shack was no Tim Horton': Dunuts and the Folklore of Mass Culture in Canada）為標題，發表在2001年Routledge出版，華倫・比拉思科（Warren Belasco）與菲立浦・史康頓（Philip Scranton）編寫的《食物聯合國：在消費者社會販售生活體驗》（*Food Nations: Selling Taste in Consumer Societies*）這本書，第48至66頁。

就讀約克大學歷史研究所時，史提夫・潘佛德必須找個有創意且教授們感興趣的主題來研究，所以他選擇探討甜甜圈店在加拿大社會裡的地位。

加拿大每個人吃掉的甜甜圈數量，居世界各國之冠。他們吃的甜甜圈大多購自遍及加國境內、將近兩千家的Tim Horton's，這個甜甜圈龍頭是用已故職業冰球選手Tim Horton的名字命名的，現在所有分店總數遠遠超過麥當勞。Tim Horton's的甜甜圈、咖啡，以及它在寒冬中成為暖氣完善的棲身處，這點點滴滴都在許多加拿大人及加拿大城鎮心中，有著舉足輕重的地位，也是他們社交生活的重心。潘佛德接受《華爾街日報》專訪時說：「在英國，人們是到當地的小酒館喝酒、聊天、交朋友；但在加拿大，人們則是去當地的甜甜圈店。」

以下摘錄自史提夫的論文：「在加拿大，大家已經普遍認為甜甜圈是非正式的國民食品了！的確，眾所周知，這種油膩膩的甜點，如今被拿來諷刺北緯四十九度[1]以南發現的，那些令人激動的全國性符號。我們在消費美國產品的同時，也不知怎麼地，會渴求有一種更『真實的』加拿大大眾文化經驗，像是二月早晨的Tim Horton's咖啡這類的。移居外國的加拿大人一講到要去甜甜圈店，就會聯想到回家。」

「這些全國性社團的興起，似乎很奇怪地，跟這個商品本身的根源與命運沒有聯結。就像二十世紀加拿大絕大部分的經濟發展史那樣，知名甜甜圈銷售商在加拿大的發展，就採分支工廠的形式，或像美式大量生產觀念的加拿大獨資版本。一九九五年，Tim Horton's賣給了溫蒂漢堡。加拿大人也是這時才真正感受到美國公司的威脅，這個將『國家機構』賣給美國漢堡公司的銷售案，似乎沒有影響到Tim Horton's與這個國家神話的聯結。」

「如果我們相信大眾文化的動力，是一方面降低產品的製作，另一方面降低消費的社會經驗，那麼光是甜甜圈就要耗掉相當可觀的分析能力。在加拿大，甜甜圈主要都是由大公司生產，在全國各地的糕餅店銷售，並經由仔細分工、不需要特別技術的低薪工人提供服務。然而甜甜圈也是傳播加拿大生活諷刺寫照的工具。民間甜甜圈傳統的影響（也就是它們能調和社會結構與個人、以及大眾與社區這項特質），最終仍會一直具有不同的意義。」

由於幫甜甜圈找到了全新定位，史提夫獲頒一九九九年搞笑諾貝爾獎社會學獎。

史提夫自費前來搞笑諾貝爾獎頒獎會場，在領獎時他說：

「嗯，我了解在美國把甜甜圈店的歷史和社會學當成博士論文，很可能會被認為有點落伍，我不是很確定。但是在加拿大這卻很正常。事實上，如果要我形容的話，我會說還滿『高尚的』。有時，我走在街上，有人會對我說：『嘿！兄弟，幹得好吔！』那是因為甜甜圈正是我們加拿大人的全民嗜好，我們還寫詩、唱歌來歌頌這種肥滋滋的甜點吶！」

「然而，身為加拿大人，我要說，在這個甜甜圈連鎖店的發源地，麻州的波士頓，領到這個獎我覺得很驕傲。真的，你們的甜甜圈真棒，只有一個問題，要是這問題能解決的話，我會搬來這裡：我到處逛的時候發現，太多美國人了！整個城市都擠滿美國人。你們在自己家裡表現出美國人的樣子我無所謂，不過別在大街上光天化日之下這樣幹。」

撰寫社會學論文探討加拿大甜甜圈店，可不輕鬆。在二〇〇一年的系內新聞稿，史提夫的研究所同學曾說：

「我參加了一個專為論文作者舉辦的講習會，講授的是撰寫論文的技巧與策略。有收穫嗎？有的。我從不算聰明的史提夫身上學到一個經驗，史提夫就是那個甜甜圈男孩，你們也許還不知道他的真名。我聽見他問說——而且問了兩次——他問說寫論文的時候，要如何阻止自己不去殺光身邊的人！？他第二次問的時候，我不禁擔心起他的心理狀況，我想他顯然是寫論文寫太久了。史提夫這個令我大感衝擊的問題，讓我對自己的論文及課業以外的生活陷入了長考……我只希望，史提夫會因為他對甜甜圈的熱情而聲名大噪，而不是因為殺了家人諸如此類的可怕事件而出名。」

1〔譯註〕美國與加拿大的國境線位於北緯四十九度。

浸泡鬆餅的最佳方法

以下為鬆餅浸泡在熱茶中的方程式：

$$L^2 = \frac{\gamma x D x t}{4 x \eta}$$

——由連恩・費雪所寫，
講的是「浸泡鬆餅」(biscuit dunking) 的物理特性，
此方程式未經公開發表，卻廣泛流傳。

正式宣布｜搞笑諾貝爾獎物理學獎頒給

原籍澳洲雪梨，英國巴斯(Bath)**的連恩・費雪**(Len Fisher)**博士，因為他計算出浸泡鬆餅的最佳方法……**

還有比利時籍的英國東盎格利亞大學(University of East Anglia)**教授，尚馬克・凡登柏克**(Jean-Marc Vanden-Broeck)**，因為他計算出了如何倒茶而不會讓茶水亂滴。**

倒一杯茶，泡上幾塊鬆餅，不僅悠閒愉快，更是生活的藝術。然而就像宇宙萬物一樣，我們也可以用科學分析的角度，看待這兩件事。這兩位學識淵博、不屈不撓，對知識與茶極度渴望(thirsting)的教授，不約而同地研究出「如何浸泡鬆餅？」和「如何倒茶？」的祕訣。

連恩・費雪是第一人，不然最起碼也是願意大費周章的第一人，認為如果你用上砂帶磨光機、X光機、天平和顯微鏡，加上用計算多孔材質毛細孔流場的瓦西本方程式(Washburn equation)來研究浸泡鬆餅，會更有意義；而且如果你是個物理學家，那他也算是。

為了讓那些喜歡浸泡鬆餅的民眾高興點，費雪博士花了不少時間(由麥維他消化餅的研究基金會支助)，把這些技術性用語稍微轉換，讓習慣大口吃喝的市井小民也能夠看懂。他簡化該方程式，還訂下一些指導原則：

- 不同種類的鬆餅，有不同的最佳浸泡時間（薑餅大約為三秒，消化餅則須大約八秒）。
- 單面有巧克力的鬆餅，在浸泡時最好以沒有巧克力的那面先放入茶中，如果不行的話，斜斜放也可以。

本著科學家的精神，費雪博士製作了一套有趣的數字圖表。

同時，諾里奇鎮（Norwich）的尚馬克・凡登柏克教授，經過十七年的努力，終於設計發展出一套極致倒茶法（至少理論上是可行的），讓人倒茶時不會外滴。這位比利時籍的東盎格利亞大學教授，更是流體力學這門艱深科學領域裡的專家。

為什麼他會對茶壺如此著迷呢？部分是因為在流體與表面的自然數學（physico-mathematics）中，這是個十分有趣且艱澀的問題。雖然一般人對這問題並無太大的興趣，但是長久以來學界對於「液體如何滴落？」這個問題，卻有十分豐富的研究結果（對此有興趣的讀者可以翻閱知名的物理學期刊《物理評論快報》（*Physical Review Letters*）。他們發表過多篇相關研究：〈水龍頭漏水的理論分析〉（Theoretical Analysis of a Dripping Faucet）、〈防止天花板漏水〉（Suppression of Dripping From a Ceiling），以及引人議論的〈長螞蟻的漏水水龍頭〉（Dripping Faucet With Ants）。

可是除此之外，可能還有別的原因。數學家——至少要優秀的數學家——常常需要到世界各地大學演講，在演講之前主辦者大都會上一杯茶。在被滴出來的茶水濺到很多次之後，這位在相關領域有相關經驗的科學家，就被這件惱人的事激發了縝密的想像力。

凡登柏克教授發現如何使茶壺茶水不外滴的祕密後，尤其經常受邀出席座談會，比方說愛丁堡大學在二〇〇一年六月一日舉行的以下活動：

座談會｜尚馬克 · 凡登柏克教授（東盎格利亞大學）

時間：下午3：30　　對象：不限

下午3：00在師生休息室備有茶點

同樣的，研究出浸泡鬆餅最佳時間的費雪博士，也變成了科學界座談茶會爭相邀約的對象。尚馬克 · 凡登柏克教授與連恩 · 費雪博士由於對茶壺與鬆餅有重大科學發現，共同獲得一九九九年的搞笑諾貝爾獎物理學獎。

凡登柏克教授不能、或者不願意出席頒獎典禮，但是費雪博士則自費從英國布里斯托（Bristol）前來哈佛大學的頒獎現場領獎。他說：「感謝大家。兩百年了，在波士頓茶會裡（tea party）終於出現了一位英國籍得主（winner）[1]。為了向現場傑出的你們致敬，以及感謝至少一位諾貝爾獎得主的協助（因為他還不知道自己是自願的），我希望在這裡向大家介紹我的另一個相關理論，這是一個和甜甜圈有關，相當困難深奧的問題。甜甜圈，請欣然接受甜甜圈！現在，葛萊休教授，請你向這些看來一頭霧水的觀眾們示範我的新理論——如何浸泡甜甜圈（dunking a doughnut）！」

這時候，費雪博士拿出一個小號的籃球網，而諾貝爾獎得主葛萊休教授則拿著一個甜甜圈，像籃球一樣地扣籃（dunk）。一會兒之後，在一個向茶、甜甜圈與科學成就致敬的儀式裡，一個人造的大型甜甜圈，從桑德斯劇院的天花板後方斜降而下，越過觀眾席的上方，抵達舞台，然後自己縱身跳進一個迷人、腿長、舞步輕快的茶杯裡。幾天後，費雪博士回到他的實驗室，繼續埋首於研究。一年後，他有兩個重大發現：第一，把鬆餅泡在乳製品而非平常的茶中，會更具風味。第二，浸泡檸檬汁的鬆餅，味道實在不怎麼樣。

1〔譯註〕此處為雙關語，引發美國獨立戰爭的茶黨也叫tea party，因此這句話有這樣的雙關語意：在茶黨事件裡終於有了英國勝利者。

5 愛情與婚姻

每年都有好幾百萬人因為愛情和婚姻而困擾，而且很多人在結婚以後，都會開始懷疑什麼是忠貞、什麼是不倫。這兩種念頭，不管是單獨或是合在一起，都有可能讓人達成贏得搞笑諾貝爾獎的成就。

本章要來說說其中兩項成就：

- 熱戀好比強迫症
- 百萬人的集團婚禮

熱戀好比強迫症

愛情在演化上的結果相當重要，重要到必定有某種確立已久的生物過程在調節。近年來的研究認為，神經質和性行為、甚至強迫症，都很可能和血清素轉運子（serotonin transporter）有關。戀愛初期階段的典型表現和強迫症有些相似之處，這促使我們想要探討，這兩種狀況也許有可能同樣受到血清素轉運子濃度變化所影響。

——引自莫拉西提、羅西、卡薩諾以及阿基斯卡爾的報告

正式宣布｜搞笑諾貝爾獎化學獎頒給

比薩大學（University of Pisa）**的多娜泰拉・莫拉西提**（Donatella Marazziti）**、亞歷山大・羅西**（Alessandra Rossi）**以及喬凡尼・卡薩諾**（Giovanni B. Cassano）**，還有加州大學聖地牙哥分校的哈加普・阿基斯卡爾**（Hagop S. Akiskal）**。因為他們發現，從生物化學上來說，浪漫愛情可能和嚴重的強迫症沒什麼分別。**

他們的研究在出版時名為〈浪漫愛情中血小板血清素轉運子的變化〉，引自1999年5月的《心理醫學》（*Psychological Medicine*），第741頁至745頁。

有數以百計、甚至數以千計的情歌、情詩、小說和電影，探討了痴戀、強迫行為與浪漫愛情之間的關聯。莫拉西提、羅西、卡薩諾以及阿基斯卡爾，破天荒對這個複雜且細膩的問題做了首次全面的生化研究。

優秀的科學家做事都是一絲不苟，莫拉西提、羅西、卡薩諾和阿基斯卡爾博士便是如此。他們先是隆重地宣布了他們的興趣：「由於墜入情網是演化過程中，帶有明顯暗示的一種自然現象，因此我

們有理由假設，這種現象是由一種完全確立的生物性過程在居中牽線。」接著他們公告了研究目的：「在這份報告裡，我們檢驗了血清素轉運子、戀愛狀態以及強迫症之間的關係。」

這樣的預備動作有點違反常態，不過他們對於這個題目可是認真的。

但在我們開始認真之前，得先了解他們提到的化學物質「血清素」。血清素在調節各種行為，包括慾望、睡眠、興奮以及沮喪，都有舉足輕重的影響。美國賓州蓋茲堡的蓋茲堡大學（Gettysburg University）教授方彼得（Peter Fong），也對這種化學物質深感興趣，因而做了一些實驗，給蛤蜊餵百憂解，拿下了一九九八年的搞笑諾貝爾獎（參見本書〈百憂解讓蛤蜊更「性」福〉一節。）

莫拉西提、羅西、卡薩諾和阿基斯卡爾博士把浪漫／痴戀／強迫症的整個泥淖，簡化成以下兩個簡單問題：

1. 人類的血液裡真的有浪漫因子嗎？假如真有的話，
2. 這些因子和強迫症患者血液裡的物質相似嗎？

他們早已知道，痴戀和強迫症這個雙頭怪確實在血液裡竄著，這是測得出來的。也有科學家已經證實，強迫症患者血液裡的血清素含量，和沒有痴戀、沒有強迫症的人大不相同。

他們的研究很直接：既檢驗強迫症患者，也檢驗戀情打得火熱的人。他們拿這兩組實驗對象的血液，和穩定、平凡、沒有在戀愛、沒有在痴戀、沒有強迫症的男男女女的血液做比較，結果顯示：後者的血液比較冷靜、放鬆且平淡。

他們決定每一組都檢視二十個人。找來二十個強迫症患者很容易，找到二十個單調乏味的人也很容易。但要找到二十個陷入愛河的人卻很棘手，因為「浪漫愛情」並沒有公認的科學定義。

為了做研究，莫拉西提、羅西、卡薩諾和阿基斯卡爾博士在出版的報告中，提出了自己的定義：

「我們找了二十個剛剛墜入愛河的實驗對象（十七名女性和三名男性，平均年齡二十四歲），我們是透過廣告從醫學院的學生中招募到這些人的，挑選的標準如下：

1. 這段戀情是在過去半年內萌芽的；
2. 這對戀人尚未有過性關係；以及
3. 每天至少有四個小時在想念情人。」

稍後我們將會證明，這個定義的爭議滿大的（參見後文）。

血液測試的結果讓莫拉西提、羅西、卡薩諾和阿基斯卡爾博士看得目瞪口呆，這些結果清楚顯示：

「墜入愛河的受試者和患有強迫症的受試者，（血液中的血清素濃度）都顯著下降，這似乎顯示這兩種狀況在某個程度上是相似的……這也就表示，戀愛確實會導致一種不正常的狀態——這可以從不同國家、不同年紀的人所用的各種說法得到證實，像是『瘋狂』墜入情網，或是得了『相思病』。」

莫拉西提博士和同事也研究了情侶們過了「小鹿亂撞時期」之後會怎麼樣。他們在做了第一次血液測試的一年後，訪談了這些人，並且採集了新的血液樣本。當中有六個人談戀愛的對象沒變，但已經不再沒日沒夜地想著對方了；這六個人的血液，和那些老夫老妻的血液一樣，都波瀾不興。科學再一次確認了古代詩人早就很瞭的事情。

莫拉西提、羅西、卡薩諾和阿基斯卡爾由於發掘了浪漫的化學成分，以及化學成分的浪漫，榮獲二〇〇〇年搞笑諾貝爾化學獎。

莫拉西提原本計畫自費來參加搞笑諾貝爾獎頒獎典禮，但臨時因為丈夫生病，改成預錄得獎感言給我們，她在錄音帶裡說道：

「愛情是人類生命和宇宙的發動機，所以研究愛情這件事很重要。然而我很肯定，不管我們多努力，大自然的奧祕仍舊難以捉摸。我只是對這個典型的人類感情的生物機制，提供了一點點見解。我這個研究的主要偏差，在於我的樣本大多是義大利人，而義大利人談戀愛的方式可能和其他人種（比方美國人）大不相同。我很遺憾沒辦法前去參加頒獎典禮，我向你們致上無上的敬意，願頒獎典禮圓滿完成。祝你們能夠繼續享受生命，永浴愛河。」

搞笑諾貝爾獎小百科｜愛情，非得有性才行嗎？

莫拉西提、羅西、卡薩諾和阿基斯卡爾博士很清楚，有些人認為性愛是浪漫愛情的一部分。他們自己未必同意，但為了科學目的，還是決定僅僅考慮「最近才墜入情網、仍處在熱戀初期階段、尚未發生性關係的實驗對象」。

他們在報告裡說明了為什麼這麼做：

「有些人可能會把性交當作是愛情的必要元素，但我們不這麼認為。法國作家斯湯達爾認為，愛情是未完成的激情。我們認為，這個想法構成了痴戀的基礎，也正是戀愛初期階段的主要特徵（不過不乏特例是一輩子處於一種抽象的理想化狀態，痴戀著對方，因而創作出獻給對方的詩歌和音樂。）」

百萬人的集團婚禮

大量生產（Mass Production）。大量生產這個詞，是用來形容大量製造標準化單一商品的現代生產方式。一般是用這個詞指稱生產的數量，不過這個詞最初是用來稱呼這種生產方法。大量生產並非只是量產而已……大量生產的重點在於一個涵蓋了生產力、精確度、經濟效益、系統化、連續性與速度等原則的生產計畫。

——引自一九二六年的《大英百科全書》（*Encyclopedia Britannica*）

正式宣布｜搞笑諾貝爾獎經濟學獎頒給

文鮮明牧師（Reverend Sun Myung Moon），**因為他使得集團結婚產業更具效率且穩定成長。他的報告指出，一九六〇年總共有三十六對新人舉行集團結婚，一九六八年是四百三十對，一九七五年是一千八百對，一九八二年是六千對，一九九二年是三萬對，一九九五年是三十六萬對，一九九七年則總共有三千六百萬對新人參加集團結婚。**

文鮮明牧師的網站（www.unification.com）是收集集團結婚資訊的最佳來源。

在二十世紀最初的幾十年，亨利．福特把大量生產概念引進汽車業，使得經濟體裡的一個小產業改頭換面，變成具有效率且穩定成長的模範。在二十世紀最後這幾十年，有個人起而效尤，把動力、精確性、經濟效益、系統化、連續性與速度，引進另一個沒有這些原則的產業。

文鮮明牧師最初是在一九六〇年舉辦集團結婚，這回總共有三十六對新人參加。如果以近年來的標準來看，這規模實在很寒酸，但它體現了大家老是掛在嘴邊，卻很少身體力行的一條基本商業原則：「愛你的顧客。」從此以後，文鮮明牧師總是不厭其煩地告訴聽眾：「我從來不會過度關心自己的子女；我當然很愛他們，但我更在乎這三十六對佳偶，而且把他們擺在第一位。」

他常掛在嘴邊的這條寵愛顧客的標準，流傳得又遠又廣。到了一九六八年，集團結婚的佳偶增加到四百三十對，也就是說舉辦不到十年，規模就成長了十倍，這實在讓人刮目相看。對於這麼快就成功，文鮮明牧師說那是因為他「相當歡迎世界上的任何人來聯繫」他的組織。

福特的大量生產系統的基礎，是使用可以互相替換的零件。文鮮明牧師深諳福特的成功之道，因此隨著婚禮規模越來越大，他採用了福特的原則。為了讓任何人很容易就能參加集團結婚，文鮮明牧師還為任何需要配偶的人，提供了臨時配偶的服務，而且成本再高他都辦得到。他把「及時」(just-in-time) 製造原則弄得更完善，差不多快二十年之後才有其他產業宣稱「發現」這個原則。

這項事業很穩定地擴張，一九七五年總共有一千八百對新人集體舉辦婚禮。在這洋溢著幸福的場合，文鮮明牧師提出了一個新口號，來協助新顧客適應他們的新配偶：

「韓國有句諺語說：『理想的另一半會在陌生的地方找到。』(在韓語中，「奇怪的」和「理想的」發音相同。) 所以請盡量張開你們的雙臂，接納各色各樣的人。」這些新人把文鮮明牧師的話當聖旨，而且牧師指定誰給他們當配偶，他們都接受，不管對方是什麼樣的人、長什麼樣子，以及說哪一國話。

事業持續壯大。一九八二年的集團婚禮總共有六千對新人參加。文鮮明牧師在婚禮舉行前二十天首次公開宣傳，好好行銷了他的集團婚禮。這引發了一定程度的熱潮，熱度延燒到婚禮過後好一陣子。文鮮明牧師很愛跟聽眾說：「看過這場集團結婚的人都大開眼界，他們說：『我以前都覺得集團結婚沒什麼了不起，但看過之後覺得，哇！原來真有其事。』」

十年後所舉辦的三萬對新人集團婚禮，是千辛萬苦和精心規劃之下的成果，而這也證明了精明地投資科技，可以帶來豐碩的回收。他們利用最新的衛星播送設備，把婚禮實況轉播到世界各地，知名度暴增，幾乎無人不曉。

如今，這個組織已經準備好大幅提高它的生產規模。他們小心翼翼地籌辦，也進行得很順利：一九九五年，它舉辦了一場三十六萬對新人參加的完美集團婚禮。文鮮明牧師也毫不鬆懈地把集團婚禮的歡樂氣氛，傳播到潛在的新市場。他公開露面的時候表示：「我們為什麼要舉辦集團結婚？如果我一一道來的話，那麼就連祖母輩的人也會被我說動。她們會很羨慕地說：『如果可以再年輕一次，我也要參加統一教的集團結婚。』」

大眾的需求持續成長。就生產面來說，經濟規模使得產出有可能以十倍速度快速增加。一九九七年順利舉辦了一場有三千六百萬對新人參加的婚禮，這讓分析師都跌破眼鏡，也讓競爭對手開始懷疑，自己到底有沒有辦法和統一教抗衡。

文鮮明牧師由於帶動一個停滯不前的產業指數般的成長，榮獲二〇〇〇年搞笑諾貝爾獎經濟學獎。

不過這位得主可能無法、或是不願參加搞笑諾貝爾獎頒獎典禮。

此後，他們的產量繼續加倍。二〇〇四年二月十六日，文鮮明牧師和他的員工推出一場有四億對新人參加的全新婚禮。這場婚禮使得他們的市場滲透率幾乎達到近10%，讓所有競爭對手都望塵莫及。

6 生殖技術

有些聰明巧妙的研發工作，
賦予了日漸褪色的「生育奇蹟」這個詞許多新意義。
以下是兩個有待商榷的生育奇蹟成就：

- 高速助產機器
- 獨自一手打造精子銀行

高速助產機器

這項發明是利用離心力來加快生小孩過程的一種裝置。

——引自美國專利3,216,423號

正式宣布｜搞笑諾貝爾獎醫療保健管理獎頒給

已故的喬治與夏綠蒂・布隆斯基夫婦（George and Charlotte Blonsky），**他們分別來自紐約市和加州的聖荷西**（San Jose）。**他倆因為發明了一種用來協助孕婦分娩的裝置而獲獎；這種儀器是用皮帶把孕婦綁在一張圓台上，接著讓圓台高速旋轉，以協助分娩。**

分娩的過程既緩慢又痛苦。紐約市一對膝下無子的夫妻，設計了一個可以大幅加快這過程的大型電動機械裝置。

喬治・布隆斯基是受過專業訓練的工程師（他是礦業工程師），對於探險和發明有不凡的優雅品味。在搬到紐約市之前，他和妻子夏綠蒂在世界上好幾個地方，持有並經營金礦和鎢礦礦產。喬治一直在發明東西，雖然並不是他所有創意都可以變成實物。喬治和夏綠蒂雖然沒有子嗣，卻很愛小孩子，他們寫了好幾本童書，只是沒有一本出版過。

他們也很愛去布朗克斯動物園（Bronx Zoo）。有一天，喬治碰巧看到一隻懷孕的母象正在緩慢地轉著圈子，很明顯是為了生出兩百五十磅重的小象做準備動作。

這種生理物理學現象讓喬治眼睛為之一亮。他做了簡單的技術分析，找出其運作的基本原理，然後就像每個工程師都會做的那樣，思考他新觀察到的技術見解能否造福人類。他認定，沒錯，這種做法可行。

布隆斯基的助產裝置的點子就是這樣誕生的。

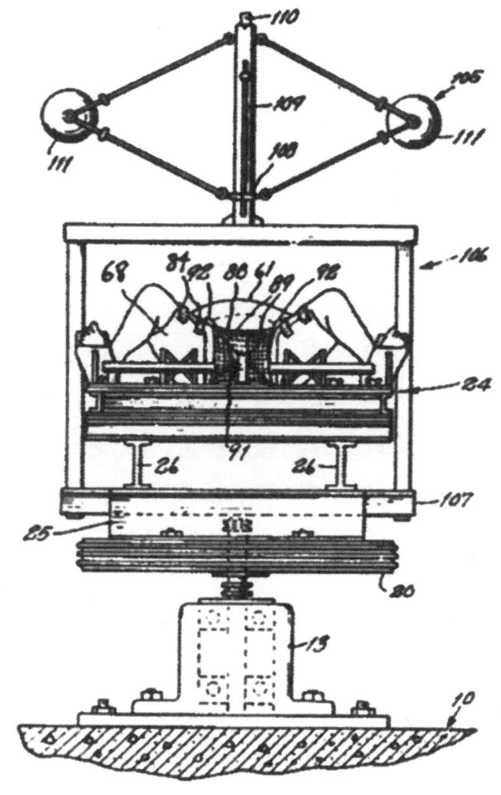

布隆斯基裝置的側視圖。
嬰兒生出來的時候，
有一張用來接住他們的小網子，
有些工程師覺得，這張網子
可能沒辦法承擔這個重責大任。
要不是有這個小瑕疵，
這個設計算是相當令人激賞的。

喬治和夏綠蒂在專利申請書上，對於為何要發明這個裝置，是這樣解釋的：

「在比較原始的人類裡，一般來說，婦女的肌肉組織成長很完全，而且在懷孕全程也做過很多體力活，大自然提供了所有必要的設備和力量，讓孕婦可以正常且快速的分娩。然而，對於比較文明的現代婦女來說，情況就不一樣了，她們比較沒有機會鍛鍊生產時所需要用到的肌肉。」

喬治和夏綠蒂還寫道，他們為了這個目的要提供「一種裝置，能藉由創造出輕柔、分布均勻、具適當方向性、精密控制下的力量，協助準備不足的婦女；這種力量能夠配合並補強孕婦自身的努力。」

他們用短短的幾個字，表達這個構想的核心：「胎兒需要這種重要推動力的應用。」

喬治和夏綠蒂知道如何提供推動力。

他們的專利申請書其他部分，總共有密密麻麻的八頁，當中詳細說明了製作過程。這個設計包括了大約一百二十五個基本零件，像是螺絲釘、制動器、蝶型螺帽、一塊大型混凝土樓板、一部變速直立齒輪馬達、一部減速機、更多的蝶型螺帽、滑輪、支撐具、軸、包覆大腿的構件、一個厚重平台、鋁製壓艙水箱、又更多的蝶型螺帽、靠枕夾具、固定腰帶，以及另一些蝶型螺帽。

這個專利用文字和圖形，詳細說明了要怎麼把這些零件組合起來，為了更清楚明瞭，還標上了數字。比方說：

「把孕婦的身體牢牢固定在定位，用足部構件（73）、大腿支撐物（68）、腰帶（61）、手握把（79）、皮帶（82）、（83）及（84）的力量來控制孕婦，讓她不能動彈。」

布隆斯基夫婦把完整的專利申請書寄到華府。一九六五年十一月九日，美國專利局通過了這項專利，它日後的正式名稱是「藉離心力加速生產過程的裝置」。

因為想出了這麼一個顯然是史上所發明過的最省力裝置，布隆斯基夫婦榮獲一九九九年搞笑諾貝爾獎醫療保健管理獎。

喬治．布隆斯基在一九八五年過世，夏綠蒂則是在搞笑諾貝爾獎委員會決定表揚他們成就的前一年（一九九八年）蒙主寵召，不過他們的姪女蓋兒．史都特馮特（Gale Sturtevant）自掏腰包，從北加州飛了三千英哩，前來哈佛大學參加頒獎典禮，替她的叔叔與嬸嬸領獎。她說她擁有叔叔和嬸嬸遺留的全部文件，還有各種發明的模型，她沒有檢查就都堆在她的車庫裡。就她所知，喬治和夏綠蒂從來沒有建造出一座實物大小的離心力分娩裝置。

「你知道，這個構想照理說有可能行得通，」蓋兒告訴報社的一名記者。「喬治叔叔無疑是我生平所見過最聰明的人，」她的丈夫唐（Don）補充說：「他的腦子一直停不下來。」

在搞笑諾貝爾獎頒獎典禮過後沒幾天，哈佛大學醫學院婦女健康卓越計畫中心（Center for Excellence in Women's Health）的安卓亞·杜耐夫博士（Dr. Andrea Dunaif），在醫學院裡針對布隆斯基的裝置發表了一篇演說。儘管杜耐夫博士對於這個裝置的若干技術層面持保留態度，不過她結論道，布隆斯基夫婦的「立意很好」。

在接下來的幾個月，搞笑諾貝爾獎委員會從好幾名即將臨盆的孕婦那裡聽到一些消息，她們的看法大抵類似。「我知道大多數人都覺得這部機器很可笑，本來我也是這麼認為，」一名孕婦說道：「但懷胎九個月後，我實在感到又累又煩，等不及想生下孩子。如果真有這部機器，我會想要用用看。」

搞笑諾貝爾獎小百科｜安全優先

為了確保母親和胎兒都夠平安，布隆斯基夫婦設計這部機器時，相當小心謹慎。這部機器有一具「速度管理裝置」（speed governor），可以確保母親和嬰兒都不會蒙受達到危險程度的強大外力。這部機器的轉速如果開到最大，會產生7g的力量——這是正常的地球引力的七倍（噴射戰鬥機的飛行員一般承受的力量大約5g。）

獨自一手打造精子銀行

能得到他精子的人可說是幸運兒。

——賽西爾・賈可布森的妻子喬依絲（Joyce），
引自《人物》（*People*）雜誌對她的專訪。

正式宣布｜搞笑諾貝爾獎生物學獎頒給

賽西爾・賈可布森醫生（Dr. Cecil Jacobson），**他持續不斷地慷慨捐出自己的精子，是精子銀行業的鼻祖。他發明了一套簡單、單手操作的品質控制方法，因而獲得此獎。**

《嬰兒製造者：生育騙局與賽西爾・賈可布森醫生的垮台》（*The Babymaker: Fertility Fraud and the Fall of Dr. Cecil Jacobson*），這本書由Bantam Books出版社於1994年出版，當中講了很多賈可布森醫生的事和冒險事蹟，作者是瑞克・尼爾森（Rick Nelson）。

賈可布森醫生是個有老婆孩子的人——從許多方面來說都是，只是有些方面令人喜歡，有些就不盡然了。一方面他告訴成千上百的婦女她們懷孕了，但事實上她們並沒有。另一方面，他有為數眾多的病人看過他的門診後，確實懷孕了，只是他沒有告訴這些病人，從生物學上來說，他是這些孩子的父親。賈可布森醫生的正牌妻子宣稱，她對這件事感到很高興、很光榮。

美國維吉尼亞州的維也納（Vienna）位在華府近郊，是一座繁榮的城市，賈可布森醫生在這裡開了一家生育能力診所，專門協助婦女受孕。

這家診所裡只有賈可布森一名醫師，還有一群五花八門的員工，包括他的妻子喬依絲、他們自己的小孩當中的幾個，以及一直到他們沒錢發薪水前聘的少數幾個行政人員。

這家診所門庭若市。這是因為賈可布森醫生早年確實有幾分貨真價實的本事，再加上日後多年來只含幾分真實的自吹自擂，為他奠下不小的名聲。賈可布森醫生年輕的時候，是使用羊膜穿刺術來診斷發育中胎兒健康的先驅之一。在這之後，他的工作一個換過一個，待的醫院一家換過一家，每個老闆最後都發現，這位著名的賈可布森醫生光會吹牛，根本幹不了什麼真正的大事。在被這些地方默默地但強制革職後，他還大言不慚地宣稱，他和這些地方還有密切往來。

生育上有困難的夫婦有時會變得很絕望。在華府一帶，賈可布森醫生便是那些心急如焚且萬念俱灰的夫婦求助的對象。

賈可布森醫生不像其他診斷懷孕與分娩的醫生，他很少給新病人做任何檢查，也不會問很多問題。他所做的就只有聊天。

賈可布森醫生真的是舌燦蓮花。他會告訴來看病的婦女，他會讓她受孕，有時候他還會拍胸脯打包票。他會指示那些太太，要持續不懈並時常跟丈夫做愛。他堅持要一些夫婦接連好幾個星期每天都做愛。

他最天才的是他幹的其他好事。他會給婦女注射一種一般來說無害的荷爾蒙：人類絨毛膜性腺激素（Human Chorionic Gonadotrophin，簡稱HCG）。這讓他達成兩件好事：一是賺進了大把鈔票，因為他每注射一次激素都要收費，而他會給病人注射好幾十次。賈可布森醫生買進很多人類絨毛膜性腺激素，多到他那家只有一名醫師看診的小診所，據傳竟是人類絨毛膜性腺激素全球排名數一數二的大買家；他的進價非常低，但是售價卻高得嚇死人。

注射人類絨毛膜性腺激素會讓病人感到愉悅，雖然效果短暫。注射了人類絨毛膜性腺激素的這些婦女，在簡單的驗孕中會出現陽性反應。至少有一個病例是這樣的：賈可布森醫生告訴一名四十九歲已經停經的婦女，說她會懷孕，然後給她注射了人類絨毛膜性腺

記者瑞克．尼爾森所寫的《嬰兒製造者》，
他很早就揭發了賈可布森醫生的騙局。
尼爾森的好奇心很強，
他在得知賈可布森醫生給婦女注射某種激素，
使得她們在驗孕時出現陽性反應之後，
自己也注射了同樣的激素，然後跑去驗孕，
結果顯示，他懷孕了。

激素，之後告訴這名婦女，你瞧瞧，驗孕結果顯示她已經懷孕了。

在宣布完「好消息」之後，賈可布森醫生就會利用超音波掃描，製造出一張非常、非常模糊的「照片」，說那就是胎兒的照片。原本焦急不已的夫婦，這下變得欣喜若狂。在接下來的幾個星期、幾個月，他就繼續推出超音波掃描儀，每一次都製造出一張難以辨識、模糊不清的掃描影像，據說看起來就像發育中的胎兒。

賈可布森醫生會警告這些以為自己懷了身孕的婦女，不要去看她們平常看的婦產科醫師，以免危及胎兒。有些病人沒有聽進他的警告，跑去看她們原本的婦產科醫師，結果得知讓她們打擊很大的驚人消息：她們沒有懷孕。

她們傷心地跑去問賈可布森醫生，為什麼發生這種事情的時候，他解釋說她們流產了，而胎兒已經整個被母體「吸收」進去，消失得無影無蹤了。然後他會建議她們，繼續重新注射一輪人類絨毛膜性腺激素，再加上規律性交。他的許多病人忍受著多年的傷心，一再遵循這個忠告。

賈可布森醫生幹的這些好事，不只足以讓他名留青史，也足以引起媒體和警察的興趣。但是讓他更出名的，是他提供給某些病人的額外服務。

在賈可布森醫生的照料下，有些婦女確實懷孕了。他會立刻要這些孕婦回去讓她們原本的婦產科醫師看，讓那些醫生照料她們的整個孕期。她們有些人是自然懷孕的，有一些人則是聽從賈可布森醫生的建議，並由他做人工授精。

賈可布森醫生跟每個他進行人工授精的病人說，他用的精子都是匿名捐贈者捐的，他已經比對過，他們的身體特徵和她們丈夫的都很吻合。事實上，這些精子都是賈可布森醫生自己的。

賈可布森醫生因為犯下五十三起詐欺案，在一九九一年被起訴，檢察官後來才曉得，這些詐欺案不過是冰山一角——他們估計，賈可布森醫生的精子都是他一手製造的，它們已經孕育出多達七十五名兒童。

後來，有一小批支持賈可布森醫生的人（包括他的故鄉猶他州選出來的參議員歐瑞恩·哈契〔Orrin Hatch〕）出來表示，他是個猶如聖人和英雄的好人，這樣中傷、迫害他是不公正的。

賈可布森醫生在所有官司中全被判有罪，因而鋃鐺入獄。他榮獲了一九九二年搞笑諾貝爾獎生物學獎。

但這位得主可能無法、或是不願參加搞笑諾貝爾獎頒獎典禮。他還得先坐個五年牢。

7 生殖器具

工欲善其事，必先利其器，
而且要了解器具是怎麼運作，還要勤於保養維修。
本章將兩篇注意力焦點擺在「器具」的研究報告，
編進歷史文獻了。

從這裡插進來

研究目的：為了知道在男性與女性在性交時，把這段期間兩者生殖器的影像拍攝下來是否可行，以及從前與現今，針對男女性交期間與女性性興奮所繪製的解剖圖，其概念來源是根據假設還是根據事實。

研究方法：使用磁振造影術來研究女性的性反應，以及性交期間的男女生殖器。在八對男女伴侶以及三名單身女子身上，進行了十三組實驗。

結論：在男女性交時，拍攝其生殖器的磁振造影影像是可行的，而且對於了解人體構造有極大幫助。

——舒茲、凡・安岱爾、摩亞特與薩貝利思的報告

正式宣布｜搞笑諾貝爾獎醫學獎頒給

荷蘭哥隆尼根的威里布洛・威瑪爾・舒茲（Willibrord Weijmar Schultz）、**佩克・凡・安岱爾**（Pek van Andel）**與艾鐸・摩亞特**（Eduard Mooyaart），**以及阿姆斯特丹的伊達・薩貝利思**（Ida Sabelis），**他們以圖文並茂的報告〈性交與女性性興奮時男女生殖器的磁振造影影像〉**（Magnetic Resonance Imaging of Male and Female Genitals During Coitus and Female Sexual Arousal）**獲得此獎。**

他們的研究發表在1999年第319期的《大英醫學期刊》（*British Medical Journal*）第1596至1600頁。而伊達・薩貝利思她自身經驗的第一手完整報告，則發表在2001年1／2月號《不可思議研究年鑑》第7冊，第1集，第13至14頁。

荷蘭的一組研究團隊，讓人類第一次清晰又深入地看到，一對男女正在使用中的生殖器官。

要讓磁振造影機的圓形匣艙容納下兩個人，的確有可能，這樣

的話，接下來要拍攝一對男女做愛時性器官的磁振造影影像，也是可以的——只要這兩人沒有幽閉恐懼症。

荷蘭的這個研究團隊徵求了好幾對有意願、並能夠在這樣先進的隱密環境下做愛的男女，而且這些人還必須擁有所有必要的「器具」，就女性來說，就是要有完整的子宮與卵巢。這些科學家向參與者保證會保密、尊重他們隱私，並隱瞞其姓名（然而，在這些男女辦完事穿衣遮身之後，有些人卻很樂意將他們的真名示人）。

該場景有很逼真的臨床感：「每對男女做愛所在的匣艙，就設立在控制室隔壁的房間，而研究人員就坐在控制室的掃描機控制臺與螢幕後方。兩個房間之間的窗子則用舞台簾幕遮起來，所以雙方只能靠內部通訊設備溝通。」

那樣的布置在某些方面來說，倒像早期美國太空總署（NASA）太空人在太空艙裡的樣子，只不過下指令跟回應是使用無線電聯繫；另外某些方面，卻又不像早期NASA太空人在太空艙裡的那樣。

實驗的步驟很簡單：「第一次的影像拍攝，是女性要背朝下平躺。接著男性要爬進管子裡，在上方的位置開始面對面性交。這次拍攝完，不管成功與否，會要求男性爬出管子，然後要求女性自己用手刺激陰核。當她將要達到高潮之前，就用內部通話設備告知研究人員。接下來她要停下自慰的動作，來拍攝第三次的影像。這次拍完之後，這位女性再開始自慰一直達到高潮；等高潮過了二十分鐘之後，再拍第四次的影像。」這就是全部的步驟。

有六對男女算是成功了——至少部分結果算是勉強合格。有兩對則是被要求在男方服用威而剛一小時後，再重複實驗步驟。兩對都接受了，結果也令人滿意。

全部的結果令人印象深刻。就像研究人員在發表的報告裡所敘述的：「拍攝到的影像顯示，在用『傳教士體位』性交的過程中，陰莖的形狀像是回力鏢，而其陰莖根部就佔了長度的三分之一。女性在無交合情況下而性興奮的期間，子宮位置會提高，前陰道壁長度會伸展；在性興奮時，子宮並不會增大。」

這些科學家內心相當得意，因為他們的目的大多都達成了。他們已經知道，要在男性與女性在性交時，將性交期間的生殖器影像拍攝下來，確實可行；而且就某個層面來看，他們確實知道了從前與現今，對男女性交期間與女性性興奮時所繪的解剖圖，其概念是根據假設還是根據事實。

由於他們對於解剖學以及生理學研究的貢獻，威里布洛・威瑪爾・舒茲、佩克・凡・安岱爾與艾鐸・摩亞特，以及伊達・薩貝利思，獲得了二〇〇〇年搞笑諾貝爾獎醫學獎。

佩克・凡・安岱爾自費從荷蘭的格羅寧根（Groningen）遠道前來參加搞笑諾貝爾獎頒獎典禮。領獎的時候，他說：

「要發現真正的新事物，必須有個無法預測的元素：一個異於他人的觀察、想法或實驗。符合新事物定義的事情，會出乎意料地出現。某回我看到一張奇怪的、一名歌手唱著『啊……』時的喉嚨掃描圖，我心裡就在想：『為什麼不是做愛時的掃描圖？』」

「硬體部分不是問題。把掃描機匣艙裡的檯子搬走，裡頭就有足夠空間來做愛。軟體呢？沒問題，我們把機器的程式設定成可以掃描一個『三百磅重』的『病人』。苗條的自願者我們夠多了。唯一的問題在於那些繁文縟節，所以我們的工作必須祕密進行。」

「我們第一次的掃描圖，把驚人的人體構造呈現得清清楚楚。像回力鏢似的陰莖有著巨大的根部；還有沒什麼變化的子宮和快速充脹的膀胱。我們的報告被拒絕發表多達三次。兩次是《自然》雜誌，一次是《大英醫學期刊》。《大英醫學期刊》背著我們在荷蘭查證，看這個報告是否造假之後，最後接受了。這件事是要教導大家，就算是最智障的想法也要珍惜，力促它過關完成——萬一有必要，甚至要經過你的主管，甚至好幾名主管。」

搞笑諾貝爾獎頒獎典禮隔天，凡・安岱爾醫生在哈佛大學醫學院上了一堂課，給那些想往這個領域做研究的人，一些技術上的資訊以及建議。這些聽課的醫生們聽得瞠目結舌。

搞笑諾貝爾獎小百科｜以受試者身分做愛

伊達・薩貝利思是荷蘭辛斯特德（Heemstede）的組織人類學家。在獲得搞笑諾貝爾獎的時候，她準備了一份報告，敘述她在實驗中的角色。以下是節錄的版本，是由楚斯・平克斯特（Truus Pinkster）將報告從荷蘭語翻譯成英文（注意：不管是為了上課或其他目的，在一大群聽眾面前大聲朗誦這篇報告，效果會特別好）。

「一九九一年秋天，佩克（・凡・安岱爾）打電話給我的男友裘普（Jupp）。他打電話來，大多是因為腦袋裡有什麼特別的念頭。那次則是想用新式的掃描機，把男女做愛時真正的狀況影像化。把這畫面呈現出來一定相當美麗。佩克提議說我們正好很適合，我們身材纖細，而且都會雜技表演。」

「我是女權運動者，因此沒什麼理由先入為主地信任男性醫療人員會體貼，尤其是專科醫療人員。而且大家也都知道，拍攝下來的性愛畫面也可能在我無暇分身時，在外活躍。不過在我跟威瑪爾・舒茲及其他『有禮貌的醫界男士』第一次會談過之後，很快就處得相當愉快了。」

「從控制室可以透過一面窗子，看到安裝著磁振造影機的白色大房間；在那個特大號的蛋糕模子中央有一個匣艙，可以用推床把人推進和拉出。匣艙大約六十公分長，最高點的高度將近三十五公分。被這樣的機關阻隔，我壓抑住我們很可能進

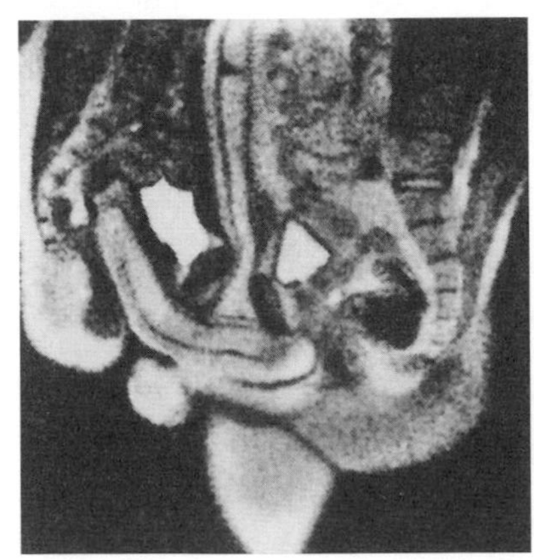

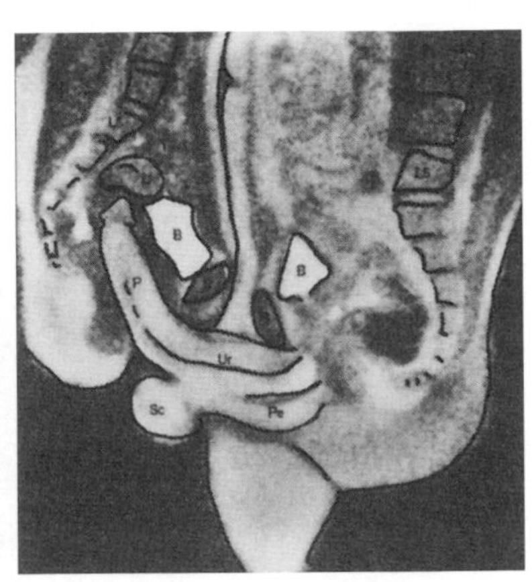

左圖是在《大英醫學期刊》發表的磁振造影原始影像，
右圖則是審查人員在相關區域繪上邊線以利辨識的副本。

不了機器的想法，我們答應無論如何都試試看。」

「不過在那事前我們最常出現，以及最重要的想法是：在這樣一個無菌的白色管子裡要怎麼做？我們能夠完全旁若無人地盡情享受一番嗎？要是我們其中一人的『那話兒』完全無法興奮時，該怎麼做？要是我們已經興奮了，要怎麼協助另一方來做這事？在管子裡我們是應該幾乎靜止不動，還是允許有一些『玩樂空間』呢？」

「我們脫掉衣服，躺在推床上，由艾鐸推進去：我們是面對面側躺著的……那是我們決定的姿勢，也最接近預先的——這些要攝影的紳士們的——決定：在對方的上方，男生在上，女生在下。不管要我們哪一個在上，都被我們回絕了；對我來說男方在上太重了，而且那樣的姿勢讓我一點也興奮不起來。」

「管子裡很窄——也沒別的好期待的——不過一切還是行得通……我的左手可以移動到我要他做動作的地方，也能伸到我們上方機器開關的地方。」

「有一段時間沒什麼事可做，被關在這樣的空間裡，我們就盡量適應，也就感覺沒那麼不舒服。到了特定的一刻，麥克風傳來：『可以完全看清楚陰莖勃起，包括根部。』再來又有段時間沒有動靜，我們回報控制室，要他們把麥克風開著，因為我們會不知道狀況如何。要拍攝第一次了：『現在緩緩地躺下，拍攝的期間屏住呼吸。』在我們上方響起了四十聲磁振造影機拍攝時的輕微聲響，那時有人可能鬆了口氣。」

「我們不停地咯咯笑著，先不管我們本來就愛笑，那是因為興奮，而且要在被看光光的情況下達到性興奮………單單是要在屏住呼吸那幾秒時，像支箭般的往下插……而且要接著繼續實驗。」

「匣艙裡變得溫暖、讓人覺得舒服，我們也成功地一次又一次，像我們熟悉的那樣享受性愛。當麥克風告訴我們可以開始了，要我們能做到什麼程度就做到什麼程度，告訴我們只能藉由照片來回答他們時，我們爆出一陣大笑，過了一陣子之後我們才完成此行的任務。在被告知可以出來之前，我們在裡頭多躺了一會兒在竊笑。後來我們就像從爐子裡被推出來的麵包一樣，被推到外面。」

「大家都興高采烈的，試驗成功了，我們很快地穿上衣服到控制室看拍攝成果。當然有些地方因為動作的關係，而顯得模糊不清，不過其他許多照片則是美得令人驚嘆：那是我們本人。雖不像日常用途的證件快照露得那麼多，不過露的程度足以讓我們瞠目結舌。」

「那是我的子宮，而裘普的那話兒，當然，自然是在我的子宮頸下面，就像平常我自己的感官所感受到的那樣。我們倆身體內部的一切細節都非常清楚，包括我們兩人肚子間的界線。」

「兩天後我就感到有些驕傲了：我們嘗試了，而且成功了。」

陰莖長度與身高、腳掌尺寸之間的關係

為了確認「坊間傳說」講的陰莖尺寸與身高和腳掌尺寸有關這點，是否有事實根據，我們研究了六十三個性能力正常的男人。我們測量了他們的身高及勃起時的陰莖長度，記下他們的鞋子尺寸來替代腳掌長度。
由統計上可知，陰莖長度與體型及腳掌長度兩者有關，但是只有弱相關係數。實際上身高與腳掌尺寸，並沒辦法用來量測陰莖長度。

——摘自貝因與辛門諾斯基的報告

正式宣布｜搞笑諾貝爾獎統計學獎頒給
多倫多西奈山醫院（Mt Sinai Hospital）**的傑拉德・貝因**（Jerald Bain）**與愛柏特大學**（University of Alberta）**的凱利・辛門諾斯基**（Kerry Siminoski），**他們以其嚴謹測量後所做的報告〈身高、腳掌尺寸與陰莖長度之間的關係〉**（The Relationship Among Height, Penile Length, and Foot Size）**而獲獎**。
他們的研究發表於1993年《性學研究年鑑》第6冊，第3集第231至235頁。

科學最大的用處，在於可以告訴大家：「人們」所相信的事是否確實是真的。傑拉德・貝因醫生與凱利・辛門諾斯基醫生，檢視了人類相當重視、擔心的一個信念；他們研究這問題的方法是用一把尺。

貝因醫生與辛門諾斯基醫生寫道：「坊間流傳一種說法，說男性陰莖的尺寸可以不須直接測量，而藉由估算他整個體型，或者量測他身體的其他器官（像是耳垂、鼻子、拇指或是腳掌）來推估它的長度。根據這樣的假設，一般假設陰莖與其他這些器官的尺寸，

上｜傑拉德・貝因醫生遠道前來領取搞笑諾貝爾獎。

下｜哈佛物理學教授羅伊・葛勞柏（Roy Glauber）清掃著台上的紙飛機時，
諾貝爾獎得主（由右至左）理查・羅伯茲、威廉・李普斯康
與杜德利・赫許巴哈展示了他們的特大號大頭鞋。
謝爾頓・格拉肖（Shelton Glashow；可從葛勞柏肩膀上方看到他）
趕緊要加入他們。這些諾貝爾獎得主起身，向貝因與辛門諾斯基
贏得搞笑諾貝爾獎的報告〈身高、腳掌尺寸與陰莖長度之間的關係〉致敬。
（照片提供：艾瑞克・沃克曼〔Eric Workman〕，《不可思議研究年鑑》）

不是成正比就是成反比；為了讓此研究更符合科學精神，我們以兩個人體的變量——身高與腳掌長度，來研究它們與陰莖長度之間的關係。」

為了做這個研究，貝因醫生與辛門諾斯基醫生召集了六十三名願意讓人量測相關部位的男人。在報告裡，這兩名醫生沒有詳細說明，他們是用了什麼方法召募到這些男人的。

貝因醫生與辛門諾斯基醫生測量了他們身體的各部位，他們的身高介於157到194公分，腳掌長度介於24.4到29.4公分。陰莖長度則介於6.0到13.5公分；這是在陰莖勃起時量測的。在報告裡這兩名醫生沒有詳細說明，是用了什麼方法讓這些人的陰莖勃起的。

貝因醫生與辛門諾斯基醫生用手中的資料做了數據分析。他們對於所使用的最小平方線性迴歸法（least-squares linear regression），就詳加說明了。

他們的分析結果指出，一個男人的身高與其陰莖長度，是弱相關性（弱相關是他們的說法）；而腳掌長度與陰莖長度也屬於弱相關性。

他們的結論是：「我們的資料……可明顯看出，要從腳掌大小或身高來預告某人的陰莖尺寸，實際上是沒有用的。」

由於傑拉德．貝因醫生與凱利．辛門諾斯基醫生讓一般人也覺得統計學很有趣，因而贏得了一九九八年搞笑諾貝爾獎統計學獎。

貝因醫生自費遠道從多倫多前來搞笑諾貝爾獎頒獎典禮。在領獎時，他說：

「這是個真實的研究，也是個非常重要的研究，我希望大家能認真看待它。民間一直有個傳說，指身體特定部位與腳掌大小有關係。我一直到幾年前才真正曉得這個傳說，那是從我已經過世的岳母那裡聽來的。我那已經過世、摯愛的岳母大人，是個非常好的女人，我非常敬愛她，我想她也非常喜愛我……」

「某一天，當時我們有三個小孩——現在是四個——我岳母對我老婆說：『你有看到傑瑞的腳有多小嗎？』我親愛的老婆雪拉就問：『怎麼了？』我岳母回她：『你不知道嗎？』」

「為了解答這個沒完沒了的問題，我索性做了這個研究。我必須告訴大家解答，沒錯，這非常——很難找到適切的字句來說明——這個答案是『相關性非常微弱』。但是身高與陰莖長度仍然有關聯，所以高、壯的人——這只是對應其體型大小罷了——不過，有信心點、有信心點，因為要是女性朋友要藉此來判斷它可能多大，那就太愚蠢太膚淺了；要靠外型來判斷大小非常困難，因為大家要知道，最重要的事在於——勃起——能勃起才是最重要的。」

接下來那天，貝因醫生在哈佛開講，說明他對於量測陰莖及身體其他部位這方面的著迷與專業，並且佐以彩色幻燈片、統計圖表與他個人的紀錄，舉例說明他的論點。

8 和平獎・外交與斡旋

就某些情況來說，擅長外交和調停的人，
都很異於常人。以下是四個出類拔萃的例子：

- 做瑜珈，救和平
- 國會全武行——台灣立法院
- 警長的不合作運動
- 史達林世界

做瑜珈，救和平

（德國波昂報導）來自各國自然律黨（Natural Law Party）的瑜珈飛行者（Yogic flyer），星期五在波昂為和平跳了出來，他們發誓要用冥想和飄浮對抗全球的犯罪、疾病、戰爭以及失業……

為數二十三人的瑜珈飛行者，穿著白褲和繪有該黨彩虹標誌的T恤，閉眼盤腿坐在瑜伽墊上。這些飛行者冥想了幾分鐘後就開始搖晃，咯咯傻笑，在墊子上彈跳，他們彈跳了大約半公尺高，彈跳時還經常互相碰撞。

「瑜珈飛行能在大腦運作上產生最大的一致性，因此對於個人會有極大的益處，」一九九五年自然律黨的美國總統參選人約翰・海格林（John Hagelin）說道，每天他坐下來彈跳之前都會這樣說。海格林是物理學家，他說社會學的研究指出，如果有總人口數1%開平方根的人數在每天早晨、傍晚都進行超覺靜坐和瑜珈飛行（yogic flying），社會就會顯著改善。

自然律黨瑪赫西國際議會（Maharishi Council）的祕書長雷恩哈德・波若維茲（Reinhard Borowitz）說，該黨希望在世界各地成立一支受過特殊訓練的瑜珈飛行者團隊，這樣一來，世人就往後就再也不需要國家軍隊與武力了。

——一九九七年路透社

正式宣布｜搞笑諾貝爾獎和平獎頒給

瑪赫西管理大學（Maharishi University of Management）與科學、技術與公共政策學院（Institute of Science, Technology and Public Policy）的約翰・海格林，他是和平思想的倡議者，以他的實驗結論「只要有四千名訓練有素的冥想者，就能讓華府的暴力犯罪降低18%」而獲獎。

他的研究名為《期中報告：1993年6月7日到7月30日，華府降低暴力犯罪和增進政府效能的國家示範計畫的研究成果》（Interim Report: Results of the National Demonstration Project to Reduce Violent Crime and Improve Governmental Effectiveness in Washington, DC, June 7 to July 30, 1993），由愛荷華州費爾菲爾德（Fairfield）的科學、技術與公共政策學院出版。

一九九三年的六、七月，一群科學家做了一項大膽的實驗。他們的目標，是大幅減少華府的暴力犯罪數量——華府的謀殺、強暴和搶劫數量之多，簡直惡名遠播。
他們的方法，是利用超覺靜坐和瑜珈飛行所散發的心靈力量，科學地、有系統地籠罩整座城市。

連約翰・海格林自個兒都承認，他是個引人注目的人。他是物理學教授，也是愛荷華州費爾菲爾德的瑪赫西管理大學科學、技術與公共政策學院的院長，他是量子物理、超覺靜坐以及瑜珈飛行方面的專家，還曾角逐過美國總統大位。

海格林很關心犯罪問題。

他在寫給某家報紙的信裡說道：「身為達特茅斯大學與哈佛大學出身的統一場論（unified-field theory）物理學家，能夠和全球意識領域最頂尖的科學家瑜伽士瑪哈禮希・瑪赫西（Maharishi Mahesh Yogi）密切合作，是我三生有幸。我熱愛我的國家，加上我是科學家，所以我已經準備好用科學知識，以及經過驗證、根據自然律、能夠解決國內種種問題的解決方案，來報效國家。」

海格林非常關心犯罪問題。

一九九二年，他代表自然律黨角逐美國總統寶座，這一年他沒有當選。一九九六年和二〇〇〇年他再接再厲，紀錄顯示，這兩次他也沒有當選。自然律黨的總部是在瑪赫西管理大學的科學、技術與公共政策學院，而且在英國、德國、印度、瑞士、泰國、百慕達、克羅埃西亞、拉脫維亞、阿根廷和其他七十餘國，都設有分部。

海格林極為關心犯罪問題。

一九九三年，他改良了一個預防暴力犯罪的方法。

用技術性術語來說，這個方法是「為了緩和犯罪行為的主要成因，要在大城市組成立場一致的團體，來降低整個社會的壓力」。講白一點就是：海格林付錢，讓人們靜坐冥想，從毯子上飄起來。一旦在同時間、同地點，有數量夠多訓練有素的人這麼做，那麼犯罪率就會降低。

一九九三年夏天，他實地示範了這個方法。那一年的六月七日到七月三十日，有四千名受過訓練的冥想者在華府或華府附近冥想，並且飄浮起來。

一年後，就在總統大選前幾個星期，海格林在一場記者會中宣布：這次實驗非常成功。就在這些冥想者冥想和飄浮的時候，華府的犯罪率下降了18%。

技術上來說，是這樣沒錯。實際上，華府地區的犯罪率沒有下降達18%——進行這次實驗的期間，華府每週的謀殺率，事實上達到有史以來的最高峰。只不過，和海格林的電腦模擬預測的、沒有這四千名冥想者進行冥想與飄浮時的犯罪率相比，華府的犯罪率數字確實低了18%。

海格林由於在打擊犯罪上發揮的影響力，榮獲一九九四年搞笑諾貝爾獎和平獎。

這位得主可能無法、或者不願參加搞笑諾貝爾獎頒獎典禮。

海格林在接下來的幾年仍持續做這個實驗。二〇〇一年年初，他偕同瑪哈禮希・瑪赫西和印度少將庫魯旺特・辛格（Kulwant Singh）在華府召開記者會，宣布展開募款，希望籌到十億美元，用這筆錢孳生的利息來養一隊為數四千人、受過專業訓練的瑜珈飛行者。以後這些人會在戰場上巡邏，為世界帶來和平。他們有自信能說服人們慷慨解囊，贊助他們的計畫。

二〇〇二年夏天，海格林召開了另一場記者會，為的是告知中東地區的所有政黨，一旦他和他那隊訓練有素的冥想者和飛行者開始行動，和平很快就會降臨該地；而只要他們一籌到所需的大筆資金，他們就會開始行動——不過有鑑於這個任務迫在眉睫，所以只要適量的資金也行。

國會全武行——台灣立法院

一開始，簡錫堦委員和林明義委員只是對這些指控在爭執而已，之後很多立法委員相繼離開會議室。然後，簡錫堦委員要求主席維持秩序。就在這個時候，林明義委員靠近簡錫堦委員，指責他打斷了會議的進行。接著，林明義委員揪住簡錫堦委員的衣領，兩個人就扭打成一團，其他立法委員見狀趕緊介入，把他們拉開。羅福助委員也加入了混戰。

等到兩邊的人馬都被拉開以後，林明義委員和羅福助委員要求簡錫堦委員道歉，他們說簡錫堦委員對他們的指控都是不實的。後來，簡錫堦委員離開會議室，林明義委員和羅福助委員還追出去。這次衝突到此全程都被電視攝影機拍了下來，然後向全國觀眾實況播出。

不過，這三位委員離開會議室之後發生的事，沒有被攝影機拍到。據簡錫堦委員表示，林明義委員出拳打了他的下巴，但林明義委員和羅福助委員都否認這項指控。

——二〇〇〇年一月四日《台北時報》的報導

正式宣布｜搞笑諾貝爾獎和平獎頒給

台灣的立法院，因為他們證明了，政客們拳腳相向，要比對其他國家發動戰爭得到更多收穫。

民主體制最好的狀況，可能會是一場大混戰。立法者理念上彼此角力、以文字為武器，到最後把概念變成法律條文，這樣子毫無節制的激情、張力與智慧的悸動，有什麼事情比得上呢？

一九八八年，台灣少數新上任的民意代表，決定找出這個問題的答案。

在一九八八年，朱高正宣稱要親自帶頭創造新的立法形式，當時他還是民進黨的黨員。他跳上立院主席台，議場大亂鬥從此揭開序幕。

當時距離台灣終於放寬選舉法令，讓反對黨有機會擔任公職還沒多久。在那之前，從蔣介石一幫人自中國大陸撤退來台，在台灣島上建立新政權開始，反對力量已經被禁止、打壓了四十年。

受制於台灣憲法的明文規定，國會裡盡是早年在中國各省選出來的民意代表，這些人幾十年來都沒有看過他們的選區，也早就和選區沒有聯繫了。由於不用對他們的選民負責，所以這些已經七老八十的老民代開會時，就只是打盹和投反對票。

新選出來的反對黨民意代表對這種情形感到很挫折。在朱高正跳上主席台，在國會拳擊大賽史一擊成名之後，其他人很快就加入戰局了。

黃昭輝說他是接第二棒的改革者。當時，還是國代的他在一場宴請老國代的餐會上，一連翻掉七張桌子。

接下來的幾年裡，朱高正、黃昭輝和許多民進黨的同志，千辛萬苦地逼退這些七老八十的對手。他們好說歹說地苦勸。他們用逼迫的，用拳頭揍，用腳踹，有時痛扁一頓。這些國會議員常常見血掛彩並且讓步。在國會議場上，繃帶、拐杖和護頸套成了屢見不鮮的穿搭配件。

一九九一年，這些從遙遠省份來的老人家終於覺得受夠了，投票讓自己脫離公職。

民進黨那些民代紳士在他們最偏愛的對手走了之後，也沒有什麼理由就此收手。民進黨仍然是少數黨，能夠跟執政黨對抗的武器不多，所以他們繼續使用老方法，只不過此時他們擴大戰線，拿這些手法來對付（在他們看來）任何拒絕進行理性論述的人。

這些招數越來越流行，台灣的地方議會很快就有樣學樣，開始上演全武行。就連莊嚴國會的議員也來參上一腳——最早的一次鬥毆，是批評某位女性國會議員的內衣而引發的，批評者被賞了一巴掌，後來鬥毆規模逐漸擴大，最後成了全員參與的砸派小鬧劇。

從那時候開始，這個傳統就在台灣的立法機關延續了下來。

台灣的國會由於揮出了第一拳，接著一路走來始終如一，所以榮獲一九九五年搞笑諾貝爾獎和平獎。

但這些得主可能無法、或是不願參加搞笑諾貝爾獎頒獎典禮。

他們在兩年後得到第二個、比較非正式的殊榮，當時流亡的西藏精神領袖、也是諾貝爾和平獎得主達賴喇嘛，到台灣拜訪。達賴喇嘛很簡單地讚美台灣國會的精神和風格，他使用的字眼是：「這還好嘛！」（It's okay!）

搞笑諾貝爾獎小百科｜最佳的幾個回合

有幾次國會打架事件非常經典，以下是媒體挑選出來的其中三次。

一九九五年六月十六日的《亞洲週刊》報導……………………………

那不是你一般看到的下午茶聚會。台灣國會裡頭幾個原本就是死對頭的民意代表，為了一個程序問題大發雷霆，互相潑對方茶水；然後在宣讀某項法案時引爆口角，在那個當下就出拳互毆。在這場打鬥中，民進黨的民代小心閃躲迴避，因為他們正積極想改變政治街頭鬥士的名聲。

二〇〇一年三月二十九日的《中國郵報》報導……………………………

無黨籍立委羅福助昨天很氣憤地掌摑親民黨立委李慶安，因為李慶安指控他是天道盟的幫主，他把李慶安打傷送進醫院治療。這場混戰發生在早上九點左右，就在羅福助步入會議室之後不久，當時李慶安正要召開教育文化委員會的會議。

拍到這場混戰的監視錄影帶畫面顯示，羅福助先是繞過桌子找坐著的李慶安理論。李慶安用力拍桌起身，拿起裝了水的紙杯，顯然要潑往羅福助身上。

羅福助為了反擊，很快就打掉李慶安手上的紙杯，然後跑到李慶安那一邊想要打她，但被李慶安的一名男性助理擋了下來。但這名助理很快就被羅福助的助理架開，接著這兩位立委就開始對幹，雖然當場有別的立委和警衛想要擋下羅福助，但羅福助還是打到李慶安的肩膀，扯著她的頭髮，還打了她的頭。

一九九五年澳洲電視新聞節目《六十分鐘》（*60 Minutes*）…………………

播報員：他打你……

黃昭輝：他打我的頭，而且血……

（國會打群架的一段畫面）

播報員：（旁白）他們在吵的是新核能電廠預算的表決問題。打起來的是立委黃昭輝和國民黨的施台生。

施台生：（翻譯）他開始推我的時候，我……我就抓住他的頭，把他推回去。

（國會中幾個人打架的畫面）

黃昭輝：是有人打了他，但我不知道是誰。

播報員：你和這件事無關。

黃昭輝：我不知道是誰打……打……打了他的脖子。我不知道。

播報員：嗯哼。

黃昭輝：但你也知道他是說，「有人打我」。

施台生：（翻譯）所以是第四、第五還有第六節的脊椎骨……

播報員：傷到了嗎？

施台生：是的。

（翻譯）傷得很嚴重。

播報員：所以很痛吧。

施台生：（翻譯）會一直痛，這是……這是永久性的傷害。

播報員：這樣啊。所以，在結束的時候——在那天結束的時候，台灣國會裡有一個人頭破血流，那個人就是你。

黃昭輝：沒錯。

播報員：而那天施台生最後戴了一個護頸。

黃昭輝：沒錯。

播報員：那天還真難捱啊。

黃昭輝：你知道，政治……在台灣走政治這條路真的很辛苦，你知道的。

播報員：沒錯。

黃昭輝：很……很危險，很辛苦。

播報員：沒錯，而且很痛。

（國會中幾個人打架的畫面）

播報員（旁白）：第二天，有好幾百個黃昭輝和施台生雙方的支持者加入打鬥。事關面子，雙方的支持者都要幫被打的自己人討回顏面。

警長的不合作運動

直到現在我才終於明白，金恩事件所引起的反彈，遠遠不是不知節制痛扁一個人引發的後果而已。

——洛城警察局長戴露・蓋茨，引自他的書《警長：我在洛城警察局的日子》

正式宣布｜搞笑諾貝爾獎和平獎頒給

洛杉磯前警察局長戴露・蓋茨（Daryl Gates），**他因為以獨一無二的強制手段把人們聚在一起而獲獎。**

關於羅德尼・金恩（Rodney King）暴動和蓋茨局長在這些暴動中所扮演的角色，有好幾本書都提到了，其中一本是《官方過失：羅德尼・金恩和他所造成的暴動如何改變了洛城和洛城警察局》（*Official Negligence: How Rodney King and the Riots Changed Los Angeles and the LAPD*），作者是盧・坎諾（Lou Cannon）。1992年出版，戴露・蓋茨本人和戴安・夏（Diane K. Shah）合著的《警長：我在洛城警察局的日子》（*Chief: My Life in the LAPD*）中，蓋茨也或多或少提到了這個話題。

戴露・蓋茨職掌了史上宣傳做得最好的警察局，這個警局在許多電影和著作裡大放異彩，在電視上尤其發光發熱。後來有一天，電視台開始播放一段影片——而且一而再、再而三地重播。這段影片裡頭有幾名警官（全是白人），正在毒打一名交通違規的黑人。輿論要求懲處這幾名警察，對此蓋茨局長用他充滿領袖魅力的行為與聲明，加上袖手與默不作聲，讓這件惡質的小事件延燒成重大事件。在洛城的好幾個地區，憤恨不平的群眾開始聚集，掀起暴動。撼動人心的每個小片段都被電視播放出去，世上許多種族因為偷窺到一場令人憎惡的事件，而團結了起來。

一九九一年三月三日凌晨，喝得爛醉如泥的羅德尼·金恩把車子開到了高速公路上，一群洛城警員於是追捕他，將他逮住了。一個星期之後，幾百萬名電視觀眾都看到了一段影片：這幾名警官用金屬警棍一再痛毆羅德尼·金恩，還又踢又踹的。

洛杉磯是全球電影界與電視界的首善之都，然而到了一九九一年，整個洛杉磯就好像人手一台攝影機。拍到金恩挨揍的是住在附近的鄰居，他被警笛聲和吼叫聲吵醒，而他剛好有一部正想要試拍看看的全新攝影機。

幾十年來，像《搜索令》(*Dragnet*)、《神探可倫坡》(*Columbo*)、《緊急追捕令》(*Hunter*)以及《亞當十二》(*Adam-12*)這些電視影集，播放的都是洛城警察局的英勇畫面。在這些影集裡，洛杉磯警察總是和藹可親又有人情味，但在金恩錄影帶中，他們的樣子有如天壤之別。

洛城警察局向來有齷齪、搬不上檯面的一面。經常有人指控警方施暴（尤其是對非裔與拉美裔市民），以致市政府每年都要編列大筆預算，來應付訴訟的和解金。

金恩事件掀起了洛城的怒火。四名警官被送上法庭受審，他們被指控使用武力過當。全世界都看過這段錄影帶，大家都預期他們起碼得對其中某些指控認罪。但是洛杉磯民眾也都很害怕，他們怕萬一陪審團莫名其妙地放這些警察一馬，那麼街頭恐怕馬上爆發暴動。

這個全由白人組成的陪審團，還真的莫名其妙地放過了這些警察，當這消息傳遍全市，馬上掀起暴動——這是美國二十多年來從沒見過的大暴動。

多年來，蓋茨局長一直在炫耀他所帶領的警力訓練精良，會從過去的失敗中記取教訓，而且有萬全的準備可以迅速平息任何騷亂。現在看起來，他的牛皮吹破了。

蓋茨辭去警察局長後，
很快就和人合寫了他的自傳出版。

在蓋茨局長的領導之下，或是說無能領導之下，洛城警察局簡直比一盤散沙還要散，而且對暴動的反應慢到比恐龍還慢，幾乎沒有採取任何行動。奇怪的是，正當人們在街頭被別人攻擊、喪命，建築物和汽車被縱火，全世界的人都從電視上看到這一切時，蓋茨局長竟然還離開崗位，去參加一場政治募款活動。在他回到崗位之後不到幾個小時，事情就已經完全失控了。

就在暴動達到最頂點，金恩又回到聚光燈下，莫名其妙地扮演起和事佬。他在電視上面露哀悽問道：「難道我們就不能和睦共處嗎？」

蓋茨成了眾矢之的、被罵到臭頭，在暴動結束之後兩個月，他就辭去洛城警察局長的職位。雖然這些暴動不是他引起的，但是他那毫不動搖的決心和硬漢姿態，卻讓數千名跳出來暴動的洛杉磯市民和幾百萬名電視觀眾，萌生出他們自己都想像不到的同仇敵愾。

就這樣，一九九二年搞笑諾貝爾獎和平獎就頒給蓋茨了。但這位得主可能無法、或是不願參加搞笑諾貝爾獎頒獎典禮。搞笑諾貝爾獎委員會安排麻州劍橋市緋紅科技相機商場（Crimson Tech Camera Store）的總經理史坦．哥德堡先生（Mr. Stan Goldberg）代表蓋茨局長領獎。底下是哥德堡先生發表的得獎感言：

「身為緋紅科技相機商場總經理，我很榮幸得到這個機會，代表蓋茨局長來領取這個獎。蓋茨對攝影機產業的貢獻遠遠超過其他人，他向這個世界證明，一部優質的攝影機，可以記錄下整個世代的記憶。」

（此時，哥德堡先生舉起了一部攝影機。）

「比方說這部得意之作吧。它採用VHS-C格式，加上一照度（lux）的感光度，以及自動對焦強力變焦（power zoom）／微距鏡頭（macro lens），全域自動對焦，還有自動時間日期註記。我們只賣599.98美元，還免費贈送一個箱子。我們的定價，比所有競爭對手打出的廣告價格還低……」

（說時遲那時快，有好幾個人跑上講台攻擊哥德堡，把他趕出會場。我們相信有一名觀眾把這個事件錄了下來，還把錄影帶拿去向各家電視網兜售。）

一九九二年七月，蓋茨掛冠求去之後沒幾個月，也就在搞笑諾貝爾獎決定把和平獎頒給他之前三個月，他出版了一本倉促寫完的自傳（呃，他其實只是合寫的啦），書名叫作《警長：我在洛城警察局的日子》，這本書的結尾就和他本人一樣，直來直往，有話直說。

「一九九二年年初，我就知道自己該走人了。我覺得很煩。我當了十四年的警察局長，什麼難關都經歷過了，也沒有什麼事情沒碰到過……要是我想待，也可以繼續待下去。沒有人會趕我走。」

蓋茨後來擔任廣播談話性節目主持人以及電玩設計師。

史達林世界

你可能會認為，迪士尼樂園和史達林時代的大規模流放是要怎麼拿來類比。不過，拜立陶宛企業家威里烏瑪斯・馬林諾斯卡斯（Viliumas Malinauskas）所賜，現在它們彼此總算能沾上一點邊。這位六十歲的菇類罐頭大亨最近開闢了一座很詭異的公園，仿造一座蘇聯時期的勞改營。這座公園用帶刺鐵絲網和哨崗圍起來，一部分是遊樂園，一部分是露天博物館，園內林立著六十五尊前蘇聯領導人列寧、史達林和其他共產黨高官顯要的青銅與花崗岩雕像。創辦者說這是全世界第一座，也是唯一一座蘇聯主題樂園。這片三十公頃的結構物的正式名稱，其實叫作格魯塔斯公園（Grutas Park）附設蘇聯雕像花園（Soviet Sculpture Garden）。但格魯塔斯附近村莊的居民都叫它「史達林世界」（Stalin World）——這稱呼更名符其實。

——二〇〇一年波羅的海三國《城市報》（*City Paper*）雜誌報導

正式宣布｜搞笑諾貝爾獎和平獎頒給

立陶宛格魯塔斯的威里烏瑪斯・馬林諾斯卡斯，因為他打造了被稱為「史達林世界」的遊樂園。

格魯塔斯雕塑公園位在立陶宛的格魯塔斯，它比較知名的稱呼是「史達林世界」。電話：（370 233）55484, 52507, 52246, 47709。傳真：（370 233）47451。

威里烏瑪斯・馬林諾斯卡斯這個人精力無窮、想像力豐富，有尖酸的幽默感。他在很久以前曾是立陶宛重量級摔跤冠軍，也曾在蘇聯軍隊服役（但不是完全出於自願），後來又管理過一座集體農場。共產體制垮台後，他創辦了

一個跨國的蘑菇經銷公司，成了富翁。但是到了一九九八年，他莫名地覺得有點無聊，就在這一年，很多蘇聯時期的雕像都被集中起來等著拍賣。那可不是一般的雕像，而是用花崗岩和青銅雕塑的列寧、史達林和其他蘇聯官方英雄的巨大雕像。馬林諾斯卡斯想到，要是既有錢又聰明、而且對前蘇聯絲毫沒有眷戀，是可以拿這些雕像做些有趣的事情的。

有人說史達林世界是「結合了迪士尼樂園的魅力與蘇聯古拉格（Gulag）勞改營的惡質」。馬林諾斯卡斯大致上還滿認同這種說法，不過這座公園的鄰居卻是看法分歧。

「史達林世界」是這個地區唯一用帶刺鐵絲網和崗哨圍起來的地方，還會用擴音器大聲播放蘇聯時期的軍樂。

格魯塔斯雕塑公園的一份傳單。一般人通常稱這座公園為「史達林世界」——理由顯而易見。

有些人對設立「史達林世界」很不以為然，他們還在這座建築物前面設置了路障。馬林諾斯卡斯當時已經五十八歲，個性比鐵釘還要強硬，而且他這輩子幾乎都在和蘇聯統治機器較量。這些愛管閒事的反樂園分子想跟他對抗，根本是雞蛋碰石頭。

二〇〇一年四月一日愚人節「史達林世界」開幕的時候，馬林諾斯卡斯為了表彰這些討厭鬼裡頭的幾個要角，就把他們的木製雕像擺在靠近前面入口的地方。「跟那些人說話，就像跟這些雕像對牛彈琴一樣，」馬林諾斯卡斯告訴《雪梨前鋒晨報》(*Sydney Morning Herald*)的記者，還敲了敲其中一尊雕像的頭。「他們認定我是錯的，那我就讓輿論來當裁判吧。」

馬林諾斯卡斯為了建造這座園地，把一塊沼澤地的水抽乾，鋪設了超過一英哩長的蜿蜒木棧道。這裡有松樹、白樺樹和樅樹，兒童遊樂區裡還有蹺蹺板和鞦韆，以及一個小型的可愛動物園，裡頭

馬林諾斯卡斯從立陶宛帶來一名翻譯人員，經由他的協助，
在哈佛大學舉辦的頒獎典禮上領取了搞笑諾貝爾獎和平獎。
四位諾貝爾獎得主和另外幾個人戴上史達林的面具，來歡迎馬林諾斯卡斯。
(照片提供：卡洛琳．考夫曼〔Caroline Coffman〕，《不可思議研究年鑑》)

有許多異國鳥類，相當心曠神怡。園區裡有一家很舒服的小咖啡館，提供豐富的資訊，還有個可以購買紀念品的地方。

但最吸引人的還是雕像：史達林、列寧和其他以前的紅人……，總共有超過六十尊雕像，它們比真人還大，甚至比真人更討厭。有些雕像的某些部位不見了，像是頭啦、手臂啦、或是指頭，不過這反倒使得它們更具魅力。

對於那些有特定情感的遊客來說，這座遊樂園最精彩的部分，是重現了一座一九四一年代的火車站。這座火車站裡，有穿著蘇聯時代制服的衛兵引導遊客搭上裝運牲畜的車廂，把他們載到一座重建的勞改營裡。這可不是人人都有的待遇。

在遊樂園開放的日子裡，會有演員扮成列寧和史達林，分發小杯的伏特加酒和小碗的濃湯。馬林諾斯卡斯希望這樣的體驗會讓人覺得整個都很有趣，而且對那些樂在其中的人來說，也具有教育意義。

在遊樂園的入口，有大大的紅字寫著：「黨員們，新年快樂！」導覽員用立陶宛語、俄語還有英語來導覽。大體上，遊客都覺得這個地方比起名符其實的史達林世界，要來得令人愉快。

馬林諾斯卡斯因為想出史達林世界這點子，而且把它變成實境，所以獲頒二〇〇一年搞笑諾貝爾獎和平獎。

他由妻子和翻譯陪同，自費從立陶宛的格魯塔斯前來參加在哈佛大學舉辦的搞笑諾貝爾獎頒獎典禮。在領獎的時候，馬林諾斯卡斯的翻譯說，他是這麼說的：

「在得獎感言的開頭，馬林諾斯卡斯先生要致上來自立陶宛鄰近波羅的海的一座小遊樂園的誠摯問候。他受邀來到此地，是要和大家聊聊格魯塔斯遊樂園的，在這裡你們比較常稱呼這座遊樂園為史達林世界。由於被取了這樣的名字，所以他想要送你們史達林青銅浮雕當禮物。」

「在得獎感言的最後，馬林諾斯卡斯先生想要提醒各位可敬的觀眾，一個大家都知道的古老真理。百聞不如一見，不是嗎？所以，親愛的先生女士，他敬邀大家來立陶宛這個美好的國家旅遊，當然也要來逛逛格魯塔斯遊樂園。」

搞笑諾貝爾獎小百科｜獻給史達林世界的一首詩

〈在史達林世界裡〉

愛麗絲・雪瑞爾・卡斯威爾（Alice Shirrell Kaswell）作

向〈在佛蘭德斯戰場〉（In Flanders Field）這首詩的作者

約翰・麥克雷上校（Colonel John McCrae）致歉

在史達林世界裡，種的是雕像
列寧和史達林，一排接著一排；
從無產階級，
戴著帽子的費利克斯・捷爾任斯基（Feliks Dzerzhinsky），
或許是鴿子停留的地方。

這些金屬製的鬼魂，它們早已倒下，
最後只能在史達林世界裡，
招呼旅客。

請大駕光臨格魯塔斯！來瞧一瞧
這些歷史上的顯赫人物。
看看他們的標價，
然後在史達林世界裡，
買一個共產黨員送給自己。

9 和平獎‧爆炸性手法

有些調解人在調停的過程中，
比較喜歡使用爆炸性的方法。
底下就有四個示範：

- 火烤劫車犯
- 英國皇家海軍的「嘴砲」訓練法
- 氫彈之父
- 太平洋的核彈煙火秀

火烤劫車犯

我個人的感覺是，這絕對可以把人弄瞎——會讓他以後再也看不到東西。這方法也絕對不會致人於死。因為一個人再怎麼笨，也不會乖乖站在那裡被火烤熟。

——查爾・佛雷

正式宣布｜搞笑諾貝爾獎和平獎頒給

南非約翰尼斯堡的查爾・佛雷（Charl Fourie）和蜜雪兒・王（Michelle Wong），他們因為發明了一款汽車防搶警報器而獲獎，這個警報器是用一組偵測電路和一套火焰噴槍組合而成的。

這項裝置的世界專利是WO9932331號，名稱為「車輛安全系統」（1999）；它也得到南非專利ZA9811562號，名稱一樣（2000年）。

有鑑於約翰尼斯堡的汽車失竊率和綁架犯罪率節節上升，一對夫妻檔決定盡點棉薄之力。他們會把歹徒的目標加熱到讓歹徒也沒辦法接近。

佛雷和太太蜜雪兒做了絕大多數優秀發明家都會做的事：他們把現有科技結合起來，變成全新、更棒的絕妙發明，比起原本個別的科技加總起來還要厲害。汽車防盜警報器已經出現很久了，火焰噴槍也是。這兩樣東西的結合，就像查爾・佛雷和蜜雪兒・王的婚姻一樣，顯然是天造地設。

他們給這個發明取了個簡單明瞭的名字：火爆者（The Blaster）。這項發明可以安裝在任何汽車或卡車的車內或車底。它的主要組件是瓦斯桶（容量從三公斤到九公斤不等），用來供應一組噴火管的燃料。瓦斯桶一般會安裝在汽車後面的行李箱裡；管線安裝在車身底下，管子的尾端就朝向左右兩方，位在車門下方。

駕駛人只要踩下腳踏板，就可以同時在車子左右兩側各點燃一道烈焰。

佛雷說，如果停車等紅綠燈時，有人持槍靠近車窗，叫車內乘客滾出來，這時駕駛就應該把雙手舉高，然後踩下腳踏板。「這麼做算是兩害相權取其輕，」他對BBC這麼解釋。

約翰尼斯堡警局犯罪情報科科長大衛・沃克萊（David Walkley）就宣稱，他的車裡裝了「火爆者」。他告訴路透社：「沒有任何法條法規說這東西違法。這完全要視環境因素，以及你是否能夠證明自己是正當防衛而定。沒錯，使用這種東西有一定的風險，但什麼措施都不做也有風險。」沃克萊後來表示，為這個產品背書的話會違反警方的規定，而他也不算是為它背書。

佛雷告訴記者：「市場需求很大。」

大量的市場需求使得「火爆者」最後總共賣出……大約兩百組。

由於佛雷和太太企圖讓街上變得更安全，所以獲頒一九九九年搞笑諾貝爾獎和平獎。

得獎者無法、或者不願參加搞笑諾貝爾獎頒獎典禮。

「火爆者」登上了《金氏世界紀錄》的「罪犯類」部分——它成了「最危險的汽車安全裝置」。

以商業角度來看，這個產品並沒有完全滿足發明者的期望。汽車製造商拒絕把這玩意列為新車的標準配備，而且就算是在可以DIY的附加配備裡，「火爆者」也一直擠不進暢銷商品行列。

兩年後，佛雷和太太推出了大小能放進口袋的手持式版本，這個裝置的細節，發表在「南非專利ZA200001559號」上，名稱為「手持式安全裝置」。

搞笑諾貝爾獎小百科｜獲得專利的火烤偷車賊裝置

以下是從「火爆者」這個專利裡挑出來的重點內容。

此項發明的領域

這項發明和車輛的安全系統有關，比較專門用在協助避免劫車的安全系統。

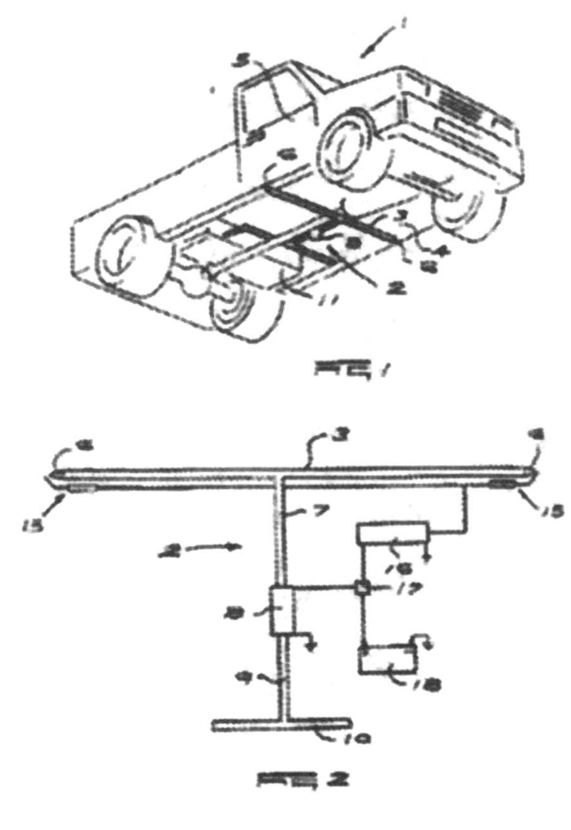

「火爆者」專利上所列的構造圖。

為什麼會想發明這玩意？

在某些國家，劫車問題相當嚴重。傳統的作案手法是：劫車犯最起碼會從駕駛座那一側接近車輛，而且通常會拿著槍。傳統的安全裝置只有在車輛已經落到歹徒劫手中，而劫車犯也坐在車裡的時候，才會正常發揮作用。很少有安全裝置可以在歹徒還在車外時就制伏他，而且是用這麼厲害的手段，讓劫車犯沒有多少機會，或者根本就沒有機會向駕駛人開槍。

細節描述

開關（17）位在車輛內部，這樣車輛（1）的駕駛人用腳就能操作了。

使用時，一旦有劫車犯站在車子（1）的某一側，駕駛人就用腳踩開關（17）兩次，第一次是把（17）踩到待機位置，第二次則是讓（17）啟動幫浦（8）和線圈（16）。

然後，幫浦（8）會把燃料從燃料管線（10）裡抽出來，然後加壓把燃料從噴嘴噴出。

這時點火器（15）會在每個噴嘴（6）點燃火星，點燃噴嘴噴出的燃料。這會產生很強的火焰，只要一直踩著（17），火焰就會持續燃燒。

噴嘴（6）要稍微朝上，這樣火焰才能朝著劫車犯的身體噴。由於噴嘴噴射的範圍相當廣，噴出的火焰會涵蓋車輛單側很大面積的區域。

可以想見，只要劫車犯靠近車輛的任一側，這個安全裝置就能很有效率的打趴歹徒，而且車輛不會有太大的損傷，甚至可能絲毫無損。

英國皇家海軍的「嘴砲」訓練法

這是我國軍方不斷努力、盡可能善用每一分錢的部分做法。

——引自英國《每日電訊報》對英國皇家海軍發言人的採訪，二〇〇〇年五月二十日

正式宣布｜搞笑諾貝爾獎和平獎頒給

英國皇家海軍（British Royal Navy），因為皇家海軍下令水兵不再進行大砲實彈射擊，而改用大聲喊「砰！」來代替。

英國皇家海軍找到一個節流的方法，這方法還能帶來某種程度的和平與寧靜。儘管這方法要比某些人所知道的還要老派，不過大家卻推崇它是新奇的創舉，而且在邁入二〇〇〇年之際，也許還會讓人覺得難以置信。

二〇〇〇年五月二十日的《衛報》（*Guardian*）上，刊登了這樣一則報導：

「為了撙節開銷，皇家海軍禁止它最頂尖的砲兵學校學員進行實彈射擊，命令他們改用大聲喊『砰！』代替。位在德文郡普利茅斯（Plymouth）附近陸地上的劍橋號（HMS Cambridge）砲兵與海軍軍事訓練學校（Gunnery and Naval Military Training School）的水兵，被告知在把砲彈裝填到大砲裡瞄準好之後，不能實彈發射，而是要對著麥克風大聲叫喊。他們先前已經在陸地上的砲塔實彈發射過幾枚砲彈了，改用喊『砰』來取代實彈射擊，據信可以減少砲彈的花費。每一枚砲彈要價六百四十二英鎊，三年多下來，英國國防部就能節省五百萬英鎊。」

「一名水兵說：『你坐在大砲旁邊，卻只能大聲喊『砰、砰、砰』，而不能發射任何砲彈，這做法簡直是天大的笑話，我們水兵都氣炸了。』這個正在軍艦上服役的水兵接著說：『菜鳥兵上了軍艦，但如果沒有職業士官在一旁盯著，他們就不能射擊。這讓他們失望透了。以前很習慣聽到劍橋號上傳來砲聲，現在那裡只會傳來麥克風發出的『砰、砰、砰』喊叫聲。』」

• • •

下令喊「砰」其實是英國軍隊的光榮傳統。軍事史學家史派克·密立根（Spike Milligan）在他的著作《希特勒：他會垮台我也有份》（*Adolf Hitler: My Part in His Downfall*）裡，就記錄了一個實例，這是他參與第二次世界大戰期間遇到的：

「有個致命傷，就是已經沒有彈藥了。這種問題並沒有嚇到我們士官長，他很快召集所有砲兵，要他們齊聲大喊『砰』。他告訴來訪的亞倫布魯克將軍（General Alanbrooke）說：『這能幫助提振士氣！』我們運氣好，後來在伍爾威治圓形大廳（Woolwich Rotunda）找到一枚9.2吋的砲彈，於是我們馬上送出正式申請書。我們派了一名衛兵守在砲彈旁邊，邀請市長前來檢閱，市長夫人還在砲彈旁邊比了V這個手勢拍照；我想她肯定知道這個手勢是什麼意思。一個月後，南方司令部（HQ Southern Command）批准了我們的申請，允許我們發射這枚砲彈，發射日期訂在一九四〇年七月二日。發射砲彈的前一天，我們舉著標語牌到貝斯西爾（Bexhill）一帶宣傳，牌子上寫著：『各位在明日正午聽到的聲響，是貝斯西爾的加農砲發出來的，請勿驚慌。』」

後來米勒根回報說，結果這枚砲彈是枚啞彈。

這是一九四〇年的時候，陸軍發生的事。海軍向來比其他軍種來得有條不紊，因此有時候會動作慢了半拍——他們最終還是採用

諾貝爾獎得主理查・羅伯茲替英國皇家海軍想了些省錢之道，比如用紙摺出海軍總司令帽。（照片提供：安德蕾亞・庫洛許〔Andrea Kulosh〕，《不可思議研究年鑑》）

了這項創新做法，不過是在整整過了六十年之後。

英國皇家海軍由於大膽採取穩扎穩打而且寧靜的行動，因而獲頒二〇〇〇年搞笑諾貝爾獎和平獎。

得主們可能無法、或者不願參加搞笑諾貝爾獎頒獎典禮。我們改邀請一名土生土長的英國人：一九九三年諾貝爾生理醫學獎的得主理查・羅伯茲，來替他們領取獎座，並暫時幫他們保管。羅伯茲發誓，必要的話，他會在接下來的一年裡，努力找到一名海軍人員，把獎座頒發給他。他後來確實找了一年，但沒有找到，直到現在他還保管著獎座。羅伯茲希望有海軍高級軍官跟他聯絡，商量商量要把這獎座送到哪個合適的聖殿，永久供奉。

頒獎典禮過後幾個星期，有好幾個國家的憤怒民眾（尤其是德國人）寫信給搞笑諾貝爾獎委員會，說他們國家的軍方也是打「嘴砲」的，應該要和英國皇家海軍共享這個獎座。

諾貝爾獎得主理查．羅伯茲替英國皇家海軍領取搞笑諾貝爾獎時，發表了以下得獎感言。

我得承認，我從來沒有想到今天我會站在這裡，代表英國皇家海軍領這個獎。我運氣很好，他們在我符合入伍資格的前一年，就廢除了徵兵制度。

然而，我必須承認，要我站在這裡喊出『砰』，實在是有失我的身分，所以我想了個變通辦法，希望皇家海軍能夠接受。」（說著，羅伯茲博士掏出一把玩具槍，槍口插著一面寫著「砰」的旗子。）

說到削減成本，我想了無數點子，或許可以讓海軍比照辦理，其中一個點子和他們非穿不可、貴翻天的制服有關。我和十一歲大的女兒阿曼達討論之後，她做出一頂給海軍總司令戴的帽子。」（說著，羅伯茲博士戴上一頂造型華麗的紙製海軍總司令帽。）

還有，大家都知道，讓這些船艦無時無刻都在航行，花費實在太凶了，所以我想到有個法子也許行得通：我們可以用某種塑膠製船艦，來取代大多數軍艦——說不定能取代全部；我們只要把這些塑膠船停泊在戰略據點就可以了。

記得嗎，英國皇家空軍在第二次世界大戰期間就用過這一招，而且效果很好，他們在東安格利亞（East Anglia）擺了很多假飛機，耍得德國人團團轉。而現在，讓英國自豪的時刻來了：看過奧運比賽的人都知道，英國在划船賽上表現得相當優異。這讓人聯想到可以成為皇家海軍的替代方案。

氫彈之父

對於所有重要事物來說，他是號危險人物。我的確是這麼想，要是世界上沒有愛德華・泰勒的話，一定會更好。

——拉比（I. I. Rabi），愛德華・泰勒在
「曼哈頓計畫」（Manhattan Project）時的資深同事，
一九四四年諾貝爾獎物理學獎得主

正式宣布｜搞笑諾貝爾獎和平獎頒給

愛德華・泰勒（Edward Teller），他是氫彈之父，也是第一個倡議「星戰計畫武器系統」（Star Wars weapons system）的人，畢生致力於改變我們對和平的意義的認知。

泰勒是二十世紀舉足輕重的科學家。他是個聰明傑出、喜歡交際，而且認為自己總沒錯的人生勝利組，對國際事務也相當具有影響力。不管在個性上或是學術成果上，他都是個爆炸性人物。

從某種意義上來說，泰勒可算是「炸彈先生」（Mr. Bomb）。在第一顆原子彈以及往後核子武器發展史的技術與政治方面的每個階段，他幾乎都參與了。他協助說服美國政府製造第一顆原子彈，並加入在新墨西哥州（New Mexico）洛斯阿拉莫斯（Los Alamos）的著名的「曼哈頓計畫」，這計畫負責實際建造原子彈。很多歷史書都說他在洛斯阿拉莫斯待了三年，這三年裡，他大部分的時間都是在對別人碎碎念和夢想未來。他最瘋狂的夢想就是設計出新型炸彈——而且威力更強大。

第一顆原子彈是依據「核分裂」（nuclear fission）理論製造出來的：原子分裂的時候會產生爆炸，釋出龐大的能量。泰勒希望製造新型的炸彈，這種炸彈會擠壓原子，擠壓到它們融合在一起，然後

就會產生更大規模的爆炸，釋放出更加龐大的能量。這種新炸彈將叫作「熱核彈」(thermonuclear bomb)，也就是「氫彈」。

泰勒仍然很喜歡舊型原子彈——但他現在只把原子彈拿來作為輔助的角色。就像我們只要用一個小小的起爆管(detonator cap)就可以引爆舊型的化學炸彈，要引爆熱核彈，只需要用一顆很小的原子彈就夠了。

泰勒為了說服美國政府和軍方讓他製造熱核彈，幾乎說破了嘴。他做事一意孤行，然而技術方面的工作很多都是別人做的。

很多先前參與製造原子彈的科學家，都力勸他要三思而後行。泰勒首次向他們解釋他的計畫時，警告說熱核彈或許會產生足夠的高溫，能點燃大氣層或海洋中的氣體，這樣的話可能會把地球表面燒個精光。這讓這些科學家不敢等閒視之，但泰勒認為這問題並不太嚴重。

他也不擔心其他問題，像是：可能會對無辜的局外人造成長期的輻射效應；製造新型武器可能會引起其他國家效尤；持續研發這種技術以及持續進行軍備競賽，投入的經費會是天文數字。

• • •

新型炸彈終於製造出來，也進行過試爆。大氣層和海洋都沒有燒起來。蘇聯急起直追，也加緊腳步製造熱核彈，後來也成功了。研發、製造和維修這些炸彈的成本，遠比任何人預估的還要多，而世界大多數人都快被這些熱核彈嚇死了。

泰勒可是高興得很。

他繼續推動研發新武器，最好是技術越難、價錢越貴越好。他把腦袋中美妙的想像轉換成新型的飛彈系統，這種系統可以把炸彈發射到相當遠的地方。他注意到蘇聯拚了老命要和他及他的仰慕者所發明的成果較量，所以他發誓不管代價有多高、行不行得通，他永遠要領先他們。

經過了幾十年，很多新武器其實行不通，但泰勒還是不屈不撓地繼續發明，甚至更加走火入魔。「如果他可以想出一種武器，那麼敵人也可以」，這是花錢研發新武器的好理由。如果他可以想出一種武器打敗他想出的其他所有武器，那更有理由研發了。

大多數史家相信，一九八〇年代的「『星戰』飛彈防禦計畫」（“Star Wars” missile defense plan）之所以這麼大張旗鼓、花錢如流水，是由於泰勒卯足了勁死命推動的關係。據說，這計畫是對科技有豐富想像力的美國前總統雷根（Ronald Reagan）想出來的，雷根雖然完全不懂這個點子的內容，但認為它非常正點。

泰勒所支持的計畫名字都很炫，這個也不例外，它叫作——X光雷射武器、「鷹眼系統」（Brilliant Pebbles）動能天基截擊器（kinetic-energy space-based interceptors）、「跳出式部署」（pop-up deployment）、「超級神劍」（Super Excalibur）以及「高邊疆」（“High Frontier”）創見……，族繁不及備載；這些計畫的經費簡直像進了無底洞。

泰勒警告說，這些武器本身還不足以阻止人類相互毀滅，但是製造足夠的武器來阻止相互毀滅這事情發生，這是最早的幾個必要步驟。

泰勒由於提供這個世界爆炸性的熱情，贏得一九九一年搞笑諾貝爾獎和平獎。

但是他可能無法、或者不願參加搞笑諾貝爾獎頒獎典禮。

太平洋的核彈煙火秀

席哈克說，儘管全球很多國家領袖都公開譴責法國的核子試爆，少數國家領袖還私下批評他……席哈克單單針對澳洲政府，他指責澳洲政府反應「過度」，他說：「我並不生氣，只是覺得遺憾。我不知道他們為什麼要這麼做。他們根本是故意找碴。」

——引自一九九五年十月二十三日
路透社的一篇新聞報導

正式宣布｜搞笑諾貝爾獎和平獎頒給

法國總統席哈克（Jacques Chirac），因為他在太平洋進行核彈試爆來慶祝廣島原子彈爆炸五十週年。

席哈克就職之後，下令準備一場煙火表演，讓所有人見識見識法國的實力和光榮。

一九九五年五月十七日，席哈克宣誓就職總統。六月十三日，他宣布法國要在世界的另一頭，進行一連串的熱核彈試爆——法國已暫停試爆核子武器三年多，如今要耀武揚威的結束它。

他說他們需要平靜地準備一下，但是除非準備過程延誤，不然沒有什麼事情可以阻止這場表演。

七月十六日，他很低調地慶祝了第一顆原子彈在新墨西哥州阿拉莫戈多（Alamogordo）試爆的五十週年紀念日。

八月六日，他很低調地慶祝了原子彈投在廣島的五十週年紀念日。

八月九日，他很低調地慶祝了原子彈投在長崎的五十週年紀念日。

八月十日，席哈克宣布了他這些計畫的最高目標：法國將會花一整年左右，來進行一連串精彩的核彈煙火表演，做完最後一場表演後，他們就會退出這一行，從此恪遵國際間的「全面禁止核子試爆條約」(Comprehensive Test Ban Treaty)，這麼一來就再也不會有國家進行「任何核武試爆或任何其他種類的核爆」。

• • •

但八月十七日，有個競爭對手跑來攪局。中國這個唯一從未停止過核武試爆的擁核國家，在自家的羅布泊試爆場引爆一顆自製的核子彈。有些法國人覺得這事簡直匪夷所思——怎麼會有國家在自己的領土引爆核彈呢？

九月五日這天是席哈克的大日子。法國在南太平洋的穆魯羅阿環礁(Moruroa Atoll)一帶，引爆了一枚兩萬噸的熱核彈。

紐西蘭和澳洲比法國更接近留在穆魯羅阿環礁上的東西，因此他們怒不可遏、怨聲載道。但是席哈克說這兩國是「故意找碴」。紐西蘭甚至要求海牙的國際法庭，取消法國安排好的其他試爆，國

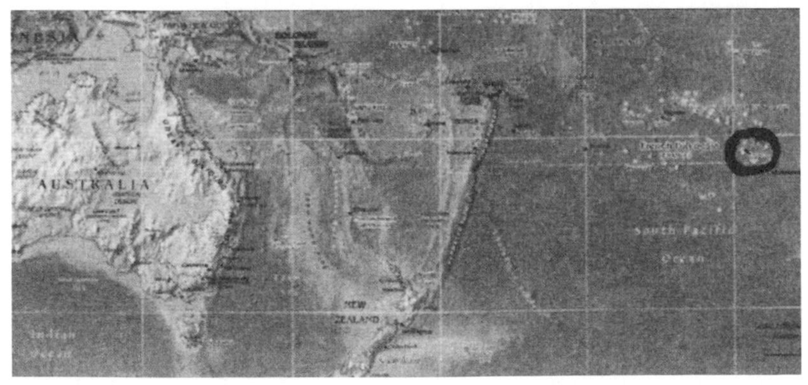

這是南太平洋鄰近地區的地圖，
涵蓋了澳洲和紐西蘭（左下）以及穆魯羅阿環礁和方加陶法環礁（右方圈起處）。
這張地圖是中央情報局好心提供的。

際法庭在九月二十二日駁回紐西蘭的要求。

十月一日，法國在距離穆魯羅阿環礁不遠的方加陶法環礁（Fangataufa Atoll），又引爆一顆十一萬噸的熱核彈。

十月六日，席哈克榮獲一九九五年搞笑諾貝爾獎和平獎。

這名得主可能無法、或者不願參加搞笑諾貝爾獎頒獎典禮。

但席哈克還是為自己得到這個獎進行慶祝：十月二十七日，他再次在穆魯羅阿環礁引爆一顆六萬噸的熱核彈；十一月二十一日和十二月二十七日，他又在同一地點進行了熱核彈煙火表演（分別是四萬噸和三萬噸）。

為了慶祝新年到來，法國暫停了核子試爆，但一月二十七日，他們就在方加陶法環礁上演了一場十二萬噸的煙火表演。兩天後，席哈克提前喊停。他表示不是因為有大規模國際抗議，他才停止試爆的。「我知道我去年六月所做的決策，可能會在法國和海外引發焦慮和反感。我知道核子武器可能會引發恐懼，但如今這個世界時時刻刻都有危險發生，在我們看來，這些行動事實上是維護和平的武器。」

10 心理與智能

心理學家研究人類行為的成因。
人們會做出令人意想不到的行為；
有時候，心理學家所做的研究，
也令人意想不到。以下就有三個例子：

- 起鬨嬉鬧的學術研究
- 業餘心理學家的大規模「禁止實驗」
- 無知就是福

起鬨嬉鬧的學術研究

我從596堂學前班正規課程的上課錄影帶內容，研究一種叫作「集體起鬨嬉鬧」（Group Glee）的現象。它的特徵是會像傳染似的，孩子們一個接著一個、或是同時爆發出歡樂的尖叫、大笑以及激烈的肢體動作。

諸多突發狀況的因素已經被證實了……「集體起鬨」最常發生在包含兩種性別的大團體（七到九名孩童）。後來的調查結果是與達爾文關於動物與人的聲音訊號差異理論有關。

——摘自羅倫斯．W．雪曼發表的報告

正式宣布｜搞笑諾貝爾獎心理學獎頒給

俄亥俄州邁阿密大學的羅倫斯．W．雪曼（Lawrence W. Sherman），**他以影響深遠的研究報告〈針對學齡前兒童小團體的起鬨嬉鬧行為的生態學研究〉**（An Ecological Study of Glee in Small Groups of Preschool Children）**而獲頒此獎**。

他的研究發表於1975年3月份的《兒童發育》（*Child Development*）第46冊，第1集，第53至61頁。

羅倫斯．W．雪曼是最先以嚴謹、有系統的研究、分析，以及提出文件佐證「起鬨嬉鬧」發生原因的科學家。

羅倫斯．雪曼研究「起鬨嬉鬧」的時候，為何挑小團體的學齡前兒童做研究？因為這樣的小團體是最能讓人們最快樂地「起鬨嬉鬧」的。

他為何挑「起鬨嬉鬧」來做研究題材？那是因為其他心理學家沒做過，而且他需要選個題材來做他的博士論文主題，再者他自己就是個很愛大笑的人。

雪曼花了兩年，把幾組三至四歲的小朋友在他們托兒所的情形，拍攝成錄影帶。他研究這些錄影帶，把裡頭錄下的嬉鬧類型加以分類、詳述記錄，並且深入探討。

他為「集體起鬨嬉鬧」下了一個正式、學術上的定義：

那是「整個團體的大部分人（佔一半以上）都處在一種非常強烈、歡樂的情緒狀態之下」。

外行人要是知道「起鬨嬉鬧」還有個專門的指標，恐怕會瞠目結舌：這個指標是名為「行為表現」（Behavioral Manifestation）的參數。

「行為表現」包含了三種外在行為的組合，「集體嬉鬧」本身就靠這樣的行為表現來呈現：這三種外在行為是大笑、尖叫以及激烈肢體動作。這三種行為可以各自表現出來、或是相互組合同時表現出來。六種最基本的組合是：

1. 大笑
2. 尖叫
3. 大笑加上尖叫
4. 大笑加上激烈肢體動作
5. 尖叫加上激烈肢體動作
6. 大笑、尖叫加上激烈肢體動作

對於「起鬨嬉鬧的產生」，嚴謹的研究人員都會問的幾個重要問題，雪曼都證明了。其中有：

1. 起鬨嬉鬧是在製造混亂嗎？
2. 起鬨嬉鬧會傳染嗎？

   這裡的意思是，起鬨嬉鬧會「像連鎖反應，以某種線性的方式，從一個人擴散到另一個人或整個團體嗎？」
3. 起鬨嬉鬧會同時發生，而不是一個傳一個嗎？

這裡的意思是，「所有孩童會像彷彿同時得到訊號或指示，而使得起鬨嬉鬧的效應像爆炸般傳開」嗎？

4. 起鬨嬉鬧狀態會持續多久？

（雪曼把每次起鬨嬉鬧現象「從一開始出現明顯徵兆，直到它平息下來」都加以計時。）

雪曼鑑別出十四件會引發起鬨嬉鬧現象的不同事件。包括：

- 老師提出的問題，例如：「有誰願意出去找約翰？」
- 有人動作不協調或是說了「好玩的話」，像是「耶，耶，便便，噠，噠」。
- 觸犯禁忌，或許是提到忌諱的字詞。雪曼舉了幾例，像是「臭大便」（stinky-poo）和「狗屎」（shit）。
- 其他人發生的倒楣事，譬如「一個小朋友被牛奶箱絆倒」。
- 什麼事也沒發生。有相當多的起鬨嬉鬧現象就是沒有原因。

最後，雪曼對起鬨嬉鬧現象做了統計分析，裡頭出現了許多值得注意的事。

孩子聚在一起時，十次裡有將近四次會發生起鬨嬉鬧現象，而且通常為時不長，大致上都只有四到九秒。

起鬨嬉鬧現象最常出現的表現方式，是「很高興地尖叫」伴隨著大笑。像「有誰願意出去找約翰？」這類單純的問句，最常引發起鬨嬉鬧現象。

我們現在也由科學方法知道了，別人的倒楣事或笨拙行為，是唯一較不常引起小孩子起鬨嬉鬧的原因。託羅倫斯．雪曼的福，我們也知道了，當男孩子們與女孩子們聚在一起，要比他們分開時更容易起鬨嬉鬧。

由於羅倫斯．W．雪曼長期依賴服用鎮定劑來研究起鬨嬉鬧現象，所以我們頒給他二〇〇一年搞笑諾貝爾獎心理學獎。

雪曼教授參加了二〇〇一年搞笑諾貝爾獎的頒獎典禮，還受到一小群喧鬧不已的孩童包圍。在領獎時，他說：

「我會永遠記得在我職業生涯結束這一刻，所發生的這件事，我也很高興這不是在一開始就發生。」

接下來搞笑諾貝爾獎相關活動的那幾天，雪曼教授沒有辦法留在哈佛大學，因為他得趕回家參加俄亥俄州葫蘆協會的一場會議——他是該協會的副會長。他要離開前往機場時，一個崇拜者問他：「你是喜歡上葫蘆的哪一點？」雪曼樂不可支地回答：「葫蘆的一切我都喜歡。」

業餘心理學家的大規模「禁止實驗」

我在英國求學時，印象非常深刻——城市十分有秩序，人們十分謙遜，十分有禮，十分誠實。地鐵站外頭路邊賣報紙的地方沒有人看著，只有一個箱子、銅板跟紙條子。你自己拿報紙，自己丟零錢進去。那是個真正的已開發國家的都市。我們打算成為那樣的城市。

——李光耀在一九九九年十二月十八日
接受日本NHK電視台專訪的時候所述

正式宣布｜搞笑諾貝爾獎心理學獎頒給

新加坡前總理李光耀，這位負增強心理學的實踐者，以其三十年來研究「懲罰吐痰、嚼口香糖、餵鴿子的三百萬名新加坡公民」所造成的效果而獲獎。

在專業的心理學家正苦惱著怎麼進行樣本數不多的實驗時，有一個相當認真的業餘心理學家（如果他並非科班出生的話），正同時以四百萬人當作實驗對象，來測試他的理論。

新加坡全國百姓都被禁止吐痰、嚼口香糖以及餵鴿子；這是為了糾正人們一些不良行為所進行的多項活動裡，最重要的項目，而且是使用早期心理學家訓練老鼠採取的方式——用懲罰而非誘導——來進行。

這些禁令是由新加坡前總理李光耀所構想並下令執行的。李光耀很得意地公開表示：「我認為，國家需要法紀勝過民主。」在新加坡，目前法律管轄的行為已經涵蓋得非常廣。

李光耀向記者表示，大部分愛吐痰的新加坡人（就如同他自己）都有華人血統：

「你知道，華人到哪都吐痰。要是到了中國，你可以親自看看他們。而且這種習慣由來已久。這實在不是什麼好事，這是第三世界國家的習慣。你會因為這種行為把肺結核散播出去、散播一些細菌和惡疾。所以我們就從學校的學童開始，教育他們和大眾傳播媒體，然後把這個訊息傳達給他們的家長。接著我們就採用罰款了。在宣導過後，人們還是我行我素的話，那就罰款。慢慢地，這種習慣就減少了。」

在世界的舞台上，李光耀的「不吐痰運動」並非前無古人，而且那次運動還有兩次曲折的地方。

在十九世紀末、二十世紀初時，美國和其他國家曾發起過反對吐痰運動。那次運動有部分是對防止肺結核擴散的大規模的響應，而絕大部分則仰賴公共關係推動，而不是用法律制裁。李光耀的新加坡禁痰法規跟公共衛生沒有多大關係，很大的因素是跟禮儀有關。上流人士不會亂吐痰。其他國家是公開說吐痰是很丟臉的行為，而李光耀統治的新加坡，則是直接立法說吐痰是可恥的罪行。

• • •

一九九二年一月，新加坡政府還禁止了製造、進口與販賣口香糖。官方的說法是，新法律是為了公共整潔的事務所立。然而新聞記者發現，事實上這是針對某件意外事故做出的對策：有人用嚼過的口香糖，把地鐵車廂門的感應器給堵住。

此外對李光耀和他的政府來說，鴿子，就和老鼠同等級，是他們最深惡痛絕，欲除之而後快的動物。新加坡的住宅與都市發展部這樣表示：

「鴿子和烏鴉會為了居民所殘留的食物而飛來市區；禽鳥會造成健康風險，還有像是食物中毒這類惹人厭的情形。另外，禽鳥的排泄物會弄髒洗好的衣物、汽車、牆壁和地板，而且會損壞屋瓦。」

在整個新加坡，不只非常排斥餵鴿子，還用法律禁止了這件事。

在前面所述的日本電視網專訪裡，李光耀解釋，他是努力要「讓這個第三世界國家進入已開發國家之林」。他說，建築物和道路建設是最簡單的部分了，而「要把第三世界國家的壞習慣，改變成已開發國家的生活習慣，則非常困難，所以必須經過漫長的教育過程」。

在拉拔新加坡的經濟與社會結構往前邁進這方面，李光耀竟然也貿然採用最保守的教育方法。世界上的其他地方，還不會這麼明目張膽的用罰款、監禁、或（像在許多新加坡法條裡用到的）鞭打人民，作為教育手段。

李光耀在他擔任總理，以及後來隱身幕後垂簾聽政期間，制定了許多政策；沒錯，包括禁止吐痰、嚼口香糖、餵鴿子，還有禁止亂丟垃圾、抽菸以及講髒話。他還極力支持推動一些他最喜歡的事：微笑運動、禮貌運動，以及一板一眼的公廁沖水運動。

李光耀由於對人們應該做怎樣的行為，做了許多令人難忘的研究，因而贏得一九九四年搞笑諾貝爾獎心理學獎。

得獎者無法、或者不願來參加搞笑諾貝爾獎頒獎典禮。

無知就是福

我們主張，當人們沒有能力採取正確的策略讓自己獲得成功，或得到滿意的結局時，他們得承受著雙重負擔：一來他們會達成錯誤結論並做出不幸的選擇，再者由於他們無能，對此也毫不自知。

一九九五年，麥克阿瑟．惠勒（McArthur Wheeler）在光天化日之下，未曾企圖偽裝就直接走進匹茲堡的兩家銀行搶劫。他在當天稍晚的夜裡被捕，距離十一點晚間新聞播出他被監視攝影機拍到的影像，還不到一個小時。後來警方把監視錄影帶畫面播給他看時，惠勒先生不可置信地瞪著雙眼，喃喃自語說著：「可是我塗上檸檬汁了啊！」很顯然，惠勒先生還以為用檸檬汁塗滿臉，就可以讓臉隱形，讓攝影機拍攝不到。

——摘自鄧寧與克魯格的報告

正式宣布｜搞笑諾貝爾獎心理學獎頒給

康乃爾大學的大衛．鄧寧（David Dunning）**與伊利諾大學的賈斯丁．克魯格**（Justin Kruger），**他們以一針見血的報告〈毫無才能且毫無自知之明：何以「無法認清自己的無能」會導致「過度高估自己」〉**（Unskilled and Unaware of it: How Difficulties in Recognizing One's Own Incompetence Lead to Inflated Self-Assessments）**獲獎**。

其研究成果發表在1999年12月的《人格與社會心理學期刊》（*Journal of Personality and Social Psychology*）第77冊，第6集，第1121至1134頁。

每個人多少會在某方面是無能的。大衛．鄧寧與賈斯丁．克魯格為「無知就是福」這句話收集了科學根據。

鄧寧和克魯格想要找出人類無能的「深度」與「廣度」。他們在康乃爾大學找了好幾組人，進行了一連串實驗。在實驗開始之前，他們做了一些預測，最明顯的是：

1. 無能的人對自身的能力，會過度高估到令人匪夷所思的地步。
2. 無能的人看不出「無能」這個事實——他們既看不出自己無能，也看不出別人無能。

在其中一項實驗裡，鄧寧和克魯格測試了人們辨別笑話好不好笑的能力——尤其是，能不能分辨出那些笑話是否能夠逗「別人」發笑。

他們準備了一份笑話清單；笑話內容的涵蓋範圍從公認的「一點也不好笑」(請問：什麼東西大小跟人一樣，但是卻沒有重量？答案：影子)，到公認的「非常好笑」(「如果小孩子問說雨是打哪兒來的，我會回答他一個俏皮的答案說：『那是老天爺在哭。』要是他追問為什麼老天爺要哭，可以再告訴他另一個俏皮的答案：『很可能是因為你幹的事！』」)

鄧寧和克魯格接下來要求六十五名受試者，將每個笑話依趣味

Unskilled and Unaware of It: How Difficulties in Recognizing One's Own Incompetence Lead to Inflated Self-Assessments

Justin Kruger and David Dunning
Cornell University

People tend to hold overly favorable views of their abilities in many social and intellectual domains. The authors suggest that this overestimation occurs, in part, because people who are unskilled in these domains suffer a dual burden: Not only do these people reach erroneous conclusions and make unfortunate choices, but their incompetence robs them of the metacognitive ability to realize it. Across 4 studies, the authors found that participants scoring in the bottom quartile on tests of humor, grammar, and logic grossly overestimated their test performance and ability. Although their test scores put them in the 12th percentile, they estimated themselves to be in the 62nd. Several analyses linked this miscalibration to deficits in metacognitive skill, or the capacity to distinguish accuracy from error. Paradoxically, improving the skills of participants, and thus increasing their metacognitive competence, helped them recognize the limitations of their abilities.

唐寧和克魯格的報告。

程度評分。他們把同樣的笑話交給由八位專業喜劇演員組成的小組（鄧寧和克魯格強調，這些人是「靠找出什麼事情是好笑的，並將它呈現給觀眾」為生的）。再來他們就把這些受試者對笑話的評分結果，跟專業喜劇演員的評分結果做比較。

有些人對於別人覺得好笑的笑話，簡直感覺遲鈍——但是這群人反倒大多認為自己對這方面非常在行。

鄧寧和克魯格也很清楚，要評量「幽默感」並不容易，所以他們的下一個實驗，就使用較容易量度的測驗：來自法學院入學考試的邏輯測驗題目。

邏輯問題測驗結果跟笑話測驗差不多。那些推理能力貧乏得可憐的傢伙，還堅信自己是像羅素（Bertrand Russell）或史巴克先生（Mr. Spock）那種智力超凡的人。[1]

• • •

整體來說，實驗結果顯示，無能的程度遠比表面上看起來的還要慘。無能的人不僅無能認清自己無能，他們看到別人無能時也無法認出。

大衛·鄧寧解釋了為何他要做這種研究：「對於為何人們對自己的能力、天賦以及品格的看法，總是過度讚譽而且客觀來說很不可靠這點，我很感興趣。舉個例來說，有整整94%的大學教授表示他們做的事『超過平均工作量』，然而實際上要每個人的工作量都超過平均工作量，就統計學上來說是不可能的。」

鄧寧與克魯格進行這個實驗時，克魯格還只是鄧寧的學生，而今[2]他們都是學校裡的教授了。當他們發表最後的報告時，結語就顯得很客氣了：「就某種程度而言，這份報告並不完美，我們並非刻意犯下這樣的過失。」

因為頌揚無能與無知，讓大衛·鄧寧與賈斯丁·克魯格贏得了二〇〇〇年搞笑諾貝爾獎心理學獎。

得獎者無法、或是不願意，總之沒有出席搞笑諾貝爾獎頒獎典禮。他們是否是刻意不來參加典禮的，到現在還是不清楚。

貼心小叮嚀

如果您的同事無能而且毫不自知，鄧寧與克魯格的研究成果是個方便又派得上用場的工具。

我們誠心建議，您可以把這份報導影印幾份，寄出去給那些人（必要的話，您可以匿名），然後視需要重覆寄給他們。

1 〔譯註〕羅素是著名的數學家、哲學家。史巴克是《星艦迷航記》（*Star Trek*）影集的主角之一，智商極高。

2 〔編註〕這裡是指本書英文版出版時。

11 下地上天新發現

人類摔落（像是從馬桶上摔下來）會引起很多疑點；
其他特定物體掉落或升起，也一樣能引發疑問。
以下就是四則物體掉落或升起的研究調查：

- 椰子砸傷大調查
- 奶油吐司掉落時，哪一面朝下？
- 馬桶爆裂傷人事件簿
- 青蛙飄起來了！

椰子砸傷大調查

掉落的椰子可能造成嚴重傷害。在熱帶太平洋中，位於海邊的村落有許多環繞著高高的椰子樹。這份報告，講的是在新幾內亞四個被掉落的椰子砸傷頭的事件，我們所討論被掉落的椰子砸中的事，正和物理力學有關。

——摘自彼得・巴爾斯的報告

正式宣布｜搞笑諾貝爾獎醫學獎頒給

麥吉爾大學（McGill University）**的彼得・巴爾斯**（Peter Barss），**他以卓越的醫學報告〈被掉下的椰子砸傷〉**（Injuries Due to Falling Coconuts）**而獲獎。**

該報告發表於1984年的《創傷醫學期刊》（*The Journal of Trauma*）第21卷，第11期，第90至91頁。

初到巴布亞新幾內亞的加拿大醫生彼得・巴爾斯，對於當地人受傷被送進阿洛塔（Alotau）的米爾恩灣（Milne Bay）省立醫院時，最常見的受傷原因，感到很不可思議。他發現被樹上落下的椰子砸傷的病患，比例高得嚇人。

真正的被掉落的椰子砸死的人，實際上少之又少，以下是其中一例：

「一名男子從島上山區的家裡走到海邊散步。他家那一帶少有椰子樹，他可能沒有意識到海邊的椰子樹有多危險，當另一人踢落椰子時，他就剛好站在樹下。這顆椰子不偏不倚地砸在他腦門上，他當場倒下，過沒幾分鐘就掛了。」

巴爾斯醫生指出，椰子樹可以長得非常高，尤其是可可椰子樹，它也是米爾恩灣省最常見的椰子樹種類。

「這些樹在八十或一百年間不斷長高，一般可以長到二十四或三十公尺，甚至可以高達三十五公尺。椰子成串地結在樹幹的頂端……人們有時會爬上樹，又割又踢又拉地摘下新鮮的椰子來喝；而當外殼重量增加，乾黃的椰子有時會因為強風或豪雨而掉落。房舍通常都蓋得離椰子樹很近，所以大人或小孩不時被掉下的椰子打中也不足為奇了。」

巴爾斯醫生的報告是首次對椰子做全面的專業分析。雖然墜落的椰子在物理學上的意義可能很重要、很有趣，但這份報告裡最重要的，是它對於一般人健康的意義。

巴爾斯醫生的結論強而有力：

「從物理學來看，椰子掉落直接擊中腦門的這個力道，很可能非常大。當然，如果只是擦到邊邊就比較沒那麼嚴重。住在椰子樹附近似乎不是明智之舉，椰子熟成的時候，也應該禁止孩童到椰子樹下玩耍。」

• • •

巴爾斯醫生在他的研究生涯中研究過許多種傷害，其中有些奇特的受傷案例，是他在當地居住時碰到的。遊客到偏遠地區觀光時，最好先看看當地的醫療文獻，了解一下抵達當地時需不需要先環顧四周，好確保自身安全。

巴爾斯醫生已經發表了超過四十篇醫學報告，其中有好幾篇探討南太平洋的疾病或傷害，包括：《巴布亞新幾內亞豬隻傷人研究》（《澳洲醫學期刊》〔*Medical Journal of Australia*〕，1988年11/05－11/19發行的第149期，第649至656頁）；《巴布亞新幾內亞燃燒的草裙》（《刺胳針》〔*The Lancet*〕，1983年）；《大洋洲的針魚穿刺傷研究》（《澳洲醫學期刊》，1985年）；《熱帶地區射豆槍的吸入性危險研究》（《巴布亞新幾內亞醫學期刊》〔*Papua and New Guinea Medical Journal*〕，1985年）。

甜便便小姐上前要求彼得・巴爾斯結束得獎感言。
（照片提供：戴安娜・庫達拉尤瓦〔Diana Kudarayova〕，《不可思議研究年鑑》）

這些都是真實而且現存的危險，但是深入研究被掉下的椰子敲傷的這份報告（包括找到解決之道），才讓他贏得二〇〇一年搞笑諾貝爾獎醫學獎。

巴爾斯醫生自費從蒙特婁來到搞笑諾貝爾獎頒獎典禮現場，他領獎時一邊放著幻燈片、一邊說：

「我的報告是在巴布亞新幾內亞完成的，所以我帶了幾張照片，照片上的人就是協助我完成報告的好夥伴們。人們常常從這些樹上摔下來……這個從樹上掉下的人傷了脊椎，現在那棵樹也被移走了……不幸的是，大多數的人都死了。」

「這是個可以從樹上摘下麵包果的簡單裝置，為的是要避免傷害發生；這個則是修剪芒果樹時的簡單預防方法，這麼一來你就不用爬得那麼高，結果摔得慘兮兮的。」

「有些熱帶林木有將近十層樓高，所以被掉落的椰子砸中，大約等於被一公噸重物直接撞擊。因此椰子往下掉時，你最好不是在樹下乘涼睡覺，因為你的頭是靠在地面上的，沒有絲毫緩衝空間，物理學家很清楚，那樣的動能是很大的；所以你被椰子敲昏時最好是站著的……」

（就在此時，甜便便小姐打斷了巴爾斯醫生的演說。）

搞笑諾貝爾獎小百科｜掉落椰子的事業分析

以下是彼得·巴爾斯針對自由落下的椰子所做的牛頓力學（古典力學）敘述：

「一般來說，一顆帶殼熟成的乾黃椰子重約一到兩公斤，甚至超過兩公斤，飽含水分或是新鮮的椰子能重達四公斤。這樣的椰子從相當於十層樓的高度落下，再加上重力作用的加速，然後敲在人的頭上，會造成頭部重傷也不足為奇吧！」

「假設兩公斤重的椰子從二十五公尺的高度落下，再敲到某個人的頭，那椰子衝擊的速度大約是時速八十公里，擊中頭部的力道則要看是直接擊中還是擊偏，兩者力道有所不同。」

「椰子減速的距離也是重要因素。所以，同樣是被椰子擊中，但躺在地上的嬰兒所承受的力道，要比站立的成人大得多；若是椰子直接擊中而要在五公分之內停止，那樣的作用力可是能高達一千公斤重呢。」

奶油吐司掉落時，哪一面朝下？

我們研究了奶油吐司從桌上掉到地板上的力學現象。

一般大眾普遍認為，最終會是塗了奶油的那一面朝下，而這構成了「莫非定律」的初步證據（莫非定律指：有可能出差錯的事，一定會出差錯）。

相對的，（科學上）正統的看法是，這種現象主要還是隨機的，各有百分之五十的可能。

我們證明了在大部分情況下，吐司掉落時確實有奶油面朝下的傾向；更進一步的，我們也證明了這個結果終究會歸因於基本常數值。嚴格說來，這個莫非定律的例證，顯然是我們的世界裡一種無法抗拒的特性。

——摘自羅伯特・馬修斯的報告

正式宣布｜搞笑諾貝爾獎物理學獎頒給

英格蘭亞斯頓大學（Aston University）的羅伯特・馬修斯（Robert Matthews），因為他對莫非定律所做的研究而獲獎，尤其是證明了掉落的吐司總是奶油面朝下。

他的報告〈掉落的吐司、莫非定律和基本常數〉（Tumbling toast, Murphy's Law and the Fundamental Constants）刊登在1995年7月18日發行的《歐洲物理學期刊》（*European Journal of Physics*）第16冊，第4期，第172至176頁。

後續的試驗細節刊登於2001年的《學校科學評論》（*School Science Review*）第83期，第23至28頁。

掉落的奶油吐司是個老笑話了。早在一八四四年，諷刺詩詩人詹姆斯・派恩（James Payn）便寫過：

「說到我吃過的吐司

尤其是又長又寬的那種

只要掉在有沙土的地板上
總是塗奶油的那面著地
沒有一次例外」
大約一個多世紀後，有人（到底是誰，目前尚有爭議）提出，如果貓咪總是以腳著地，那麼在貓咪背上綁上一片奶油吐司，貓與吐司會在離地面幾吋之處，永遠地旋轉不停。一九九五年，羅伯特・馬修斯則把數學和奶油吐司綁在一起，而有了新發現。

馬修斯是英國皇家學會特許認證的物理學家，不僅是皇家天文學會會士，也是皇家統計學會會士，長期研究莫非定律，因此他才很認真地看待這個問題。

有很多因素必須列入考慮，馬修斯先從推翻大家既有的假設開始：

他寫到「一般大眾相信，在吐司的一面塗上奶油，就會造成物理性質不對稱……這個解釋並不正確。塗上吐司的奶油的質量（約四公克），相對於整片吐司（大約三十五公克）來說是很少的，只有薄薄一層而已，因它而增加的吐司總轉動慣量（這會進而影響吐司的轉動力學），是可以忽略的。」

然後，馬修斯只用了近五頁的計算，研究一片堅硬、粗糙、質地均勻的矩形切片的行為，這片吐司質量為m，邊長為2a，要從離地高度為h的平台上落下。他考慮到此物體初始狀態（其重心以Δ0的距離懸在桌邊之外）的力學，也分析了它到達最後的狀態（距地面高度等於零）這整段危險之旅中，各階段的力學變化。

實驗做完後，他有了驚人的發現。

「這個人類最極致的方程式，結果包含了三個宇宙基本常數。第一個是電磁精細結構常數（electromagnetic fine-structure constant），它決定了頭骨的化學鍵強度；第二個是重力精細結構常數（gravitational fine-structure constant），它決定重力的強度；最後是波耳半徑（Bohr Radius），它決定了組成物體的原子大小。在宇宙大爆炸之後，這三個基本常數便存在於宇宙間任何物體上，換句話說，讓吐司從餐桌上掉落時奶油面朝下，是宇宙造成的。」

當然，這樣的結論不會平息爭論——根據莫非定律，該發生爭論就是會發生爭論。

在羅伯特・馬修斯公開發表他的研究報告後，其他科學家七嘴八舌地群起挑戰。他們很憤怒地對這些參數、值、變分學、以及隨機估計方法學的要點吹毛求疵。沒關係，馬修斯已經建立了一套準則，來對付隨時會上門討教的那些卑鄙研究者。

羅伯特・馬修斯因為在一片吐司與薄薄的奶油上頭，塗了厚厚的一層數學原理，贏得了一九九六年搞笑諾貝爾獎物理學獎。

得獎人無法親自參加頒獎典禮，不過他寄了一卷得獎感言的帶子給我們。正如莫非定律所言中，帶子一直到典禮結束過了四天才寄到哈佛，馬修斯博士在感言中說：

「謝謝你們的肯定。莫非定律認為，凡是可能會出差錯的事，就一定會出差錯。證明了這定律是原本就建立在我們這宇宙的設計裡的，讓我這個世界上眾多悲觀人類的一員得到很多樂趣，我也很高興得到這個獎。當然，我的研究還有更嚴肅的一面，只不過我沒辦法記那麼清楚。噢，沒錯，我知道，我應該多講一點的。」

• • •

此後，馬修斯繼續鑽研莫非定律，以及定律範圍以外的實際問題。像是：

為什麼抽屜裡會有很多只剩一隻的襪子？

為什麼繩索常會糾結在一起？

為什麼每次你要去的地方，在地圖上看起來都怪怪的？
如果氣象報告說會下雨，那我應該帶傘嗎？
在超市排隊結帳時，我應該換另一排等等看嗎？

羅伯特・馬修斯以充滿幹勁、活力與個人風格的數學方法，來研究這許許多多的問題。

二〇〇一年，他又回頭鑽研奶油吐司這個問題。雖然他在理論上已有了答案，但這次他要實際實驗看看！

「英國境內總共有一千名以上的學童（有70%是小學生，30%是中學生）參加這個實驗：總數超過二十一萬次的吐司掉落測試。有些學校團體的實驗成果令人驚喜，有二十二組至少讓吐司落下一百次，掉落次數超過四百次的有十組，有兩組則是做了超過一千次。這三個基本的實驗的所有結果如下：

「在全部9832次落下實驗中，有6101次是奶油面朝下，佔62%。一般科學家宣稱吐司的最終狀態是隨機的，奶油面朝上或朝下的比率都是50%，不過實驗結果（前者）比它高出12%。」

羅伯特・馬修斯也因此（不論是用理論還是用實驗）證明：大自然討厭一塵不染的地板。

馬桶爆裂傷人事件簿

最近發生了三起正常使用瓷製洗臉盆時，因為洗臉盆突然爆裂而受傷送醫的案例。衛浴設備老舊可能是爆裂的原因，而隨著許多盥洗用具益發老舊，爆裂事件可能會越來越常見，也更會造成受傷。

——摘自懷特、麥諾頓與托勒的報告

正式宣布｜搞笑諾貝爾獎公共衛生獎頒給

來自格拉斯哥的強納森・懷特（Jonathan Wyatt）**、高登・麥諾頓**（Gordon McNaughton）**與威廉・托勒**（William Tullet）**，他們以警訊式的研究報告「格拉斯哥的馬桶爆裂事件」而獲獎。**

該報告發表於1993年的《蘇格蘭醫學期刊》（*Scottish Medical Journal*）第38期，第185頁。

這三位醫生都在格拉斯哥的西區醫院意外急救科任職，他們注意到了一個不尋常的巧合事件：「六個月來，有三名傷者因為同樣的傷被送進醫院，他們都是因為上廁所時，所坐的馬桶突然無預警爆裂而受傷的。」

因此，他們認為這現象值得研究。

再次調查這三個案例後發現，它們大不相同。

第一個案例是一名八十三公斤的十四歲女孩，「她使用學校馬桶時，馬桶卻突然爆裂開，造成她右大腿後方臀部一處七公分長的傷口。」

第二個案例是一名七十公斤的三十四歲男子，「他上大號時，馬桶就在屁股下方爆裂，造成他右臀一處六公分長的傷口。」

第三個案例是一名七十六公斤的四十八歲男子，「他坐在馬桶上時，馬桶就這麼裂開了，於是在他的屁股兩側留下不少傷痕。」

在這三個案例裡，爆裂的都是瓷製馬桶，而不是馬桶座墊。正式的報告說：「這些馬桶的確實年代與來源都不明，不過根據敘述都是白色的。」

每個病例的外科主治醫生會先清創，再局部麻醉後縫合傷口，傷者都能完全復原。

懷特、麥諾頓與托勒醫生的報告，最後以嚴肅但不完全會讓人洩氣，簡單扼要又實用的一個建議做結語：

「這篇研究中討論的馬桶爆裂造成的傷口，並無致命之虞，不過對當事人來說卻是極度尷尬和不舒服的經驗。馬桶爆裂並不正常，我們找不到以前有相關的研究報導，發生的原因不明，唯一能確定的是這些爆裂的馬桶都已經十分老舊。因此我們建議大家，使用老舊的瓷製盥洗用具時應該更小心。不想擔心馬桶爆裂問題的最好方法，就是用大陸式的方便法，不坐在馬桶上而是屁股懸空。」

強納森・懷特、高登・麥諾頓以及威廉・托勒三人，因為對於格拉斯哥市民在安全上與安撫心靈上的貢獻，贏得了二〇〇〇年搞笑諾貝爾獎公共衛生獎。

他們三人自費參加了搞笑諾貝爾獎頒獎典禮，麥諾頓為了典禮穿上了蘇格蘭裙，懷特就沒有。在頒獎典禮上他們的發言簡單扼要。

強納森・懷特：「謝謝大家，各位先生女士，今晚能站在這裡真的是備感榮幸，你們或許不相信，在這之前我們的研究曾被擱置一旁，就像沖馬桶的水一樣不受重視，但是這個獎卻為它找到了方向。高登——來自蘇格蘭的高登——特別要在這裡謝謝你們美國式的熱情招待。我要解釋一下，你們或許不了解為什麼這個蘇格蘭男人要穿褶裙，這是因為他要試坐看看這裡的馬桶，他也發現，截至目前所試坐過的馬桶都非常合用。」

高登・麥諾頓：「因為今晚的主題，我想介紹給大家英格蘭最偉大的水電工——湯瑪斯・魁伯（Thomas Crapper）先生。事實上，

THE COLLAPSE OF TOILETS IN GLASGOW

J.P. Wyatt, G.W, McNaughton, W.M. Tullett
Department of Accident and Emergency, Western Infirmary, Dumberton Road, Glasgow.

Abstract: *Three cases are presented of porcelain lavatory pans collapsing under body weight, producing wounds which required hospital treatment. Excessive age of the toilets was implicated as a causative factor. As many toilets get older episodes of collapse may become more common, resulting in further injuries.*

Key words: Latrines, injuries, accident prevention.

duction

e introduction of flush toilets in the last century by Thomas Crapper, official royal plumber to Queen Victoria, was a advance in public health.[1] These toilets have a good safety d, taking and disposing of excrement reliably for many . We describe three patients who presented during a period months with injuries sustained whilst sitting on toilets unexpectedly collapsed.

s

rst patient was a 14 year old girl, weighing 83kg, who sustained a wound to the posterior aspect of her right thigh when she sat on a toilet which promptly collapsed.
second patient, a 34 year old man weighing 70 kg, sustained a 6cm to his right buttock (Figure 1) when a toilet collapsed under him defecation.

Fig. 1 "How safe is your toilet?"

左｜懷特、麥諾頓與托勒獲獎的報告。
右｜高登．麥諾頓在搞笑諾貝爾獎頒獎典禮上，得意之情溢於言表。
（照片提供：《不可思議研究年鑑》）

要不是他的聰明才智，發明了沖水式馬桶，我們今天就不會站在這裡了。」

就在頒獎典禮舉行完後的兩個星期，搞笑諾貝爾獎管理委員會收到一封來自英格蘭諾丁罕郡的亞勒斯戴爾．巴克斯特先生（Alasdair Baxter）的來信，內容如下：「請原諒我冒昧來信，但是我有一種不好的預感，我可能是一九九三年第三十八期的《蘇格蘭醫學期刊》中所刊登，馬桶爆裂事件的其中一名受害者。一九七一年，我在格拉斯哥附近的學校當代課老師時，學校馬桶突然爆裂造成我臀部好幾處嚴重的傷口。很抱歉我沒有辦法向《蘇格蘭醫學期刊》查證，不知您是否可以寄給我一份報告的影本，我會非常非常感激的。或者您可以給我懷特醫生或是麥諾頓醫生的電子信箱，這樣我就可以直接和他們聯絡。真的非常感謝！」

管理委員會把巴克斯特先生信件的影本寄給麥諾頓醫生。麥諾頓醫生則對這個苦樂參半的消息寫了回信，他和懷特與托勒醫生有幸檢查過的屁股當中，並沒有包括巴克斯特先生的屁股！

青蛙飄起來了！

如果青蛙一開始就處於平衡狀態，就表示牠的身上並無任何作用力存在，藉由改變形狀（例如圓形變為橢圓形）使產生的力矩改變（藍道等人，一九八四年〔Landau et al, 1984〕），作用力就不再為零了，那麼青蛙就會開始輕微的往另一點擺動。以這樣最小的擺動頻率重複同樣的操作，擺動會因為參數共振而增強，直到青蛙脫離了穩定區域。不過這樣的影響非常微小，因為其質量m的形狀依賴比率（shape-dependence）大約是10^{-5}，所以要脫離就需要做一百萬次像這樣的「泳姿」。為達此目的，這隻青蛙得要相當不屈不撓，同時還得要非常協調。

——摘自蓋姆與貝瑞的報告

正式宣布｜搞笑諾貝爾獎物理獎頒給

荷蘭尼麥根大學（University of Nijmegen）**的安德烈・蓋姆**（Andre Geim）**以及英國布里斯托大學**（Bristol University）**的麥克・貝瑞**（Michael Berry）**爵士，他們因為利用磁力讓青蛙浮起來而獲獎。**

他們的研究〈飄浮的青蛙與磁浮陀螺〉（Of Flying Frogs and Levitrons）刊於1997年《歐洲物理學期刊》第18期，第307至313頁。

「你能磁化青蛙嗎？」大部分科學家對這問題的結論是：「不可能，你不可能把青蛙磁化。」科學家在思考這個問題、得出結論、公然如此宣告，賭上自己的名聲時，會希望自己好運些——因為他們可是大錯特錯了。

讓青蛙飄浮是一人的滬心力作，但理論基礎則是二人合作的成果。麥克・貝瑞解釋說：「飄浮青蛙原本是安德烈・蓋姆的實驗，我是在上完一堂談飄浮的物理課之後，知道有這樣的實驗，剛好課堂上講的就是玩具在磁場內飄浮，在我看來，飄浮的青蛙和玩具兩者有類似的物理特性，因此我連繫上安德烈，我們便開始一起工作，把我先前在磁浮陀螺（levitron）發現的解釋用在青蛙上。」

「第一次看到青蛙違反地球引力懸在半空中，真的很吃驚，這就是磁場的作用力。作用力是來自一個強力的電磁鐵，它能讓青蛙向上升，這是因為青蛙也是磁體，雖然牠的磁性較弱。青蛙本身不會磁化，卻因為磁場的影響而變得有磁力，這就叫作『反磁性』，而大部分的物質都是反磁性的，所以安德烈可以讓很多東西飄浮起來，像是水滴或榛果。」

「照理說，人也可以像青蛙那樣飄浮起來，因為我們身體大部分還是水。磁場不需要很強，但是必須完全涵蓋體積大很多的人體，截至目前為止我們還沒有實驗成功過。我認為這種飄浮過程不會有害或痛苦，當然，也沒有人能拍胸脯保證百分之百不會。雖然如此，我還是十分希望成為第一個飄浮起來的人。」

「這個物理作用最精妙的地方，就是要了解為什麼青蛙的力平衡狀態能夠穩定，也就是：為什麼牠可以停留在半空中呢？大部分物理學家誤以為青蛙會滑出磁場外（類似鉛筆在力平衡過程中失去穩定度一樣）。這個錯誤的預測，是根據一八四二年由山繆．爾恩蕭（Samuel Earnshaw）所推論出的定理：沒有任何靜物能單獨藉由磁力或重力穩穩的支撐。但青蛙並不是不動的。在青蛙體內原子中，電子不斷的流動起了些許作用，顯示爾恩蕭的定理並不是那麼適用，也讓作用力平衡有可能保持穩定。成功的祕訣就是要在這些範圍內，讓各個作用力達到平衡，要是出了差錯，青蛙就會掉下來。」

安德烈．蓋姆和麥克．貝瑞因為這個磁力飄浮理論，而贏得二〇〇〇年搞笑諾貝爾獎物理學獎。

安德烈自費從荷蘭尼麥根飛到搞笑諾貝爾獎頒獎典禮現場。領

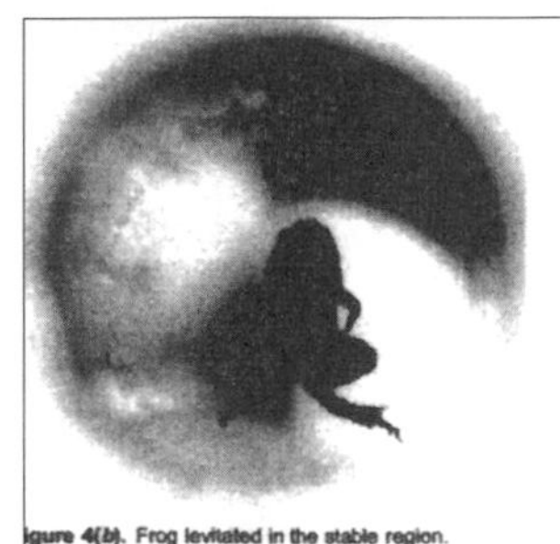

左｜蓋姆與貝瑞的得獎報告。
右｜甜便便小姐叫停了飄浮青蛙研究者安德烈．蓋姆的得獎感言。
（照片提供：《荷蘭鹿特丹商務日報》〔*NRC Nandelsblad*〕的赫伯．布藍克斯泰〔Herbert Balnkesteijn〕。）

獎時他說：「我們的報告研究磁力學方面的理論，有些內容並不受賞識。在這裡，我們謹代表那些曾寫信向我們表達想法的朋友們領這個獎。這些來信詢問的人裡頭，有工程師想運用飄浮理論到任何事物上頭，從廢棄物回收、原料處理，到移動櫥窗內的運動鞋和珠寶首飾；有一些我們物理學的同儕承認，在了解青蛙的飄浮之後，他們終於對以前的結果有了新認知；有些化學家和生物學家不用再等太空梭有空，就可以在磁場進行微重力場（micro-gravity）實驗；其他還有軍人、大學自費生甚至神父等等。有時他們的想法相當不可思議、非常出人意料，有時候卻又很愚昧、荒唐又近乎瘋狂，但又那麼有創意。最值得高興的是世界各地的小朋友們來信，有人寫著：『我今年九歲，我想成為科學家。』」（蓋姆博士又繼續說了一會兒，不過甜便便小姐叫停了他的感言，她才八歲大。）

＊〔編註〕安德烈．蓋姆後來因為石墨烯研究，與人一同獲得二〇一〇年的「正經版」諾貝爾獎。

12 體貼入微新發明

大多數的發明家就像他們發明的東西一樣，
通常不太吸引大眾注意。但以下四例卻是例外：

- 最會發明的業務員
- 防貓咪敲鍵盤軟體
- 汽車影像裝置
- 為輪子申請專利

最會發明的業務員

髮剪梳（Trim-Comb）是一支內裝有刀片的塑膠梳子，它是個偉大的小發明，成本低但有很高的邊際效益，讓我們賺了不少銀子。用髮剪梳剪頭髮有多棒呢？棒得就像是真人幫你剪頭髮一樣！

——摘自隆・普皮爾的自傳《世紀業務員》

正式宣布｜搞笑諾貝爾獎消費工程獎頒給

隆・普皮爾（Ron Popeil），**他是個閒不下來的發明家，也是個在夜間節目推銷商品的業務員。他因為發明「蔬菜處理器」**（Veg-O-Matic）**、「口袋漁夫」**（Pocket Fisherman）**、「麥克風先生」**（Mr. Microphone）**、「殼內打蛋器」**（the Inside-the-Shell Egg Scrambler）**，再一次定義了工業革命而得獎。**

隆・普皮爾的故事都在《世紀業務員：發明、行銷，在電視上銷售：我是怎麼辦到的，你怎麼才能同樣成功！》一書。

過去這四十多年來，美國電視上充斥各種廣告，賣著名稱令人好奇的廉價奇怪發明，像是「鈕釦先鋒」（Buttoneer）、「口袋漁夫」、「自動絞肉機」（Mince-O-Matic）、「殼內打蛋器」和其他數不清的商品。在這些商品的背後，是個能言善道、毫不嘴軟的發明家兼業務員——隆・普皮爾。

因為文明，所以產生許多發明家，發明一些可有可無的東西。因為文明，所以產生許多精力過人、動力充沛業務員，而隆・普皮爾（他自己把名字念做「剝皮兒」〔Poe-peel〕）正好兩者兼具。這雙重身分並不是很特別，但隆・普皮爾可特別了。比起其他人，他更常利用電視作為強大而有效、刺激購買慾的工具，而且毫無疑問能說動觀眾接受，加速電視迷購買這些垃圾商品的過程。

隆天生是個有發明長才又有家學淵源的業務員。

隆的老爸S・J・普皮爾是個發明家兼業務員，他設計發明了「食物料理機」(Chop-O-Matic)，這是一種能切碎蔬菜、馬鈴薯以及肉塊的簡單裝置，但S・J・普皮爾也因為這個料理機吃了不少苦頭。

他對他的舅舅納登・莫里斯（Nathan Morris）提出訴訟，因為同是發明家兼業務員的納登・莫里斯發明並推出了一款相似的產品，叫作「自動料理機」(Roto-Chop)。納登・莫里斯是這類訴訟的老手，他之前的對手，通常是他那個既是發明家也是業務員的哥哥，艾爾・莫里斯（Al）。

後來S・J・普皮爾和舅舅納登達成和解，讓食物料理機得以從法律邊緣給救回來（諷刺的是，多年後S・J・普皮爾和一名瑞士發明家打官司卻輸了，這位瑞士發明家更早設計了一款類似「食物料理機」的機器，名叫Blitzhacker）。

最後，隆終於想出了要如何認真、誠懇地推銷販售他爸爸的料理機了。有了遺傳天賦、技術及經驗作為武器，隆繼續發明，然後上廣告、上廣告、不停地上廣告，讓大家最後能夠接受。

其實，沒有人真的需要這些商品，但是由於它們的名稱討喜，這些價廉的新玩意兒常有不可思議的吸引力，人們會找出各種理由說服自己相信真的需要它。

• • •

製作快速容易，播送也快速容易的電視廣告，是成功的關鍵。隆・普皮爾知道如何廉價地製作和播送廣告，一次又一次，不厭其煩，白天晚上都播送（尤其在深夜時段，因為那幾乎不用花他一毛錢）。如果你剛好打開電視機，業務員的聲音會不斷穿透你的每一根神經。

隆・普皮爾的廣告是工程奇蹟，就像他產品的名稱一樣，都既

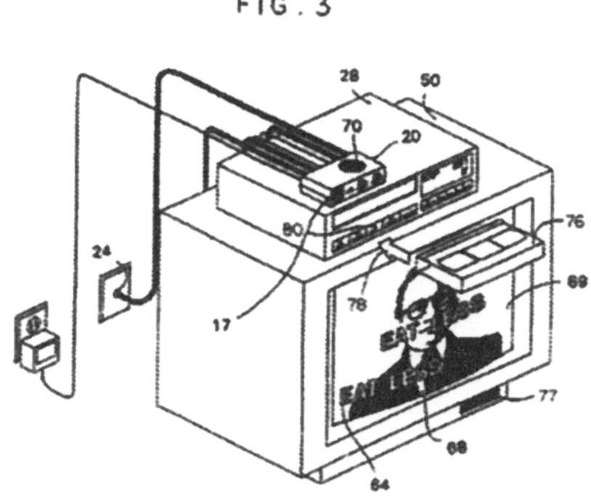

隆・普皮爾擁有十三項專利，其中兩項是用來在電視螢幕上營造潛意識的影像。
這是美國專利第5221962號的「可手動調節潛意識訊息之認知層次的潛意識工具」。

時髦新穎又引人注目。每一段廣告的配音員，都是用不斷覆誦產品名稱的強迫推銷術，來引起消費者注意。他們總是用矯揉做作又不失輕柔的語氣，以一成不變的音調重覆著相同內容，他會說：「稍待一會兒，還有更多精彩的在後頭哦！」

一九九一年和一九九三年，普皮爾為他新發明的電視螢幕潛意識推銷術，申請到了專利（美國第5017143和第5221962號）。

他在自傳中描寫了發明家的神祕魅力：

「我們是名人、人民英雄，也是個普通人，為了是要讓這世上的一切更加美好。身為發明家（甚至只是創新者），人們似乎就會信任你，還有什麼比你能夠發明、創新和行銷來得更棒的呢？這三者兼具，必定會讓你成為媒體寵兒。」

自傳的開頭，就寫出普皮爾的基本精神和幾項他的發明：

「我推銷，我叫賣，我兜售。」

它們確實有效。「我荷包賺得飽飽的，擁有前所未有的財富。」

這些年來的發明，讓普皮爾贏得了一九九三年搞笑諾貝爾獎消費工程獎。

這位得主無法、或者不願前來參加頒獎典禮。他正為了一生的志業——發明和行銷——繼續打拚著！

搞笑諾貝爾獎小百科｜其他發明

- 立可亮（The Instant-Shine）噴霧式鞋油
- 塑膠盆栽組（The Plastic Plant Kit）
  裡面包含了「數管多種葉子顏色的液態樹脂，與一個有可翻式葉子、莖與綠色膠帶的金屬板組合物。」
- 食物切片機（Dial-O-Matic）
  「可以把番茄切得很薄！都能隔著它看報紙了！」
- 蔬菜處理器（Veg-O-Matic）
  「可切片、切丁、切絲的完美小助手，旋轉一下食材厚度的調整鈕，只要一個動作，就能把馬鈴薯切成一樣薄的薄片。像變魔術一樣，你也可以將已經片好的食材再切成丁，我想應該沒有人喜歡切洋蔥丁吧！蔬菜處理器可以很快幫你把食材處理好，到時候你會流下滿心喜歡的眼淚，而不是被洋蔥嗆得掉下淚！」
- 自動絞肉機（Mince-O-Matic）
  「附有一支強力真空夾」。凡是購買一台自動碎肉機，就有好禮相送：送您「酷炫大廚師」（Food Glamorizer），能讓你像酒保一樣，把檸檬皮削得又快又好！
- 鈕扣先鋒
  扣子總是不在正確位子上，掉了下來，這次別用針和線這種老招數了，試試看鈕扣先鋒吧！
- 無煙菸灰缸（Ronco Smokeless Ashtray）

把菸放到煙灰缸時，清淨系統會把二手煙吸得一乾二淨！

- **麥克風先生**（Mr. Microphone）
  這是一種簡單的無線廣播裝置，可收聽附近的FM頻道，對全家人來說既實際又有趣，而且只要美金14.8元。買個兩、三台吧！！是很棒的禮物哦！
- **雙面洗窗器**（The Inside The Outside Window Washer）
  此產品銷售較不佳。
- **髮剪梳**（Trim-Comb）
  這是一支內裝有剃刀片的塑膠梳子，任何人都可以自己修剪頭髮，省時又省錢。它可以修、打薄、剪瀏海，而你只要梳就好了。
- **裁罐器**（The Rocon Bottle and Jar Cutter）
  一個把不要的瓶瓶罐罐變成裝飾品的新妙招！它可以是爸爸的嗜好、小孩的遊戲，也可以是送給媽媽的好禮，只要美金7.77元哦！
- **普皮爾口袋漁夫**
  「要讓孩子高興嗎？送他一套口袋漁夫吧。」
- **電子式食物乾燥機**（The Rocon 5-Tray Electric Food Dehydrator）
  有了它，你可以自己在家做牛肉乾、香蕉片、速食湯，甚至乾燥花！
- **呼啦圈除草機**（The Hula Hoe）
  會擺動的除草機。
- **健美機**（Cellutrol）
  讓美女更有美臀健腿哦！
- **九號配方美髮系列**
  （The GLH [Great Looking Hair] Formula Number 9 Hair System）
  拯救禿頭的噴霧式生髮劑。

防貓咪敲鍵盤軟體

當貓咪的爪子落下時，貓咪的重量加上貓咪行進時的作用力，會產生好幾磅的力量施加在鍵盤上，主要力道是來自貓咪的腳掌。

貓咪的腳掌落在鍵盤上時，腳掌的角度和腳趾的姿勢，會產生許多複雜的變化。這作用力會在鍵盤上輸入特有的打字形態，包括不尋常的時間模式。貓咪所有或走或躺的運動模式，能讓牠們打的字更加好辨識。

——摘自廠商所提供的技術簡報

正式宣布｜搞笑諾貝爾獎電腦科學獎頒給

亞利桑那土桑市的克里斯・耐斯汪達（Chris Niswander，姓氏念成 nice-wander），**他發明了「貓咪剋星」**（PawSense），**這個軟體可以偵測出貓咪在你的電腦鍵盤上行走。**

你可以在 BitBoost Systems 公司買到「貓咪剋星」軟體，地址：BitBoost Systems, 421 E. Drachman, Tucson, AZ 85705, USA，網址 http://www.bitboost.com。

克里斯・耐斯汪達是電腦科學家，也是土桑市曼沙社訊的主編。他用了個聰明的方法探討貓咪和電腦的問題。他先說明了這個問題：

「貓咪在鍵盤上或走或爬時，可能會輸入一些隨意的指令或資料，這也許會毀損檔案，甚至造成電腦當機。不管你是正在電腦旁，或只是離開一下下，都可能發生這種情形。」對此他想了解決辦法。

他說：「貓咪剋星是個實用的軟體，能保護你的電腦不受貓咪破壞，它能很快偵測並阻止貓在鍵盤上輸入資料，也能幫你訓練貓咪遠離電腦。」

> **大家了解「為什麼」要阻止貓咪耍任性之後，他們最想知道的是：「這是怎麼做到的？」**

耐斯汪達先生總是很有禮貌地回答第一個問題，然後他解釋說：「貓咪剋星藉由衡量各種速度和可靠的因素，來偵測貓咪打字，它可以藉由分析打字的時間長度與組合，來分辨到底是誰在打字，貓咪剋星通常認為，貓只有一或二腳會踩在鍵盤上。」

當貓咪剋星發現貓跑到鍵盤上時，就會採取行動，播放震耳欲聾的打擊樂，或大聲播送耐斯汪達先生錄製的噓聲，或是其他聽起來舒服、但貓咪不喜歡的音樂。

耐斯汪達先生說，聲音對耳聾的貓沒有效，但電腦如果偵測到有貓，貓咪剋星就能阻止貓輸入任何資料——螢幕上會出現「疑似偵測到貓在輸入」這條訊息，接著電腦會要求你或貓咪輸入「人類」兩字。目不識丁的貓咪有可能瞎貓碰到死老鼠地輸入正確答案，但這機率微乎其微！

耐斯汪達先生已經為他的貓咪剋星申請專利，他說他正在研發「寶寶剋星」（BabySense）這項產品，但還需要更多研究資料，不確定何時可以問市。同時，他也告知購買貓咪剋星的顧客們，如果不

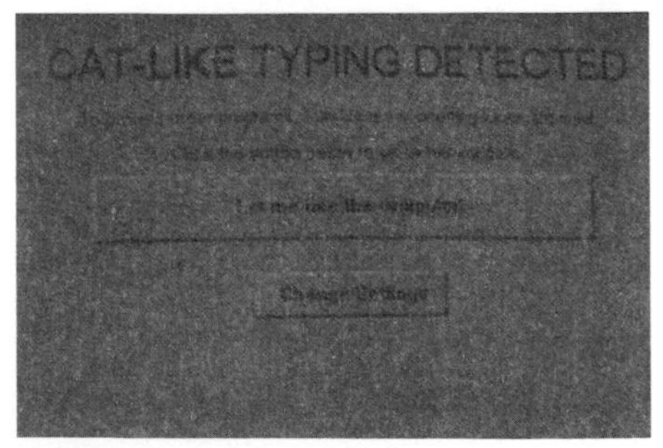

貓咪剋星可以分辨出是不是貓在打字。

想讓電腦遭受寶寶的毒手，那麼「寶寶剋星」正在研發中。

「如果你的寶寶用雙手或拳頭砰砰砰地往鍵盤上打，那麼隨意輸入的資料模式，應該非常近似於貓咪輸入的模式，那麼貓咪剋星就能夠發揮功效。但如果你的寶寶一次只敲打一個鍵，那麼貓咪剋星就會認為，你的寶寶是真正的人。」

由於耐斯汪達先生讓電腦不受貓咪破壞，還連帶讓電腦對寶寶有最基本的因應對策，因此贏得了二〇〇〇年搞笑諾貝爾獎電腦科學獎。

耐斯汪達先生從亞利桑那州的土桑市前來領獎時說：

「我想謝謝我姊姊的貓咪飛寶，因為牠讓我相信這真是個好主意。我想我要說的就只有這些了，再次謝謝飛寶，謝謝！」

耐斯汪達先生說完謝辭之後，李奧尼·漢布羅先生（Leonid Hambro）站上講台，獻上對耐斯汪達先生的讚辭。漢布羅先生是紐約愛樂交響樂團的前任首席鋼琴家，十年來都和他的搭檔——鋼琴家兼喜劇演員維特·鮑爾（Victor Borge）一起巡迴表演。他們為今天的盛會演奏的，是一九二一年齊茲·康佛雷（Zez Confrey）的曲子〈琴鍵上的小貓〉（Kitten on the Keys）。

汽車影像裝置

實驗顯示，靈長類動物會從觀察各種複雜的情況，包括色彩、光度、運動當中獲得樂趣。如同實驗發現，恒河猴喜歡動態影片更甚於靜態的照片。現代生物心理學研究顯示，人類的反應，會強烈受到環境中的運動所影響，甚至取決於環境中的運動。這些運動提供了新事物與刺激，意指靈長類動物渴望接收更多資訊。因此在車內提供動態視訊影像來提高駕駛人的注意力，有利於讓他們保有最高的敏感度。

——美國專利第4742389號，「提高駕駛人警覺的裝置」

正式宣布｜搞笑諾貝爾獎視覺工程獎頒給

密西根的杰・薛曼（Jay Schiffman）。他是「汽車影像裝置」（Auto Vision）的發明者，這是一種影像投影裝置，可以讓駕駛人邊開車邊看電視，而密西根的立法局也正在讓它合法化。

杰・薛曼為汽車影像裝置申請獲准五個專利權，美國專利第4,742,389號和第4,876,594號和第4,884,135號與第4,937,655號都和「提高駕駛人警覺的裝置」有關。美國專利第5,061,996號則是「乘客專用播放器」。

杰・薛曼很有先見之明地了解到，如果汽車駕駛人開車時，不再把注意力集中在開車這件事上，而是邊開車邊看電視，那麼馬路將會更加安全。他的簡單發明讓開車這件事變得更加愜意了。

「汽車影像裝置」這項裝置適用於任何的汽車。《Omni》雜誌的一篇文章這樣描述這件發明：

「在車內的車頂燈附近裝有一個投影器，它會投射電視影像，到靠近擋風玻璃的一個有如紙板火柴盒大小的鏡片上。由於眼睛的錯覺，影像會好像在車前十二英呎的地方，浮現在水平面上，看起來就像在房間內放了一台十二吋電視機，只不過並沒有真的電視，也沒有房間。」

「為什麼每個人都認為這個構想很瘋狂呢？」薛曼問《Omni》的該名記者：「你們的這個想法有沒有任何科學基礎呢？如果以方法論和事物的形態來說，絕對沒有。」

薛曼的視覺工程獲准得到五項專利。

美國專利第4884135號解釋說，「這項發明藉由維持駕駛精神，而克服『道路催眠』以及其他精神鬆懈方面的問題，藉此駕駛人的心理知覺處於準備就緒的狀態。」

綜合來看，這些專利解釋了薛曼這項發明的論證，有以下三個步驟：

第一步與注意力有關：

「開車時，需要的視覺專注力相對比聽覺來得高，這解釋了為什麼人們在開車時，可以同時收聽廣播。如果外在環境有任何會讓駕駛分心的事發生，那麼發生意外的可能性就會提高。」

第二步與警覺心有關：

「廣播收音機提供了用車人兩個功能，一是娛樂，一是保持駕駛人警覺心，不管是長途旅行或是短程乘載，收聽廣播能讓駕駛人在沉悶的車陣中保持清醒。近來，卡式錄音機的引進，讓駕駛人有了另一種娛樂及保持警覺的方法。因此我們可以清楚地知道，透過人類的聽覺系統，可以維持駕駛人的注意力。」

最後最關鍵、最重要的第三步是——安全：

「在交通工具前面放置一個抬頭可見、可提供娛樂的影像播放器，播放影像來維持駕駛的警覺心，可以提高行車安全。」

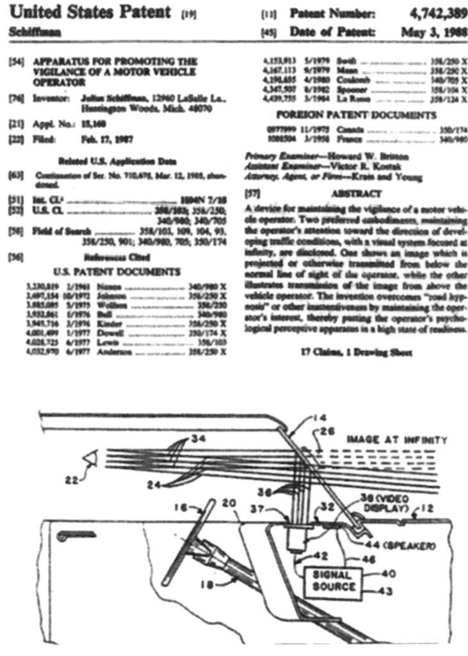

United States Patent [19]
Schiffman

[11] **Patent Number:** 4,742,389
[45] **Date of Patent:** May 3, 1988

[54] APPARATUS FOR PROMOTING THE VIGILANCE OF A MOTOR VEHICLE OPERATOR

[76] Inventor: Julian Schiffman, 12960 LaSalle La., Huntington Woods, Mich. 48070

[21] Appl. No.: 15,160

[22] Filed: Feb. 17, 1987

Related U.S. Application Data

[63] Continuation of Ser. No. 710,675, Mar. 12, 1985, abandoned.

[51] Int. Cl.⁴ H04N 7/18
[52] U.S. Cl. 358/103; 358/250; 340/980; 340/705
[58] Field of Search 358/103, 109, 104, 93, 358/250, 901; 340/980, 705; 350/174

[56] References Cited

U.S. PATENT DOCUMENTS

3,230,819 1/1966 Noxon .... 340/980 X
3,697,154 10/1972 Johnson .... 358/250 X
3,885,095 5/1975 Wolfson 358/250
3,932,861 1/1976 Ball 340/980
3,945,716 3/1976 Kinder .... 358/250 X
4,001,499 1/1977 Dowell .... 350/174 X
4,028,725 6/1977 Lewis 358/103
4,032,970 6/1977 Anderson .... 358/250 X
4,153,913 5/1979 Swift .... 358/250 X
4,167,113 9/1979 Mann .... 358/250 X
4,198,655 4/1980 Coulomb .... 340/705 X
4,347,507 8/1982 Spooner .... 358/104 X
4,439,755 3/1984 La Russa .... 358/124 X

FOREIGN PATENT DOCUMENTS

0977999 11/1975 Canada 350/174
1088504 3/1958 France 340/980

Primary Examiner—Howard W. Britton
Assistant Examiner—Victor R. Kostak
Attorney, Agent, or Firm—Krass and Young

[57] ABSTRACT

A device for maintaining the vigilance of a motor vehicle operator. Two preferred embodiments, maintaining the operator's attention toward the direction of developing traffic conditions, with a visual system focused at infinity, are disclosed. One shows an image which is projected or otherwise transmitted from below the normal line of sight of the operator, while the other illustrates transmission of the image from above the vehicle operator. The invention overcomes "road hypnosis" or other inattentiveness by maintaining the operator's interest, thereby putting the operator's psychological perceptive apparatus in a high state of readiness.

17 Claims, 1 Drawing Sheet

薛曼的「汽車影像裝置」最早期的設計圖。

這個發明同時也讓「較莽撞的人，透過這台影像播放器，能更小心的開車」。

以前，杰・薛曼曾設計一款汽車影像裝置，也取得了專利權，但他還是得做出一份汽車影像裝置使用報告，好說服那些車子的製造商在車內安裝這項裝置，同時教育顧客一邊開車、一邊看電視有多重要。

薛曼做了一份使用報告，並在自已車內安裝了汽車影像裝置，他非常樂於在試車時向人們講解汽車影像裝置的一切，他自己很快就適應了這項新裝置。很多人開車時，會習慣性地繫上安全帶，打開收音機，薛曼卻是打開電視機，然後揚長而去。

法律是設計來保障大眾的，密西根州曾制定法律，要讓使用汽車影像裝置合法化。

薛曼因為發明了最具娛樂效果的安全裝置，贏得了搞笑諾貝爾獎視覺工程獎；密西根州由於立法讓這種安全駕駛方式合法，也分享了這份榮耀。

不過薛曼無法、或是不願前來參加頒獎典禮。他說：「我看不出得這個獎對我及我的公司會有什麼好處。」因此拒絕了邀請。

對於大眾質疑他的新發明，薛曼覺得很困惑，他告訴記者：「這不像是低溫核融合，我可以證明它是安全的。就算是看著A片，在車陣中你還是可以來去自如，沒有問題的。」

薛曼這項發明從來沒有廠商青睞，連產品名稱後來也失去了原意。一九九八年詹森控制公司（Johnson Controls）開始販售一種也叫「汽車影像裝置」的車用放影機，但是它跟杰・薛曼的發明一點關係也沒有，它不是安全裝置，甚至跟駕駛也扯不上邊。廣告上寫著：「汽車影像裝置可以讓後座乘客看電視、打電動，還可以上網哦！」

一件如此新奇的發明就這樣被大家忽略了。如今，後座的乘客可以愉快的享受旅程，但駕駛人可沒啥樂子——要是薛曼當初能說服別人的話，結果就不一樣了。

為輪子申請專利

這項發明是個更利於載運人與貨物的裝置，尤其是，這個裝置用了一個圓形物體，能夠將這些貨物與人承載在一個平面之上，同時以幾近平行該平面的方式移動。

——澳洲的創新專利權第2001100012號

正式宣布｜搞笑諾貝爾獎工業技術獎頒給

澳洲維多利亞省霍桑（Hawthoen）**的約翰．高夫**（John Keogh）**，因為他在二〇〇一年為他的發明「輪子」取得專利而獲獎。**

此獎也頒給核發第2001100012號創新專利權（Innovation Patent）**給他的澳洲專利局。**

二〇〇一年七月二日，澳洲的《年代日報》（*The Age*）上出現了這樣駭人的頭條：「墨爾本的一名男子取得輪子的專利權。」報導內容如下：

「墨爾本一名男子取得輪子的專利權。自由無約的專利權律師約翰．高夫，在五月新的專利權制度頒發前，獲得了『圓形便利運輸裝置』（circular transportation facilitation device）的專利。」

「不過他沒有立即的計畫，要把人類文明裡重要的進步發明比如火、輪作耕種法或其他種種，拿去申請專利。高夫先生說，他取得輪子的專利是為了要證明，創新專利的制度是有瑕疵的，因為它不須經由澳洲專利局檢驗。」

「專利局被要求必須廣發專利，」他說：「他們要做的就只是在申請書上蓋章。壓力是來自於聯邦政府，因為民眾認為取得專利的成本太高了，所以政府決定讓核發專利變得更容易些。」

在澳洲有兩種方法可以取得專利：

- 標準專利權（standard patent）：給予發明物長達二十年的長期保障。
- 創新專利權（innovation patent）：澳洲專利局所給的相對較快速、較便宜的選擇，也是其他與智慧財產權有關的專利權裡最新的。專利權最長可達八年。

專利局說：「要取澳洲的標準專利權（包括律師費），大約需要五千元到八千元不等，而申請創新專利權只要一百八十元。」

高夫先生取得了創新專利權，更明確的說是創新專利權第2001100012號，發明物的正式名稱是「圓形便利運輸裝置」。

專利局局長維威尼・湯姆（Vivienne Thom）曾說：「如果要取得專利權，那麼申請者就必須公開聲明自己是發明人。要取得輪子的專利權，勢必要做出虛假聲明，這樣事態就非常嚴重了，而且一定會使得專利無效。這就跟申請人做出虛偽的陳述、以及專業顧問做出非專業的指示，一樣嚴重。」

專利局的網站（www.IPAustralia.gov.au）建議，專利權申請人要先查看檔案內已有的專利權紀錄資料，「不要再一次發明輪子，」網頁上這樣寫著：「搜尋一下全世界專利權的資訊，不要重複發明其他人的作品，可以讓你省錢又省時。」

因為成為第一個在二十一世紀取得輪子專利的人，約翰・高夫榮獲二〇〇一年搞笑諾貝爾獎工業技術獎，澳洲的專利局也與他共享此榮耀。

兩方得主皆無法、或是不會親自前來參與頒獎典禮，但是約翰・高夫寄來一卷得獎感言錄影帶，他說：

「我坐下來要為輪子寫設計說明書時，心中有個目標。我想揭露澳洲的創新專利權制度的缺點，因為它要求專利局核發專利給每一個申請者。我當初沒料到自己會得到這個獎，但取得輪子的專利

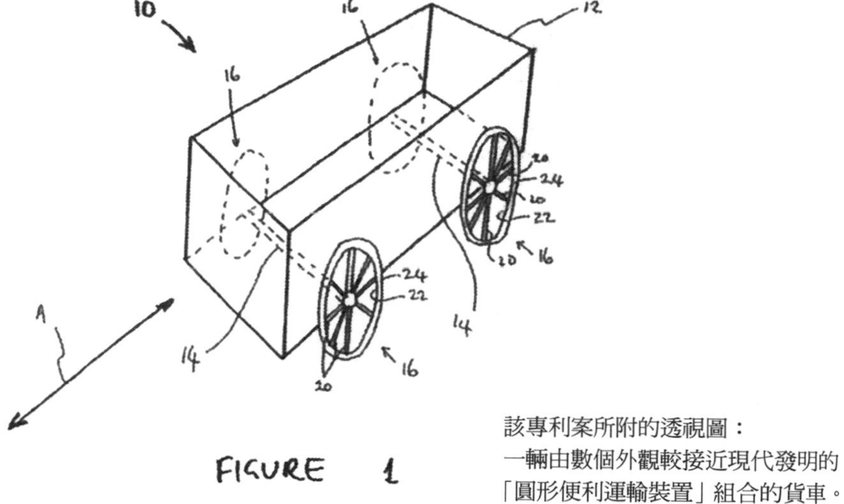

該專利案所附的透視圖：
一輛由數個外觀較接近現代發明的「圓形便利運輸裝置」組合的貨車。

權有它正面的效果，因為它可以引起大眾注意，不只有澳洲，甚至是全世界，讓大家重視智慧財產權。我只希望獲得這個獎能促使澳洲修正專利法，以確保輪子不會再被其他人拿來申請專利。」

搞笑諾貝爾獎小百科｜輪子的正式技術說明文件

這是「圓形便利運輸裝置」的技術說明文件，它現在已是此裝置的正式技術說明文件。

發明的背景

在過去，運送貨物與補給有很多種方法。最常用的方式是由人徒步運送，並且就近帶著需要的貨物上路。至於其他方式，在嚴寒中就滑雪，用雪橇或平底橇之類器具，在平滑的（摩擦係數低的）平面上（例如冰和雪）滑行，藉以載運人員和貨物。這些運輸方式在下斜坡時比較得利，不用多做動作，也就是說，不用幫忙往前推也可以運送物品。使用者只有在遇到上坡與穩固的平面時，需要出力來推動，省下的力氣能幫助使用者更快且更容易地到達目的地。

很不幸的，天暖回春，無法找到自然結成的冰雪的日子裡，要找這樣平滑可以輕易滑行的平面，通常可遇不可求。像這個樣子，又沒有其他替代方法的話，就要靠人力徒步運送了。要是有種裝置在摩擦係數比冰雪高很多的平面上，也能夠像在下坡一樣不用費力往前推，必定很有用處。

發明摘要

根據此發明物最初的樣子，圓形便利運輸裝置必須包含：

- 一個圓形輪圈；
- 圓柱形中空構件裡要有軸承，使圓柱形中空構件能夠繞著穿過其中的桿件轉動；
- 一組連接用構件，以連接圓柱形中空構件與輪圈，使圓柱形中空構件與輪圈維持穩固結合的狀態；而在其中：
- 該桿件則是放在與輪圈平面垂直的軸心上，而且牢牢固定在輪圈中心。

本發明較合適的發展方向

本項發明較佳的形式是，在圓形輪圈外圍的表面覆上一層橡膠，這可以讓圓形輪圈在滾過其所在地的平地時更加順暢，而且保護圓形輪圈外表。本項發明更加合適的形式，則是在橡膠包覆層內部加上可充氣的內胎。

13 基礎科學新發現

科學突破之所以被稱為「突破」，
是因為那是出乎人們意料的事，
這些科學突破對抗並衝破了預期的龐大壁壘。
本章要記述六件最令人吃驚的科學發現，
這些科學發現終究還是避無可避地
得到搞笑諾貝爾獎的表揚。

- 人耳裡的耳疥蟲
- 百憂解讓蛤蜊更「性」福
- 清楚看出別人沒看出來的東西
- 雞體內的冷融合
- 迷你恐龍和迷你公主
- 追憶逝水年華

人耳裡的耳疥蟲

耳疥蟲朝著我的鼓膜越爬越深時，我耳朵裡（還好，我只選了一隻耳朵做實驗）的聲音就越來越大聲。

——摘自信函「關於耳疥蟲與人」

正式宣布｜搞笑諾貝爾獎昆蟲學獎頒給

紐約西港的英勇獸醫勞勃・A・羅培茲（Robert A. Lopez）**，他是所有大大小小生物的好友，由於將取自貓耳的耳疥蟲放入自己的耳朵，做了一連串實驗，並且細心觀察、分析結果而獲獎。**

1993年9月1日《美國獸醫學會期刊》（*Journal of the American Veterinary Medical Association*）第203期，第5集，第606至607頁，他以「關於耳疥蟲與人」為題所發表的信件。

有些偉大的醫學進展，是由勇敢的醫生們親自獻身實驗而創造的。有個極為勇敢、大膽、值得紀念的醫學實驗，是一九六八年由勞勃・A・羅培茲醫生所進行的。以下是他在數年之後，有了充足時間回想該實驗過程時，所寫下的記錄。

關於耳疥蟲與人（Of Mites and Man）

勞勃・A・羅培茲

於紐約西港

「兩件完全不同卻相關的臨床病例，促使我開始研究耳疥蟲（*Otodectes cynotis*）傳染給人類的可能性。在第一個病例裡，我的客戶陪著她三歲的女兒，帶著兩隻受耳疥蟲感染嚴重的貓前來。在檢驗室裡，這小女孩也抱怨著胸口和腹部發癢。這名母親表示，她女兒經常長時間像抱洋娃娃那樣抱著貓，接著便掀開女兒的衣服，露出她腹部遭蟲咬的無數小紅斑給我看，說她就是因為那些斑而發癢。我建議她去找她的家庭醫師檢查。在貓的耳疥蟲清除乾淨之後，我也得知小女孩搔癢的症狀也很快消失了。一年後，同一名客戶帶了一隻受耳疥蟲感染嚴重的貓前來，她抱怨自己的手肘遭到蟲咬。在貓的耳疥蟲清理乾淨之後沒多久，她的手肘就不再被蟲噬咬了。」

「當年（一九六八年）我查遍了醫學文獻，都沒有找到人類感染耳疥蟲的病例，所以決定自己當白老鼠來做試驗。」

• • •

「我從貓的耳朵裡取出蟲子，用顯微鏡檢視確認那是耳疥蟲後，拿一支用溫水沾溼的棉花棒來沾耳疥蟲，從貓耳朵裡移植了將近一公克的耳疥蟲滲出液到我的左耳裡。耳疥蟲一踏上我的耳道，我就聽到牠們的搔刮聲，然後又聽到牠們移動的聲音，接著也開始感覺到搔癢。這三種感覺交織成的痛楚與奇怪、刺耳的聲音，也在此時（下午四點）變得更劇烈，不斷持續著……一開始，我認為這種感覺不會、也不可能持續得很久，只不過經過了白天和傍晚，我越來越擔心。搔癢感越來越強烈；耳疥蟲朝著我的鼓膜越爬越深時，我耳朵裡的聲音就越來越大聲（還好，我只選了一隻耳朵做實驗）。我覺得很無助。受到耳疥蟲感染的動物是否也是這種感覺？」

「接下來的五個小時，耳疥蟲非常活躍；後來牠們活躍的程度就穩定下來了（這可以從搔刮聲和搔癢程度感覺出來）。我很確定，自己的左耳深處仍然有東西在爬動，不過那種不適感還算可以忍受。」

「在安靜了一陣子之後，到了大約晚上十一點至午夜之前，耳疥蟲又活躍起來，牠們又咬又刮的，還到處爬動。到凌晨一點前，聲音非常大聲。一個小時後，我感覺非常非常的癢。兩個小時後，搔癢與刮搔的程度最劇，根本不可能睡著。接著，很突然地，耳疥蟲的進食行動似乎慢慢減緩，噪音跟搔癢也減輕了，我終於可以短暫地睡一下。」

「耳疥蟲在上午七點再度開始活動，導致輕輕的聲響和些微搔癢。這樣的模式就一直重複，整個白天耳疥蟲的活動比較手下留情；晚上時則稍微活躍，大約是六到九點之間。接下來從午夜到凌晨三點，就是耳疥蟲大開運動會的時候。夜晚這樣的用餐模式相當規律，這時不管你再怎麼努力想好好睡一覺，門兒都沒有。」

「到了第二個星期，隨著深夜裡這種覓食活動變得相當穩定，耳疥蟲的活動也開始減弱。到第三個星期，我的左耳耳道裡積滿了耳垢，左耳也聽不見聲音了。到了第四個星期，耳疥蟲的活動力降低了75%，夜裡我都能感覺到牠們從我的臉上爬過。牠們沒有試圖爬進我的右耳，也沒有叮咬我身體其他部位，或造成任何搔癢。」

「一個月快結束的時候，我再也沒有感覺到或聽到耳疥蟲的動靜。搔癢的感覺和耳朵內部的噪音正在消失，然而我的耳朵裡充滿了分泌物。最開始我用溫水沖洗與擦拭，不到一個星期，我的左耳就沒有耳垢了。到了第六個星期，搔癢的感覺不再，聽力也恢復正常了。只是沖溫水就能復原得這麼快，實在是令人訝異。」

「到了第八週，我決定再試一次，看看第一次的實驗是否有瑕疵，或是實驗方向錯誤。這時候我的左耳已經痊癒，沒有耳垢，聽力也正常，所以我從另一隻貓的耳朵裡取出耳疥蟲，然後像先前那樣操作，確認那是耳疥蟲沒錯。也和上次一樣，我把貓耳的滲出液移植了一至兩克到我的左耳裡。我的耳朵再次對耳疥蟲的侵襲開始有反應，刮搔的劇烈噪音、搔癢與疼痛，全在幾秒鐘之內爆發。牠們的活動方式，像是傍晚時的用餐模式和深夜大啃特嚼的時段，都跟上次一樣。白天牠們也偶爾會覓食，不過時間比較短暫。第一個星期同樣有劇烈的搔癢，第二個星期耳疥蟲逐漸

勞勃．羅培茲醫生領取了搞笑諾貝爾獎，他為了做實驗，把貓耳朵裡的耳疥蟲移植到自己的耳朵裡。
（照片提供：史蒂芬．鮑爾〔Stephen Powell〕，《不可思議研究年鑑》）

變得較不活躍，一直到第十四天時停止活動。左耳阻塞的分泌物少了很多，聽覺也只有輕微受損。用溫水沖洗，也能在七十二小時之內把耳疥蟲清理乾淨。」

「這次症狀明顯減輕，令我產生許多疑問。我是否產生了免疫力？耳疥蟲是否比較不易侵襲人類的耳朵？看來第三次，也是最後一次的實驗是勢在必行了。」

「第十一週，我像先前一樣重複實驗步驟，同樣用左耳。幾分鐘之內，搔癢與內耳裡的噪音開始了，然而這次的程度遠比上次輕微。聚積的耳垢也非常少，聽力也只受到些微影響而已。耳疥蟲覓食的方式一樣沒變。在第八或第九天結束時，雖然晚上我會感覺到有些耳疥蟲從我臉上爬過，但耳疥蟲已經停止噬咬了。同樣的，只使用溫水稍微洗一下左耳。除了偶爾還會有些搔癢之外，耳朵很快又痊癒了。」

「這種在相似的實驗模式下，耳疥蟲侵襲的時間與劇烈程度逐漸減少，或是免疫力增強的狀況，引發了許多有趣的問題。像是：

哺乳動物會對寄生蟲（尤其是耳疥蟲）產生免疫作用嗎？在超過三十年的實務經驗裡，我注意到較年幼的貓感染耳疥蟲的情形較為嚴重。」

「耳疥蟲的覓食模式有規律嗎？要是如此，在深夜治療會不會比較有效？照例我會建議患者在夜晚再敷上治耳疥蟲藥膏。」

「後來我終於找到一篇報告（一九九一年在一份日本醫學期刊上發表的），內容是某人自然地感染上耳疥蟲而引起耳鳴。我不知道那個仁兄是不是像我一樣，對這種體驗甘之如飴。」

勞勃・羅培茲由於對人類、耳疥蟲與小貓的奉獻，贏得了一九九四年搞笑諾貝爾獎昆蟲學獎。

勞勃・羅培茲醫生自費前來參加了搞笑諾貝爾獎頒獎典禮。他寫了一首詩當作得獎感言：

我痛恨那些愛嘮叨的小蟲子。
牠只會爬呀咬呀，
到了就寢時間，牠卻像遊民一樣到處亂逛，
就是要爬到你的耳膜去。
一旦到了目的地，牠就搔呀咬呀搞得沒完沒了。

羅培茲醫生朗誦完他的詩後，從口袋裡拿出他要分送給現場觀眾、精挑細選過的小蟲子。搞笑諾貝爾獎委員會的委員們無法確定那些蟲子是什麼物種。

百憂解讓蛤蜊更「性」福

在由血清素啟動的人腦突觸系統，使用氟西汀（fluoxetine〔百憂解，Prozac〕）或氟伏沙明（fluvoxamine〔無鬱寧，Luvox〕）和帕羅西汀抗鬱劑（paroxetine〔Paxil〕）這類選擇性血清素回收抑制劑（SSRI），會阻斷再回收轉運體，有效地增加血清素的神經傳導。在人類體內，血清素會控制像是食慾、睡眠、性慾以及沮喪這類行為。在雙殼類軟體動物身上，血清素對於繁殖的過程，例如排卵、卵細胞的發育成熟以及胚胎囊胞破裂、增進精子活力與分娩，有顯著的影響。

——摘自方彼得等人的研究報告

正式宣布｜搞笑諾貝爾獎生物學獎頒給

賓州蓋茲堡大學（Gettysburg College）**的方彼得**（Peter Fong），**他因為讓蛤蜊服用百憂解，使得蛤蜊獲得「性」而獲得此獎。**

該研究結果由方彼得、彼得．T．赫明斯基（Peter T. Huminski）與萊涅特．M．迪厄索（Lynette M. D' urso）共同以〈用選擇性血清素回收抑制劑誘發並強化蛤蜊的產卵能力〉（Induction and Potentiation of Parturition in Fingernail Clams (Sphaerium striatinum) by Selective Serotonin Re-Uptake Inhibitors (SSRIs)）之名，發表於1998年的《實驗動物學期刊》（*Journal of Experimental Zoology*）第280期，第260至264頁。

百憂解在一九八七年問世，如今它已經成為醫生經常指名使用的抗憂鬱藥物。它通常用在人類身上，有時也用在貓、狗以及其他種類的寵物身上。方彼得教授把百憂解用在蛤蜊身上，而且他的理由非常充分。

最主要和性有關。

氟西汀就是大家所熟知的百憂解，這種藥幫助很多病人擺脫嚴重的憂鬱症，因此突然在病人與醫生間大受歡迎。就像許多藥一樣，服用氟西汀會收到什麼效果也要看運氣：對某些人來說，它像魔法一樣有效；對於另外一些人，它的效果微乎其微，甚至毫無幫助；而對某些病人來說，它的影響更像是肇事逃逸者——氟西汀似乎會降低甚至毀了他們的「性」致。

不過提到了「性」，早就有些曖昧的暗示，認為氟西汀可能在性方面的影響是相反的。《臨床精神病學期刊》（*Journal of Clinical Psychiatry*）一九九三年的一篇報告的結語便說：「氟西汀對於性的副作用，可能比大家以前所認為的還要多樣。」該報告的名稱為：「氟西汀與三名老年人性能力回春現象之間的關聯」（Association of Flouxetine and Return of Sexual Potency in Three Elderly Men）。

所以呢，餵蛤蜊吃百憂解，確實有可能帶給這些小動物的性生活更正面的影響。方彼得雖然很清楚有這種可能，但不是很了解它影響的範圍有多大。親自做實驗後他發現——就性這方面來說——真的是很精彩。他之所以選擇蛤蜊，是因為蛤蜊（以及母牛、龍蝦、烏賊，與其他一大堆動物）的神經系統，和人類有很多特有的相似性。就細胞層面來看，在蛤蜊身上發生的情況與在人類身上發生的一樣。藉由研究蛤蜊的神經系統——隨便弄弄，量一量，餵餵百憂解——科學家可以從中知道和人類有關的有用資料，有時候還多得嚇人。另外，相同的實驗用蛤蜊來做，通常會比做人體實驗更快完成，更省成本，而且少掉很多文書工作。

方彼得對氟西汀的發現並非沒有科學意義。以前和現在，沒有人能完全理解氟西汀與同類化學藥品是怎麼作用的。神經系統的活動既複雜又靈敏，常使得想理出其祕密的人鎩羽而歸。雖然如此，方彼得還真的發現了一些隱含其中的瑰寶。

他發現，要是拿百憂解餵食蛤蜊（至少對於「指甲蛤蜊」〔*Sphaerium striatinum*〕有效），牠們會開始瘋狂地繁殖，速率大約是蛤蜊正常狀態下的十倍。因此，要感謝方彼得，讓我們知道百憂解對於神經系統以及指甲蛤蜊的繁殖行為，有著可量測的深遠影響。由於他證明了這點，因而贏得了一九九八年搞笑諾貝爾獎生物學獎。

搞笑諾貝爾獎頒獎典禮當天，這名得主因為要授課而無法前來，所以他寄來一篇得獎感言讓我們在典禮上分享。以下是他的感言，典禮當晚由《聆聽百憂解》(*Listening to Prozac*)一書的作者彼得·克拉瑪醫生(Peter Kramer)大聲念出：

「很多人問過我，我是怎麼開始用百憂解來觸發蛤蜊的繁殖行為的。其實完全是誤打誤撞！某天深夜我獨自坐在實驗室裡，心情相當沮喪。後來我從椅子上站起來時，粗手粗腳地打翻了我的百憂解處方藥，有幾顆膠囊掉進一座裝滿蛤蜊的水族箱。起初我只是無助地看著，但後來發現那些蛤蜊居然開始排出相當大量的精子與卵。那一瞬間，我的心情便好了起來。其他的事大家都知道了。我要感謝百憂解的製造商，此外也要向蛤蜊致敬——這些幫我獲得搞笑諾貝爾獎的動物，為我的研究奉獻了生命。不過牠們至少在生命告終、戛然而止之前，享受過魚水之歡且完成任務，也該心滿意足了(Happy as a clam)。」

方教授繼續在生殖生物學的其他方面，以及水生無脊動物生態學領域做研究。例如，他於二〇〇一年在《實驗動物學期刊》上發表了一篇論文，闡述說明了淡水螺(*Biomphalaria glabrata*)的陰莖勃起構造。方教授並未完全忘掉讓他贏得搞笑諾貝爾獎的主題。對他那篇百憂解與蛤蜊的大作覺得回味無窮的人，知道以下消息應該會很高興：二〇〇二年，他幫《環境中的藥劑與個人照護產品》(*Pharmaceuticals and Personal Care Products in the Environment*)這本書寫了一章，章名叫作「抗憂鬱藥物對水生生物的作用」(Antidepressants in Aquatic Organisms)；這本書由美國化學學會出版社(American Chemical Society Press)發行。

清楚看出別人沒看出來的東西

這些官方公布的（太空）任務影片，現在藉由三十年前（拍攝照片當時）NASA所沒有的科學技術與電腦科技，花了四年加以分析後，對於月球上出現的古老人造建物，提供了令人不得不重視的科學證據。更久以前，約翰・甘迺迪總統突然開始全力推動阿波羅太空計畫，要在十年內把美國人送上月球，計畫的目的現在看起來很明顯：只是要把美國太空人直接送到這些廢墟，把它拍攝成影片，將實體證據（包括人造製品）帶回地球分析。

——摘自理察・霍格蘭的媒體新聞稿

正式宣布｜搞笑諾貝爾獎天文學獎頒給

紐澤西的理察・霍格蘭（Richard Hoagland），**他因鑑識出月球與火星上的人造建物的特徵，以及月球背對地球那面的十英哩高建築物而獲獎。**

霍格蘭的發現發表在1987年加州柏克萊北大西洋圖書公司（North Atlantic Books）出版的《火星上的紀念物：在永恆邊緣的城市》（*The Monuments of Mars : A City on the Edge of Forever*）。

有些偉大的發現，一直要到心思縝密的觀察者出現，才不再被人忽視。太空船為我們拍攝了成千上萬張月球與火星的照片，有幾百萬人驚奇地盯著這些鉅細靡遺的遙遠世界景象，包括理察・霍格蘭——但他比大多數的人看得更仔細。他辨識出上頭有建築物、龐然大物般的臉孔影像、飛碟與許多龐大的工程設施，這可是其他人都沒看出來的。

理察・霍格蘭發現的火星上的結構物和月球背面的建築物，實在是太重要了，難以忽視。由於NASA、大部分媒體、學校的課程等都忽略了它們，所以霍格蘭覺得自己有責任教育大眾。他很勤奮、不辭辛勞、不厭其煩重複地用他最暢銷的書，用新聞稿，用記者會，頻繁地上深夜的電台脫口秀節目，來努力達成這個目標。

對霍格蘭來說，最難以理解的東西就是臉孔影像了。一九七六年，維京號軌道探測船（Viking Orbiter）傳回了精彩萬分的火星表面照片。其中一張圖片裡，有個東西的形狀看起來像個巨大臉孔，似乎正往上盯著照相機看。對此坊間有各種傳聞，包括這張臉孔不完全只是岩石與陰影隨便組合起來的。理察・霍格蘭則認為，這張臉很明顯是由某種文明的物種雕刻出來的，很可能是座墳墓或是紀念碑，也很可能早就料想總有一天理察・霍格蘭，或是某個像他這樣的人會出現，並且認出它。

有些人質疑照片影像顆粒過於明顯，對此他也認同；而他也認為下一代的太空船與攝影機，應該能呈現出這個臉孔真實的、精心設計製造出的美麗細節。

一九八七年，霍格蘭出版了《火星上的紀念物：在永恆邊緣的城市》，讓他在認識他的人當中贏得一些名聲。這本書放滿照片，註解得密密麻麻。書中說明火星上有著一整座城市，有一座巨型金字塔（「一個有五個邊，兩側對稱，『有支撐物』，千米高的物體，就位在距離臉孔幾公里外的地方」），一個金字塔聚落，一座碉堡，一座城市廣場，位在碉堡與巨型金字塔之間有一座「蜂巢式」的複合建築，還有一座跑道複合建築物。

霍格蘭在另一張照片辨識出來的跑道複合建築物，可能是用來發射飛碟的；那張照片是在他的書出版了好幾年之後才看到的。

他繼續分析了由月球軌道三號太空船所拍攝的月球照片，他發現月球的背面有兩個更有意思的物體。他形容它們一個將近「七英里高，玻璃似的『塔狀／管狀物』」，另一個「1.5英里高，玻璃似的『碎片』」。他解釋，這兩者原本都是人造物。

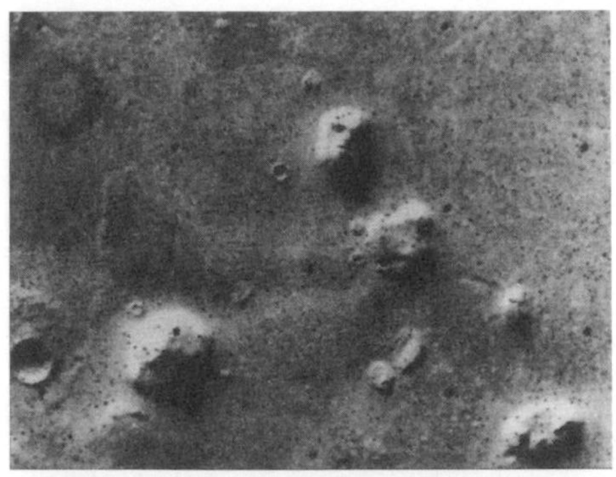

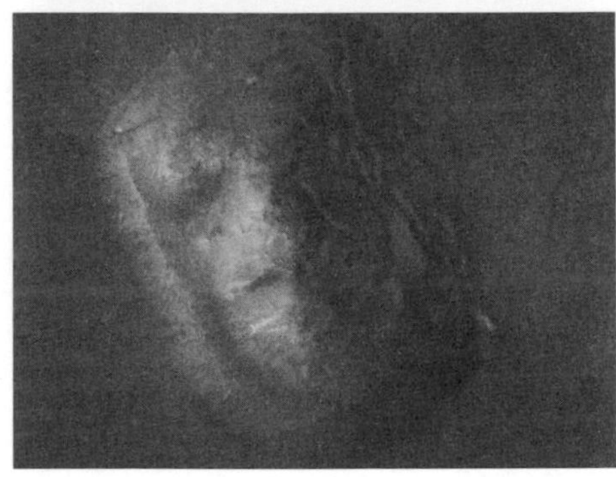

上｜
這是第一張火星的臉孔照片，是維京一號探測船在一九七六年拍攝的。（照片提供：NASA）

下｜
這是二〇〇一年拍攝的高解晰度照片。有些愛開玩笑的人說，那張臉可能在一九七六到二〇〇一年間的某個時期被狠狠地揍過。（照片提供：NASA噴射推進實驗室〔JPL〕馬林太空科學系統〔Malin Space Science Systems〕）

二〇〇一年，新的太空船開始傳回新的火星照片，比起一九七六年那些大顆粒的照片，解析度更高。就像霍格蘭所預測的，新照片上的臉孔，細節更加清楚。比起早期的影像，新照片更容易看清岩石跟陰影的部分；臉孔的特徵更加銳利、精細，精細到幾乎看得到消失點。

理察．霍格蘭由於看出了別人看不出或不會去看的東西，獲頒一九九七年搞笑諾貝爾獎天文學獎。

該得主無法、或是不願參加搞笑諾貝爾獎頒獎典禮。

霍格蘭繼續以他那異於常人的努力，促進人類了解現在或以前，在月球和火星上以及或許在人類心裡，起過作用的那些文明。

雞體內的冷融合

母雞就這樣子，在這二十小時裡把體內有的鉀轉化成鈣。

——摘自路易斯・考夫朗的書《生物性轉化作用》

正式宣布｜搞笑諾貝爾獎物理學獎頒給

法國的路易斯・考夫朗（Louis Kervran），**這名醉心煉金術的狂熱者因為導出「雞蛋殼的鈣是藉由冷融合過程形成的」這結論而獲獎。**

他的研究以〈生物性轉化作用的發現〉（A la Découverte des Transmutations Biologiques）為名發表，1966年由巴黎的出版社Le Courrier des Livres發行。此文與路易斯・考夫朗其他文章一起被翻譯成英文，名為《生物性轉化作用以及其在化學、物理學、生物學、生態學、醫藥、營養學、農藝學、地質學上的應用》（*A Biological Transmutations and their Applications in: Chemistry, Physics, Biology, Ecology, Medicine, Nutrition, Agronomy, Geology*），1972年由Swan House出版。

化學並不像學生想的那麼困難。學校教的等式是錯的。元素（氫、氦、鋰、鈹、硼、碳、氮等等）根本也不是最基本的粒子。把一種元素轉化成另一種（比方把矽變成鈣，或把錳變成鐵）是很簡單的，時時都在進行；甚至連雞都辦得到。事實上，雞確實辦到了。

這是路易斯・考夫朗說的。

近代化學的一切——這裡是說從化學變成一門科學後的一切——是建立在「有各種不同種類的穩定原子」這樣的觀念上。鐵原子和氯原子、銀原子、金原子，都是不同的。化學就是如何把一些原子結合成串（其專有名詞叫「化合」），以及把這幾串再結合成另外幾串。我們所見到的物質，就是把原子這樣子或那樣子結合成串而組成的。

路易斯．考夫朗寫道，說好倒是還好，不過在生物體內，「不可能的事也確實會發生」。在生物體內，原子並非只和周圍的其他種原子結合，還可以轉化成別種原子。你瞧，矽原子可以變成鈣原子，鐵原子可以變成錳原子，反之亦然。

幾百年來，樂觀主義者、不切實際的人以及其他的人，奢望、祈求能夠將廉價的元素（像是鉛），轉變成貴重的元素（像是黃金這類），然而沒有人真的看過這種事情發生（除了用非常少見的方式，像是在恆星那種極度超高溫環境下以及核子爆炸）。

路易斯．考夫朗解釋，科學家從沒注意到這種事，是因為他們太關注無生命的固體、液體和氣體了，應該看看活生生的血肉之軀才對。考夫朗寫道：「所有物理定律，都是用無生命的物體做實驗，加以推論而來的。」

他繼續說明，生命組織總是會進行一種他稱之為「生物性轉化作用」的過程。這種過程既簡單，又很基本，根本無須費力解釋是怎麼產生、以及為什麼產生的——反正就是發生了。生物性轉化作用會往以下兩個方向當中的一個進行：

- 有時候兩個不同種類的原子會結合，形成第三種較大的原子。這就是核融合。多年之後，其他人創造了一個很貼切的專有名詞：「冷融合」。
- 其他時候，一個較大的原子會分解成兩個較小的原子，每個原子種類都不同。這就是核分裂。下一頁的〈搞笑諾貝爾獎小百科：把一種元素轉變成另一種元素〉有一些技術上的細節。

物理學家從未見過生物體內產生核融合或核分裂反應。關於這點，考夫朗說，那是因為他們從未仔細觀察。他自己就很會觀察，

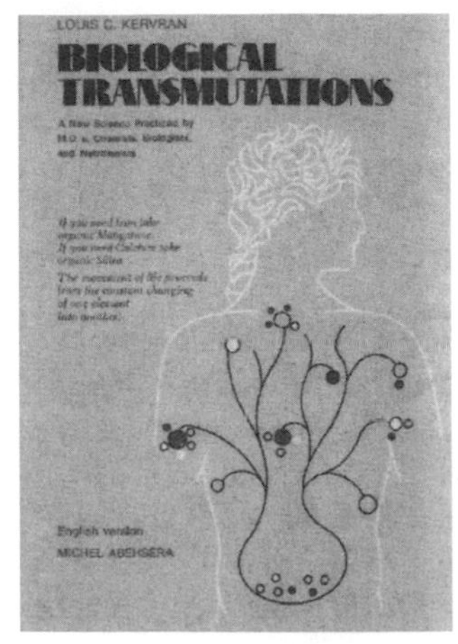

考夫朗在書裡解釋了他說的「生物性轉化作用」理論的基礎。

這裡寫的還只是他看到的一部分而已。

雞藉著把鉀轉化成鈣，來製造蛋殼裡的鈣。豬的腸子能把氮轉化成碳和氧。甘藍菜把氧轉化成硫。桃子將鐵轉化成了銅。

考夫朗在一九六九年發表的報告〈龍蝦體內鈣、磷、銅的非零餘值〉（Non-Zero Balance of Calcium, Phosphorous and Copper in the Lobster）裡，說明了龍蝦是怎麼進行核融合的。

路易斯·考夫朗由於在生物體內看到驚人的作用，所以獲頒一九九三年搞笑諾貝爾獎物理學獎。

此獎得主無法、或不願前來參加搞笑諾貝爾獎頒獎典禮。

搞笑諾貝爾獎小百科｜把一種元素轉變成另一種元素

「生物性轉化作用」作用得有多完全？

它們可以輕易地看出來，而且就像路易斯·考夫朗所寫的：「完全沒有牽扯到化學。」

查閱元素週期表時，你會看到每個元素有「原子序」；原子序就是原子核裡質子的數目。下面是幾個元素和它的原子序：

氫——原子序1

鈉——原子序11

氧——原子序8

鉀——原子序19

鈣——原子序20

什麼作用可能會發生，什麼作用不會，原子序是其中的關鍵。底下有些從考夫朗書中選出來的例子，提到元素是怎麼從這種元素變成另一種元素的。

- 一個鈉原子和一個氧原子化合，因此變成一個鉀原子。（11加8變成19）
- 一個鈣原子分裂成兩部分，變成一個氫原子和一個鉀原子。（20減1變成19）
- 一個鉀原子和一個氫原子化合，變成一個鈣原子。（19加1變成20）

考夫朗指出：「生物性轉化作用顯現出一項定律：原子的核子級反應，通常和氫與氧有關。」

他寫道：「要是本身缺乏某種元素，那要藉生物性轉化作用製造出該元素，通常會徒勞無功。也就是說，應該探討的是某種元素的增加（通常會導致另一種元素減少），而不是該元素會憑空出現。」

化學家跟物理學家全都說未曾見過這種事，從來沒有。對此路易斯‧考夫朗的結論是，化學家跟物理學家都很無知。

迷你恐龍和迷你公主

迷你人類的大小大概跟現在的小螞蟻差不多，很可能在經過一些發展之後，居住在洞穴裡，或是住在用方解石頁岩這類材料搭建的簡單房子。此外，他們懂文字，也知道怎麼焙燒方解石來製造水泥，還懂得製造瓷器。

——《岡村化石研究所的原始報告》裡
第271頁照片所附的圖片說明

正式宣布｜搞笑諾貝爾獎生物多樣性研究獎頒給

日本名古屋「岡村化石研究所」(Okamura Fossil Laboratory)的岡村長之助，因為他發現了恐龍、馬、龍、公主，以及其他一千多種絕種的「迷你種」生物化石，每個化石的身長都小於百分之一英吋。

他的研究於岡村化石研究所在1970年代到1980年代間發行的《岡村化石研究所的原始報告》(*Original Report of the Okamura Fossil Laboratory*)系列叢刊中發表。費城自然科學學院的科學家厄立·史潘默(Earle Spamer)，是全球首屈一指(或許也是唯一)的岡村長之助專家，他寫過三篇文章，試圖解釋岡村的所作所為。那些文章發表在《不可思議研究年鑑》第1部的第4期(1995年7／8月號)，第2部的第4期(1996年7／8月號)，第6部的第6期(2000年11／12月號)。以下敘述內容大多由史潘默的報導改寫而來。

一名日本科學家在使用顯微鏡觀察岩石的時候，發現了一些證據可以證明，所有現代的生物都是遺傳自小型生物，這些小生物除了體型特別小之外，一切都和今日的大型生物相似。他將這些滅絕的遠古物種取名為「迷你生物」。

岡村長之助是古生物學家，專門研究最不起眼的那一類化石——從奧陶紀（Ordovician）到第三紀時期（Tertiary Period）的無脊動物與海藻標本。他陸續發表過一些枯燥無味、毫不起眼的報告。

不過在《岡村化石研究所的原始報告》第十三期出版後，一切就改觀了。裡頭岡村展示了一個保存得非常完整，北神山地區志留紀時期（Silurian Period）地層的鴨子化石照片——這是個以前從沒有人看過的品種，他稱之為日本古代鴨（*Archaeoanas japonica*）。岡村的圖示就像他所描述的，可清楚看出該標本：「在志留紀時期，因為遭活埋受到驚嚇而呈現痙攣狀態。」該標本的尺寸僅9.2毫米，這隻迷你鴨的大小跟一顆阿斯匹靈藥丸差不多。

岡村接下來的報告，也放滿各種迷你生物化石遺骸的照片，照片看來都很不尋常；每個生物都用照片做成檔案，加上頗有幫助的圖解，此外岡村還親自用日文和破英文夾雜寫下相當有用、吸引人的描述。

他也畫了迷你魚類、迷你爬蟲類、迷你兩棲類、迷你鳥類、迷你哺乳類，以及迷你植物。甚至還有迷你龍，像是迷你型鬥龍（*Fightingdraconus Miniorientalis*）以及迷你型中國龍（*Twistdraconus Miniorientalis*）。

這些新發現的化石，大部分是現代物種的亞種。岡村展示了迷你山貓（*Lynx lynx minilorientalis*）、迷你猩猩（*Gorilla gorilla minilorientalis*）、迷你單峰駱駝（*Camelus dromedaries minilorientalis*）、志留紀迷你蛇（*Y. y. minilorientalis*）、迷你北極熊（*Thalarctos minilorientalis*）、以及迷你小型犬（*Canis familiaris minilorientalis*，其特徵類似聖伯納犬，然而身長僅有0.5毫米）。

岡村也發現了絕種物種的遠古版，例如迷你翼龍（*Pteradactylus spectabilis minilorientalus*），以及小朋友永遠的最愛——迷你雷龍（*Brontosaurus excelsus minilorientalus*）。

所有這些生物的身長都小於一公分，有些幾乎還不到一毫米。

在大部分的描述裡，岡村在科學的推論當中加入了人道的觀察。舉個例，他在迷你山貓的圖示上註解著：

「有些看起來因為大自然突如其來的大亂而發怒或受驚嚇，然而其他的卻有點漠然，甚至喪失抵抗力地頭垂在胸前。這些遺跡，保留了呈現智能發展程度的心靈活動形式。」

讓岡村最出風頭的，想當然耳就是發現了迷你人類（學名是

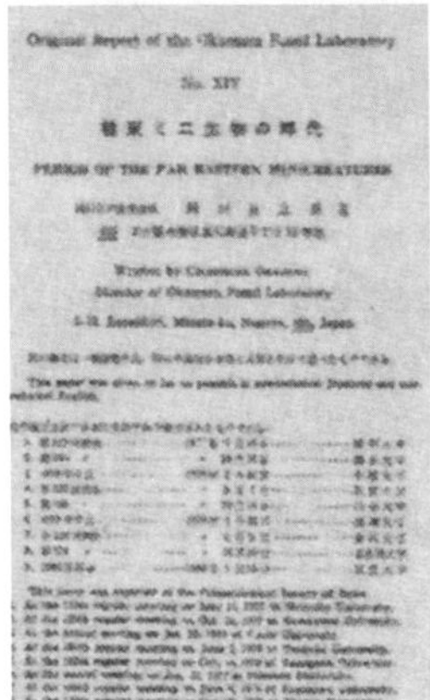

No. XIV

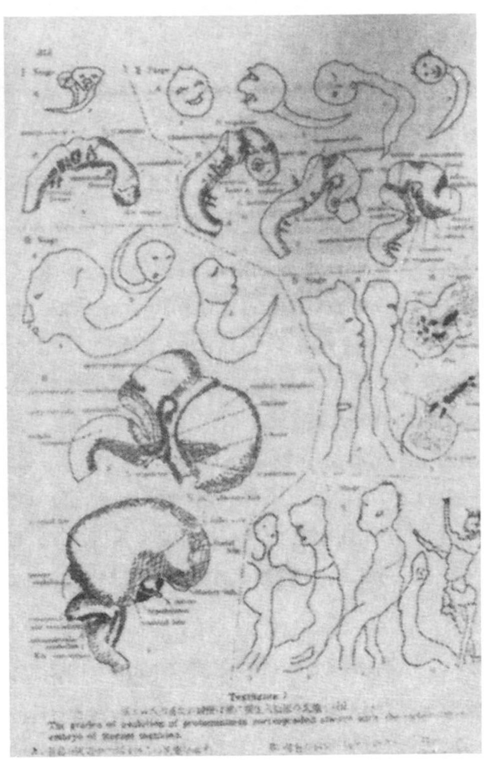

左上｜岡村長之助。
左下｜《岡村化石研究所的原始報告》第十四期的標題頁。
右｜迷你人類演化成現代人類的各個階段，最主要的轉變是身高增加了上千倍。

Homo sapiens minilorientales)。在一篇冗長又一絲不苟的解剖學討論中，他加上數百張顯微照片的圖解，來描繪這些人類最早的祖先。「永岩(Nagaiwa)迷你人種的身材，只有現代人的三百五十分之一，而外表都相同。」他也敘述了這些迷你人所使用的工具，包括了「一件最早的金屬工具」。

岡村讓我們把這些迷你人的生活看得更清楚。仔細看看底下這

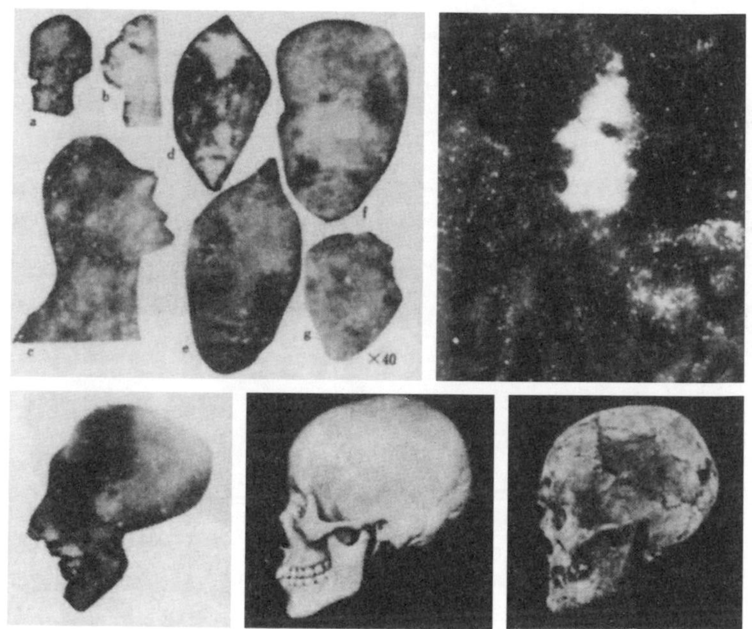

迷你人的化石；每一個都接近一毫米高。
左上｜迷你人的臉孔(岡村是從較大的照片上裁下這些影像的，可能是為了讓非專業人士能更容易辨識出這些臉孔)。
右上｜一個迷你人的標本。岡村寫說這是個永岩迷你女子，「年約三十，似乎穿著某種披風」。
下｜從左到右分別是迷你人的頭骨，現代人的頭骨，以及早期的原始人或原始人類。迷你人的頭骨比起另兩者小了很多，他們從頭到腳，全身長度跟現代嬰兒的手指甲差不多。

三個他所觀察的現象：

- 「圖70中的所有女性嘴巴都緊閉，可看出被滾燙泥漿活埋時遭受的痛苦；圖1的老婦人則是嘴巴大開，像是失去感覺了。」
- 「在這張照片中，兩個全裸的人面對著面，看來關係很好、手腳和諧地舞動著。我們可以判定那就如同現今的舞蹈。」
- 「他們屬於多神信仰，而且立了許多神像。」

岡村為我們指出：「最古老的髮型」、「一個腳步匆忙的永岩迷你女人，她很可能是個辛勤的工人」、一個「似乎屬貴族階級的」迷你女人，以及「在一隻龍的消化道裡的一個迷你人頭顱」。

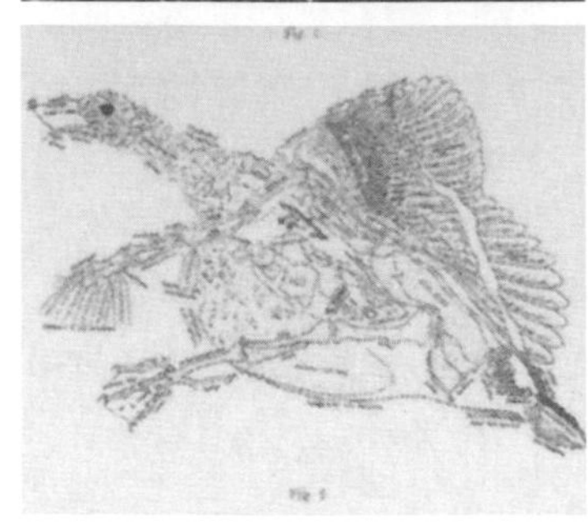

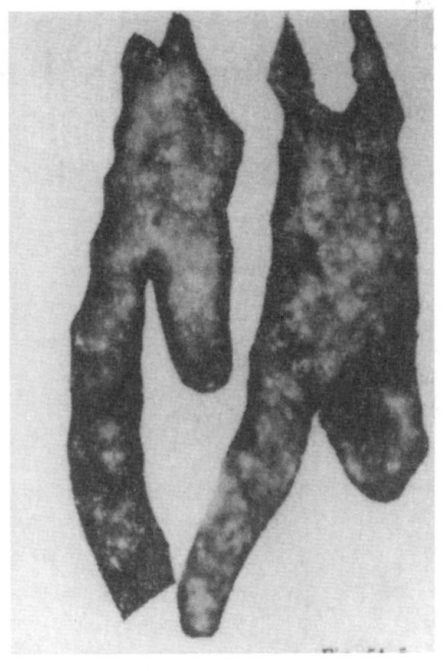

左上｜志留紀迷你鴨的顯微照片，只有幾毫米長。
左下｜為了讓非專業人士能判別身體的許多部位，岡村畫畫加以說明。
右｜一對迷你馬。岡村寫著：「不用說也知道，牠們是在卵袋裡受精、成長與孵化成原始迷你馬的。越長越大後，牠註定會成為家畜。」這些標本每個都接近1.8毫米長，不過假如牠長胖而且長了腿，就會變得更長（岡村從較大的照片上裁下這些影像，好讓非專業人士更容易辨識）。

永岩的迷你人也是工匠，製作了很多種類的雕像。「最值得注意的，可能是那件最精美的作品」，也就是那件「坐在龍頸上的等比例女人畫像」，那「可能是放在帽子上的」。岡村「假設那是某種女神」，她的「乳房似乎相當豐滿因而有點下垂」。

永岩的迷你人世界並非平和而悠閒。岡村描繪了不少生動的場景，比如一幅「近似雛鳥的迷你型男人與迷你型女人……兩人正在對抗一頭龍」，一幅「一頭龍掐著一個女孩」以及一幅「迷你人向兇猛的龍獻上祭品」的圖。岡村的報告鉅細靡遺，這篇評論實在無法完完全全呈現他的描述。

要是岡村的解讀是正確的，那麼迷你人與龍的關係顯然不怎麼愉快：「作者僅能確認，迷你人活在遠古時代，知識水準很高，只有平整的指甲能保護自己。即使他們能利用可自由活動的上肢，緊抓著長桿，或是似乎早已存在的原始金屬武器，或只是丟擲加工過的石塊，但是要逃脫無數饑餓、貪吃的肉食性龍的掠食，相當困難。」不過最早的迷你人類是沒有雙手的，岡村告訴我們：「若是跟那些龍近身肉搏，結果也不會有啥差別，沒有那些最基本的防禦能力，他們最終仍然落敗。龍勢必會重創他們，壓碎他們的身體。」岡村這些驚人的觀察，並非完全不帶感情的。他寫道：「作者會竭盡所能地撫慰他們已逝的靈魂。」

岡村化石研究所從大約一九八七年之後，顯然就沒有新作品了。岡村長之助本人似乎已經退休隱居，他那仔細又詳盡的作品也就逐漸被人淡忘了，若要問一個科學家如果沒有適當的宣傳會有怎樣的下場，他就是個悲慘的例子。

為了表彰岡村長之助為人類起源所找到的微小線索，我們把一九九六年搞笑諾貝爾獎的生物多樣性研究獎頒給他。

得主無法、或者不願前來參加搞笑諾貝爾獎頒獎典禮。搞笑諾貝爾獎管理委員會試過找他，可是找不到。

搞笑諾貝爾獎小百科｜要到哪看岡村的照片

雖然岡村長之助把《岡村化石研究所的原始報告》寄給世界各地的許多圖書館，不過其中很多機構似乎都沒有留下它。厄立・史潘默這位首屈一指的岡村長之助專家，在一個小拍賣場買到了他的書，他把仍然保存這份報告的一些機構編列成一份表單：

- 自然科學學院（費城）
- 科羅拉多礦物學院
- 康乃爾大學
- 丹佛公共圖書館
- 自然歷史博物館
- 哈佛大學，比較動物學博物館
- 肯特州立大學
- 培爾海洋科學圖書館（Pell Marine Science Library），羅德島，奈瑞岡塞
- 史密森尼學會
- 美國地質測量部（US Geological Survey），維吉尼亞州，雷斯頓市
- 加州大學洛杉磯分校
- 加州大學聖地牙哥分校
- 休士頓大學
- 德州大學奧斯丁分校
- 懷俄明大學

追憶逝水年華

班明尼斯特對「科學的制度先天上就會抵制新觀念」這點要據理力爭。他說：「思想傳統保守的人，會堅決阻擋生物學上的新發現。」

——取自《自然》雜誌的一則新聞內容

正式宣布｜搞笑諾貝爾獎化學獎「兩度」頒給

雅各斯．班明尼斯特（Jacques Benveniste），他是作品甚豐的勸說者、《自然》雜誌行事專注的特派員，以其執著不懈所致的以下發現而獲獎：

（1）水，也就是H_2O，是一種具有智力的液體，能夠記住重大事件，即使該事件的跡象早已消失很久很久了。對此他找出了令自己滿意的證明，而且

（2）水不僅具有記憶力，它記下的資訊還可以藉由電話線路與網際網路傳輸。

雅各斯．班明尼斯特最早的研究結果刊登在《自然》雜誌（〈預防免疫球蛋白E的極稀抗毒血清引發的人類嗜鹼性細胞去顆粒化現象〉（Human Basophil Degranulation Triggered by Very Dilute Antiserum Against IgE），1988年6月30日，第333部，第6176期，第816至818頁），不過後來因編輯堅持而撤回。他那關於電話的研究，以J．班明尼斯，P．尤金斯（Jurgens）、W．薛（Hsueh）與J．艾薩（Aissa）的名義用〈藉電話連線將數位化後的抗原訊號作跨大西洋傳送〉（Transatlantic Transfer of Digitized Antigen Signal by Telephone Link）為標題，發表於《過敏症與臨床免疫學期刊》（*Journal of Allergy and Clinical Immunology*），1997年2月21至26日間「AAAAI/AAI.CIS聯合科學會議會期提出的計畫與文件摘要」。

雅各斯．班明尼斯特是唯一獲得兩座搞笑諾貝爾獎的人。

> **他因為發現值得一記而且重複的發現——「水（H_2O）有著任何人都沒注意到的能力」，而獲此殊榮。**

班明尼斯特原本是備受尊崇的法國國家健康與醫學研究院（INSERM；Institut National de la Santé et Recherche Médicale）裡，受人尊敬的生物學家——直到一九八八年他在備受重視的《自然》期刊上發表了一篇研究報告。那份報告用高級的、職業級愚蠢的專業語言說道，（第一點）水能夠記住事情，而且（第二點）雅各斯．班明尼斯特已經證明這個理論了。

更有意思的是，班明尼斯特告訴任何詢問的人，他的發現可以解釋順勢療法的藥物是怎麼作用的。

事實上，順勢療法「藥物」是完全沒有藥品成分的藥。大部分的科學家認為，這種藥除了在那些願意**相信**藥品有用的人身上，會有某程度的作用之外，一點效果也沒有。大部分的好醫生與好科學家會直言不諱，說其實有很多疾病就算不吃藥，自己也會慢慢痊癒，藥物只是吃心安的。

班明尼斯特已經主持這個實驗好幾十年了，以下就是他做的實驗：在一只裝滿水的玻璃杯裡，加入某種特殊的化學物品，然後把這杯混合物稀釋，然後再稀釋，再稀釋一次，又再稀釋；一直稀釋到杯子裡只有純淨的水，沒有其他東西為止（就像你用肥皂水洗杯子，然後反覆沖洗到沒有肥皂泡一樣）。班明尼斯特說，杯子裡純淨的水，會記得杯裡之前的水分子告訴過它：「杯子裡曾經有過另一種化學物品。」

班明尼斯特在一九八八年《自然》雜誌裡發表的這份報告，引起了第一級的軒然大波。大多數科學家都認為，「水有記憶力」根本是無稽之談。不過這是個重要的新觀念，而科學家們最愛做的，就是測試最新的重要觀念了。後來全球有數千名科學家確實做了測試，結果除了一些順勢療法藥品的熱情擁護者，沒有人能夠成功。在浪費他們大半時間後，有些人覺得很厭惡，有些人則覺得很樂。生物學雜誌《科學家》（*The Scientist*）報導了這個事件：

「一些比較理智的科學家並沒有發什麼牢騷，而是幽默以對……舉美國國家衛生研究院的亨利．梅澤（Henry Metzger）為例，他試圖重複實驗班明尼斯特發現的『水對於本身曾經含有什麼分子，仍保有記憶』，不過沒有成功。梅澤嘆了口氣說道：『真可惜，要讓茶變甜還是得加上滿滿一茶匙的糖！』」

一九九一年，班明尼斯特因為「水擁有記憶力」這個觀察入微的發現，首度贏得搞笑諾貝爾獎化學獎。在這之後沒多久，萊納斯．鮑林（Linus Pauling）這位唯一贏得兩次不同領域諾貝爾獎（一次是化學獎，一次是和平獎）的得主告訴搞笑諾貝爾獎管理委員會，他希望該年的搞笑諾貝爾獎和平獎得主愛德華．泰勒（參見本書的〈氫彈之父〉），能成為第一個得到搞笑諾貝爾獎兩次的人。不過鮑林的期望落空了。

班明尼斯特持續做著實驗、發表論文（通常都在較不知名的地方），還會嘲弄那些質疑他說法的人。

後來他終於離開INSERM（新聞報導裡也不清楚他是否是自行離職的），回到自己的公司「數位生物學實驗室」（Digital Biology Laboratory），他說該公司總有一天會比微軟還大。

在數位生物學實驗室，班明尼斯特為了成為新愛迪生與新比爾．蓋茲的綜合體，而努力工作著。愛迪生是要錄下人們的回憶，班明尼斯特則是要錄下水的記憶。一旦他取得數位格式的這些記憶，就可以用電話線路或網路傳輸它們了。班明尼斯特表示，很快的，藥劑師就不用賣藥丸或藥水，而是改成經由電話線連接到玻璃杯的水，來填滿處方藥劑。數位生物學實驗室期許自己能成為完全轉型的製藥業領導者，如此一來，班明尼斯特就會變得非常有錢了。

Transatlantic Transfer of Digitized Antigen Signal by Telephone Link. *J. Benveniste, P. Jurgens, W. Hsueh and J. Aissa.* Digital Biology Laboratory (DBL), 32 rue des Carnets, 92140 Clamart, France and Northwestern University Medical School, Chicago, IL 60614, USA.

Ligands so dilute that no molecule remained still retained biological activity which could be abolished by magnetic fields [1-3], suggesting the electromagnetic (EM) nature of the molecular signal. This was confirmed by the electronic transfer to water (W) of molecular activity, directly or after computer storage [4-7]. Here, we report its

這份報告為雅各斯·班明尼斯特贏得第二座搞笑諾貝爾獎。

班明尼斯特與他的同事報告說，他們從一只燒杯的水裡收集了一些記憶，然後透過電話線將這些記憶電子化之後傳送出去。電話線的另一端，則是用擴音器把那些水的記憶播放到一只燒杯的水裡，播放二十分鐘。接著就把從這第二個燒杯取出的水，撒到一隻死掉的白老鼠的心臟上。

如果第二個燒杯的水，記得第一只燒杯的水所記得的事情，那麼白老鼠的心臟就會如實地反應出來。

附記：有些評論者覺得這些概念有點難理解。

在一九九七年，班明尼斯特告了三名傑出的法國科學家，他們曾公開懷疑班明尼斯特的研究，其中兩名還是諾貝爾獎得主。該訴訟案在一九九八年被法院駁回，同一年稍晚，班明尼斯特成了獲頒第二次搞笑諾貝爾獎的第一人。這一次，他是因為發現水的記憶可以藉由電話與網路來傳輸而獲獎。

這名得主無法、或者不願參加一九九一年或一九九八年的搞笑諾貝爾獎頒獎典禮。在一九九八年的頒獎典禮上，魔術師詹姆斯·藍弟（James Landi）與化學家杜德利·赫許巴哈兩人，都向班明尼斯特致敬。

班明尼斯特在他位於法國的實驗室裡，告訴《自然》雜誌的記者，說他「很樂意接受第二座搞笑諾貝爾獎，因為這顯示設立獎項的那些人什麼都不了解。頒發諾貝爾獎的人會先了解獲獎者的成就，才把獎頒出去；而頒發搞笑諾貝爾獎的人，對於得獎的研究則連問一問、查一查都不會」。

《自然》的記者以底下這段話作為結語：

「杜德利・赫許巴哈，這位獲得一九八六年諾貝爾化學獎的哈佛大學化學家，發現班明尼斯特宣告的那些內容『很難符合我們對分子所知道的一切』，赫許巴哈認為他（班明尼斯特）獲得第二座搞笑諾貝爾獎『當之無愧』，而且只要他繼續往這個方向走下去，就很可能獲得第三座。」

個人滔滔不絕的敬意

底下是諾貝爾獎得主杜德利・赫許巴哈，在一九九八年搞笑諾貝爾獎頒獎典禮上，對兩度贏得搞笑諾貝爾獎的班明尼斯特所發表的動人感言。

「不朽的科學就像偉大的藝術，開展了人類對大自然的新視野。雅各斯・班明尼斯特於一九八八年在《自然》雜誌上發表了一篇驚天文章時，達到的效果就是如此。這篇文章報告了他的結論，就是水一旦遇到具生物活性的分子，對這種經驗的記憶非常好——好到在很久之後，還能傳輸那種特殊的生物活性。這點與另一個法國文學經典——普魯斯特的《追憶逝水年華》有著離奇的共鳴。」

「我必須承認，剛開始我對他的新研究是懷疑的。特有的生物活性能藉由電話或網路傳送，這點相當不可思議，不過班明尼斯特的報告說，他已經做過數千次實驗，完全就只是從水中錄下一般聲響範圍內的訊號。他強調，實驗操作上，水必須從適當的生物分子接收到振動而『被告知』。我讀過好幾份來自班明尼斯特的盥洗⋯⋯實驗室，叫作什麼數位生物學盥洗室……呃，不，是數位生物學實驗室的這類研究報告。」

「那個結論讓我想試試用振動的水來做類似實驗——那些水我確定已經確實被告知生物學性質，而且可能有逝水年華的追憶了。我已經把這些實驗經過錄下來，現在要傳輸給你們（這時，赫許巴哈教授播放了一段馬桶沖水聲的錄音）。我相信你們都聽到了。」

「從這些大家都可以輕易複製的實驗可以看出，班明尼斯特令人印象深刻的研究或許不能模倣大自然，然而確實讓大家對大自然的呼喚（call of nature）[1]有了全新的觀感。」

1〔譯註〕這句「call of nature」是雙關語：call可指「電話」，而班明尼斯特的實驗裡便是用電話傳送記憶。其二則是指大、小便，與赫許巴哈教授的錄音有關。

14 氣味類 The Good, The Bad, The Ugly[1]

一般都認為嗅覺是人類最原始單純的感官。
本章要介紹的是三個試圖把嗅覺問題複雜化的例子：

- The Good——能自己散發香味的「香氣西裝」
- The Bad——「不再臭屁」內褲
- The Ugly——刺傷手指的男人與五年來揮之不去的臭味

1 〔譯註〕章名源自克林・伊斯威特主演的經典西部電影《黃昏三鏢客》（*The Good, the Bad and the Ugly*）。

The Good——能自己散發香味的「香氣西裝」

（韓國首爾報導）在和朋友出去一整晚之後，快到家的李秀凡（Lee Soo-bum，音譯）先生開始晃動身體，還會搓搓他的胸口。站在自家門口這位三十九歲的電影公司經理吸了吸氣，滿意地微笑著進了家門、迎向老婆。雖然和同事泡在煙霧瀰漫的酒吧裡喝了整晚酒，但是李先生不會滿身菸酒味。「這套新西裝能促進家庭和樂，」李先生講的，就是他那件時髦的棕灰色羊毛西裝。這套西裝的味道聞起來就像薰衣草一樣，而且要是他動得越厲害，香氣會更濃郁。

——摘自一九九八年美聯社

正式宣布｜搞笑諾貝爾獎環境保護獎頒給

韓國科隆公司（Kolon）的權赫浩（Hyuk-ho Kwon，音譯），因為他開發出香氣西裝。

生意人為了應酬在晚上又抽菸又喝酒的，才會帶著酒氣菸味回家，只不過他們也是情非得已。現在救星出現了，他們可以不用再這麼狼狽，權先生把事情變簡單輕鬆了；不管他們現在在外頭待到多晚，都能讓自己回家前看起來清爽，聞起來芬芳——因為權先生發明了香氣西裝。

權赫浩是科隆公司經驗豐富、文靜且風度翩翩的員工。在科隆集團的二十一個子公司裡（包括紡織、化工、建築、財金、通訊等），能夠研發改良出這項特殊的科技時尚產品的，恐怕只有權先生一人了。

西裝共有鳳梨、薰衣草及薄荷三種香味，而且都是用高級羊毛精心裁製而成的。

這些布料都使用微粒膠囊香料浸泡過，那裡頭含有這種搓揉後可以讓人神清氣爽的成分。權先生建議，隨時隨地想要讓自己清香宜人，就只要擦擦袖子就好了。其實也不用這麼麻煩，香氣是會持續散發的，尤其是你走路或移動時，因為西裝上有幾百萬個微小的香氣膠囊，你的每個小動作多少都會擠破其中一些，讓西裝發出香味。

這一套西裝可以乾洗二十次以上——估計大概可以穿兩、三年。

在香氣西裝這個市場上，科隆公司還有兩個主要競爭對手——LG時尚和Essess Hearties。這三家公司的總部都在韓國。韓國的時裝產業已經從代工生產外國設計品，轉型成躍躍欲試的創新者。時尚分析家預期，一旦香氣西裝在亞洲或其他大洲市場站穩腳步，最新款的設計應該還是會來自首爾。

就算是在香氣西裝的研發初期，香氣西裝的市場就不只侷限在已婚的上班族，單身未婚的未來主管們也都認為，這項發明值得肯定。

「這套薰衣草西裝幫我搞定了家裡的氣氛。」上班族李金郁（Lee Gyung-wook，音譯）向路透社吐露了他的心聲。這也是他那些身著香氣西裝的已婚上司們的心情寫照。

「因為我整晚都和同事在路邊攤吃吃喝喝，要是沒有這套西裝，我身上的酒臭味會逼得我爸媽把我宰了。」李生先說：「這真是一大解脫，我再也不用往身上灑上一整瓶的廉價古龍水，我只要在進家門之前抖抖身子，皺著眉頭說：『真討厭上夜班！』」

路透社也訪問了二十八歲的文哲皓（Moon Chol-ho，音譯），他說：「我們辛苦工作一整天之後，通常都滿身汗臭味。這種香氣西裝是不錯的選擇，這樣子別人就不用聞噁心的汗臭味了。」

因為這項把傳統西裝結合自動防止出差錯的設計，權先生贏得

上｜諾貝爾獎得主杜德利·赫許巴哈慫恿一名觀眾搓揉他的香氣西裝的袖子。他背後是其他穿著香氣西裝的諾貝爾獎得主。（照片提供：珍妮·羅利〔Jenny Lolley〕，《不可思議研究年鑑》）

下｜香氣西裝的發明者權赫浩先生一看到甜便便小姐，就知道他的得獎感言拖太長了。（照片提供：大衛·赫茲曼〔David Holzman〕，《不可思議研究年鑑》）

一九九九年年搞笑諾貝爾獎環境保護獎。

權先生獲得科隆公司的贊助，參加了頒獎典禮，而且科隆公司還大方地為出席典禮的五位諾貝爾獎得主還有典禮司儀，都訂做了一套香氣西裝，香氣西裝成了桑德斯劇院裡的主角。

在領獎時，權先生說：

「謝謝大家！這西裝只要摩擦得越用力，香味就會越濃郁，謝謝。今天能得到這個獎，是我最大的榮幸。我就只是相信上帝，希望我的一生都能有芳香；不過，我終於了解到，芳香就在我的西裝裡。所以，由於我期待畢生都能如此芳香，也更希望你們每個人的人生也是一樣。」

The Bad——「防臭屁」內褲（Filter-Equipped Underwear）

這項發明跟內褲有關，是特別用來對付人體的臭屁的。

——美國專利第5,593,398號

正式宣布｜搞笑諾貝爾獎生物學獎頒給

來自科羅拉多州普艾布羅的巴克．威默。因為他發明了「舒放內褲」(Under-Ease)，這是一種內裝替換式活性碳濾淨器的內褲，在臭氣可能外洩之前，就會把臭氣消除。

美國專利第5,593,398號，「舒放內褲」(附有臭味濾淨器的內褲)，科羅拉多州普艾布羅的Under-Tec公司所出產，男女皆適用。聯絡方式：美國境內請撥888-433-5913，境外請撥719-584-7782，網址www.under-tec.com。

在嗅覺歷經多年折磨之後，巴克．威默選擇為他老婆間歇性、爆發性的問題尋求解決之道。這對善良的老夫婦沒有因此感到不好意思，反而想向全世界分享他們的發明。

二〇〇一年六月，科羅拉多州《丹佛郵報》(*Denver Post*)清楚地刊出了故事始末：

「住在普艾布羅的巴克．威默（六十二歲）談到了六年前在感恩節盛大晚宴之後發生的事：他和長期罹患局限性腸炎(Crohn)的太太艾琳（五十七歲）一起躺在床上，但這時艾琳在被單下放了一個屁！」

「『和她一起躺在床上的我雖然默不作聲，卻有些難過，我暗中下定決心，一定要想出解決辦法。』他說。六年後，巴克．威默發

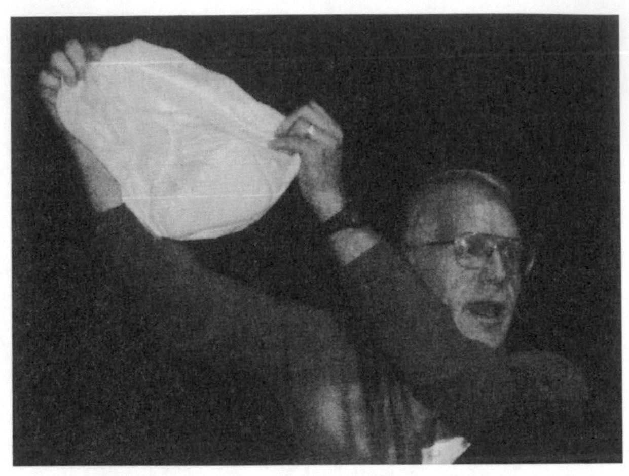

巴克・威默在搞笑諾貝爾獎頒獎典禮上，
秀了他發明的舒放褲。（瓊・切斯，哈佛大學新聞室）

明了一項新產品——舒放內褲（Under-Ease），這是一種內附替換式活性碳濾淨器的不透氣內褲，在臭屁外洩之前，就可以把屁味先消除掉。威默在一九九八年申請了專利。」

「這內褲是由柔軟、不透氣的尼龍布料裁製成的，在腰部和兩腿的地方都縫上鬆緊帶。看起來像是女裝墊肩的替換式濾淨器，是由兩層澳洲羊毛中間夾上一層活性碳製作而成的。」

威默從參考防毒面具的設計開始，進行研發，一直到事實證明參考防毒面具的做法並不合適時，才開始修正。最終的設計是一個光滑的低科技裝置。

生物學家們喜歡聽威默講解濾淨裝置的構造：

「多層構造的過濾墊，會吸取人體產生的氣體中，會造成臭味的那1到2%氣體（主要是硫化氫），但會讓其他不臭的氣體（大部分是甲烷），以及人體自然累積的體熱通過。」

工程師們很喜歡聽它的製作方法：

「在這件不透氣的舒放褲下，後方有一個三角形的『排氣孔』，目的是排出熱氣。排氣洞的上方縫有一個由多孔布料做成的封袋，這個獨特的設計，為的是讓氣體可以從『多孔封袋』排出。」

商場上的老手喜愛他們公司的座右銘：

「為你的愛人穿上它吧！」

舒放褲有男用的平口褲，還有女用內褲，也低價供應替換用的濾淨器。

巴克・威默的發明，讓大家不管在生物學上或是社交活動上，都能更安心自在，因此為他贏得了二○○一年搞笑諾貝爾獎生物學獎。

他們夫婦倆自費出席了頒獎典禮，巴克向在場的諾貝爾獎得主展示了一件舒放褲，並且教他們如何使用。領獎時他說：

「我找了一首歌，用我的領獎感言填詞，我想這樣一來你們就不容易忘記。這首歌叫作——〈想像〉(Imagine)[1]。」

想像著沒有臭屁的世界
如果你願意一試
是很容易的
鼻子不再燒灼難忍
排氣也不露痕跡
想像如果所有的人
都穿著舒放褲

你也許會說我在作夢
但我敢說並不是只有我這麼想
我有老婆在支持我
希望有天你也能加入

穿上舒放褲
世界會更和諧

想像著只聞其聲不聞其臭
不知道你能做到嗎
不用鬧到離婚或是分居
不必覺得丟臉或是罪惡
想像如果所有的人
都有一件舒放褲

我的理想就將大功告成

你也許會說我在作夢
但我敢說並不是只有我這麼想
因為我的太太還在我身邊
希望有天你也能加入
穿著舒放褲
世界會更和諧

1〔譯註〕以約翰・藍儂的名曲〈Imagine〉歌詞所改寫。

The Ugly——刺傷手指的男子與五年來揮之不去的臭味

我們向同事求助，看他們是否曾遇過類似的病例，或是可以給我們一些建議，以消除病人揮之不去的臭味。

——摘自米爾斯、勞伊林、凱利和霍特的報告

正式宣布｜搞笑諾貝爾獎醫學獎頒給

Y病患以及威爾斯新港的格溫特皇家醫院的醫生卡洛琳・米爾斯、梅利昂・勞伊林、大衛・凱利以及彼得・霍特，他們以醫療報告〈刺傷手指的男子與五年來揮之不去的臭味〉(A Man Who Pricked His Finger and Smelled Putrid for 5 Years) **獲獎。**

他們的報告發表於1996年11月9日《刺胳針》(*Lancet*)第348期，第1282頁。

四位醫生們碰到了有史以來最令人不解的神祕病例，這一切都得從一隻雞說起。

一九九一年九月，一名以處理雞隻內臟、去毛維生的二十九歲青年，在殺雞時不小心被雞骨頭刺傷了手指。這一刺不僅很快地讓他的手指紅腫，而且還發臭，於是他到威爾斯新港的格溫特皇家醫院（Royal Gwent Hospital）就醫，由上述四名醫生卡洛琳・米爾斯（Caroline Mills）、梅利昂・勞伊林（Meirion Llewelyn）、大衛・凱利（David Kelly）以及彼得・霍特（Peter Holt）來幫他診治。

醫生們用氟氯西林（flucloxacillin）抗生素治療，並未見效。

然後又試了另一種諾酮類抗生素環丙沙星（ciprofloxacin），還是沒有效。

接著用紅黴素（erythromycin）治療，不過惡臭依舊。

再來使用甲硝唑（metronidazole，有許多別名如滅滴靈等，是一種口服治滴蟲劑），臭味一樣打死不退。

醫生們用外科手術的方法深入檢查，也沒發現讓人感興趣的東西。他們又用皮膚組織切片檢查，培養裡頭的微生物，希望能找到有毒的蟲子之類的，但還是一無所獲。

在這期間，這個年輕人始終擺脫不掉臭味。

醫生們採用糞便培養採檢法；這些方法一樣很臭，但那只能算很普通的（像糞便那樣的）臭法。

醫生們試遍了各種想像得到的方法：異維甲酸（isotretinoin）、補骨脂內酯（psoralen）、紫外線治療、腹部止痛劑「Colpermin」、抗膽素激素普魯本辛（probanthene）、葉綠素，甚至用抗生素戒斷治療來讓正常菌叢恢復，卻都徒勞無功。就像他們說的：

「雖然手的臨床表現好多了，但我們最無能為力的，還是感染的手臂上發出的惡臭，即使在大房間裡還是聞得到。在小型檢驗室檢查時，味道更是令人難以忍受。」

THE LANCET

Case report

A man who pricked his finger and smelled putrid for 5 years

Caroline M Mills, Meirion B Llewelyn, David R Kelly, Peter Holt

A 29-year-old man came to hospital with an erythematous finger (figure) that had a distinct odour. The cellulitis and odour developed after he pricked his finger with a chicken bone in September, 1991, while at work dressing chickens. The erythema failed to settle with flucloxacillin, ciprofloxacin, erythromycin, and metronidazole. Surgical exploration showed no foreign body, and no pus or soft tissue damage was seen. A skin biopsy sample was normal but culture of the sample yielded a *Clostridium novyi* type B-like organism which could not be eradicated by prolonged courses of antibiotic therapy (despite exquisite

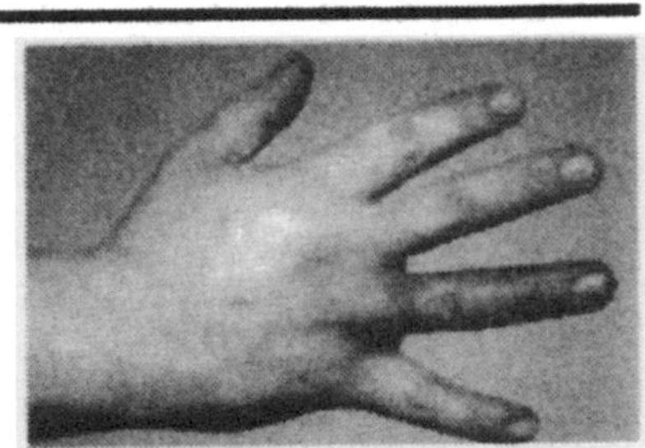

Figure: **The patient's hand**

showed IgM antibody staining of sebaceous units. 5 years after the injury, in January, 1996, our patient still carried three clostridial species in his skin. This illness is unique and has caused chronic disability and social isolation because of his overpowering odour caused not by

贏得搞笑諾貝爾獎的醫學報告。

到了治療這怪病五週年紀念的時候，這名年輕人還是臭到讓人退避三舍，因此醫生們在當時詳細記錄這個奇特的病例，並公開發表，希望有碰過類似病例的醫生給些意見，幫這個病患解脫。

由於這四位醫生強忍著惡臭，治療了這名因為刺傷而傷口臭了五年的年輕人，因此他們與這位不願具名的不幸病患，共同獲得一九九八年的搞笑諾貝爾獎醫學獎。

得獎人都無法、或不會親自前來參加頒獎典禮，不過米爾斯醫生請他的表弟馬修．愛德華（Matthew Edwards）代為出席領獎，以下就是愛德華代為發表的得獎感言：

「非常謝謝大家肯定這篇特別的醫學報告，頒這個獎給我們。我們是為了尋求協助才發表這篇報告的。儘管有很多回覆，但沒有人碰過這樣的病例，而且所有建議也都無效。然而，我們的治療經過真的有了快樂的結局，我們的病患現在不會遺臭萬年了，非常謝謝大家！」

15 特洛伊的防熊裝

在所有的搞笑諾貝獎得主當中，
就是有人不想被分類！
特洛伊．賀圖比斯一個人就獨佔了整個章節，
以下就是他的故事：

○ 特洛伊的防熊裝

賀圖比斯身穿他發明的防熊盔甲。（照片提供：葛瑞格．佩斯克〔Greg Pacek〕，加拿大全國影片協會好意提供。）

就像以前的亞哈王（Ahab）[1]，特洛伊．賀圖比斯（Troy Hurtubise）像著了魔似的，身穿重達一百四十七磅，歷經無數次重擊測試的自製盔甲，要悄聲接近他的龐大對手；在他等著要最後一決雌雄的時刻，也逐漸接近破產邊緣。

——摘自一九九七年《戶外》（*Outside*）雜誌中，

一篇談論特洛伊．賀圖比斯的文章。

正式宣布｜搞笑諾貝爾獎安全工程獎頒給

安大略省北灣的特洛伊．賀圖比斯，他因為開發出用來抵禦灰熊的盔甲，並且親自下海測試而獲獎。

特洛伊．賀圖比斯的故事與發明，全都記錄在由加拿大全國影片協會製作的紀錄片《灰熊計畫》（*Project Grizzly*）中。

特洛伊．賀圖比斯在二十歲獨自一人在加拿大荒野淘金時，偶然碰上一頭灰熊，於是他開始投入餘生發明可以防禦灰熊的盔甲。有了它，他就可以在遇到灰熊時安全離開，還可以和灰熊交談。盔甲的雛形是受到電影《機器戰警》（*RoboCop*）片中主角，來自未來的機器人警察所影響——特洛伊在開始研發盔甲前，剛好看了這部電影。

特洛伊完全就是個孤獨發明家典型，就像詹姆斯．瓦特、湯瑪斯．愛迪生和尼可拉．特斯拉那樣。因為他有著超越常人的固執和天馬行空的想像力——有些人覺得他有點半天才，有些人則認為他有點半瘋狂。特洛伊非常謹慎，最好的證明就是他現在還活得好好的。

灰熊有著非常可怕、兇猛的威力。特洛伊很清楚，他得放聰明點，在最終的試驗之前，應該讓盔甲承受種種控制條件下的測試。

他估計，他總共花了大約七年，約十五萬加幣，讓盔甲承受他所能設計出的各種強大、突如其來的力量。儘管特洛伊有幽閉恐懼症，但大多數測試他還是親自上陣，鎖在那個巨大笨重的盔甲內。

特洛伊的盔甲大多是東湊西湊的材料組裝起來的，知道這點之後，你會更覺得這件盔甲真是科技奇蹟。它的配件與規格如下：

名稱：URSUS MARK VI

材料：

1. 防火橡膠外層（來自明尼蘇達州）
2. 鈦金屬外層板（來自安大略省漢米敦）
3. 用鎖子甲製成的盔甲關節（來自法國）
4. Tek塑膠內殼（來自日本）
5. 氣墊內裡
6. 牛皮膠布

高度：2.18米（七呎二吋），含頭頂攝影機附件。

重量：66.68公斤（一百四十七磅）。

頭部部件：雙層式頭盔。內層：特別訂製的Shoei摩托車安全帽。外層：鋁鈦合金外殼。尺寸：約60公分深（二呎），45公分寬（一呎六吋）。

冷卻系統：電池式雙風扇通風系統，可吸入冷空氣，排出熱氣。

無線電系統：聲控雙向通話無線電系統。

視訊系統：裝設在頭盔上方的迷你廣角攝影機。

黑盒子：裝設在頭盔右後側的聲控錄音裝置，用來記錄灰熊的聲音，或是Ursus Mark VI不幸失敗時，錄下他的最後遺言。

自衛系統：在右臂裝有手指扣發式的「噴射罐」，可以對灰熊噴出持續七秒，直徑範圍三十八公分（十五吋）的防熊噴劑，射程達4.6米（十五呎）遠。

測咬帶：位於右臂的壓力感測帶，可以測量出灰熊的噬咬力。

盔甲測試

- 衝撞測試：利用三噸重的卡車以時速五十公里（每小時三十英里）衝撞十八次。
- 射擊測試：以十二號徑的獵槍、用「Sabot」彈射擊。
- 弓箭測試：使用可穿透盔甲的箭以四十五公斤（一百磅）張力的弓發射。
- 樹幹撞擊測試：以一百三十六公斤（三百磅）的樹從九公尺（三十呎）高度落下，做兩次衝撞。
- 機車騎士攻擊測試：由三名機車騎士做攻擊測試——最壯的有205公分高（六呎九吋）、175公斤（三百八十五磅）。騎士裝備：利斧、厚木棍、棒球棒。
- 高處墜落測試：從懸崖跳下，下墜距離至少要15.25米（一百五十呎）。

Ursus Mark VI還有一些小缺失，還得稍加修正特洛伊才覺得完美。最後它還得要在不夠平坦的地面上，穩穩地行走超過五步而不會跌倒才能過關。

這套盔甲的未來版本會更輕、伸縮性更好。

特洛伊是個渾然天生的領導者，有著無窮的領袖魅力，迷人而且十分風趣。他的合作夥伴是一群義工，而他們也準備隨時放下手邊的一切事務，來幫特洛伊製造、測試他的發明的新版本。他們也幫特洛伊錄下大部分測試過程，其中有些精彩的片段，收錄在加拿大全國影片協會一九九七年製作的紀錄片《灰熊計畫》裡，片中有特洛伊穿著整套盔甲騎馬，首次重返荒野尋找灰熊的鏡頭。製作人興高采烈地為影片造勢，他說：

「加入特洛伊的行列一起測試他的盔甲，是個可怕卻又十分有趣的經驗。與現代唐吉訶德及他的伙伴們同行，從北灣的甜甜圈商店和機車騎士酒吧，再到神祕的洛磯山脈，為的是要挑戰命運。」

特洛伊很高興大家注意到他，不過他對於影片裡沒有完整呈現他在灰熊的科學研究所做的努力，覺得有些失望。

在影片裡我們可看到特洛伊不屈不撓，不讓挫折擊倒的精神。其中一次挫折發生在一九九〇年代後期，特洛伊被迫宣告破產，安大略省的破產法庭拿走了特洛伊盔甲的所有權。從那時候開始，破產法庭就試著尋找盔甲的買主。法庭有時候會批准特洛伊出借盔甲的申請，他大多是為了上電視專訪，或是出席其他可能引起買主興趣的公開場合。

因為設計、製造、測試這套堅不可摧的盔甲，特洛伊．賀圖比斯贏得一九九八年搞笑諾貝爾獎安全工程獎，安大略破產法庭准許特洛伊帶著盔甲，前來哈佛大學的典禮現場。

特洛伊在老婆洛莉（Laurie）的陪同下，從安大略的北灣抵達典禮現場，隨行的還有一位著深色西裝，名叫布魯克（Brock）的神祕客。特洛伊介紹說他是法庭指派的盔甲保全人員，但他卻說自己是

賀圖比斯展示他的搞笑諾貝爾獎講座時，諾貝爾獎得主（從左到右）格拉肖、赫許巴哈、羅伯茲和李普斯康齊聲為他歡呼，裁判約翰．巴瑞特穿著一套小型盔甲，在一旁羨慕的看著。（照片提供：瑞拉娜．厄斯金〔Relena Erskine〕和安娜．波以森〔Anna Boysen〕，《不可思議研究年鑑》。）

「特洛伊旗下某家公司的總裁」。在波士頓洛根機場（Logan Airport）的海關檢查站，他們三個人因為這個盔甲而遇上了一點小麻煩。他們從機場途經一小段波士頓的車陣、過了查爾斯河來到劍橋，終於抵達哈佛大學的桑德斯劇院。

在領獎時，特洛伊說：「不管怎樣，我還活得好好的不是嗎，我還能說什麼呢？我只不過是從安大略北部，來到空蕩蕩的哈佛大禮堂的一個普通人罷了。我說，兄弟，感受一下這種緊張，多好的體驗啊！如果能花一點點時間，我們一定要檢視一下以前那些看起來很荒誕的新發現和新發明，把科學上的狹隘偏見放在一邊，讓想像力載著我們，不要讓我們的眼光受到阻礙。Mark VI能防彈、防火等等，什麼都可以防。它的外殼是純鈦的，外層的橡膠底是要保護電子系統的。為了把這兩個連在一起，我頭痛了兩年。所以為了把橡膠和鈦連結起來，最後我在盔甲內側裹上了7630呎的牛皮膠布——就在你們看不到的地方。明天在哈佛大學的科學中心，我會首次對外公開第二代盔甲G-man Genesis，還有它的科學機密。」

隔天，特洛伊第一次在記者和科技專家面前，透露第二代盔甲的計畫，要把它實體化的預估成本為一百五十萬美元。他表示第二代盔甲G-man Genesis將會更輕、更堅不可摧，比第一代更容易操作。穿著盔甲也能在斜坡上跑動，甚至可以到火山內部探險。

那晚，在哈佛大學木匠中心舉行的兩場《灰熊計畫》特別放映會上，特洛伊在爆滿、慕名而來的觀眾面前現身。

隔年，特洛伊回到哈佛大學頒獎給新的搞笑諾貝爾獎得主，同時也在麻省理工學院授課，在課堂上，他帶領一整個教室的工程師，天馬行空地尋找靈感。

從那時候起，特洛伊繼續進行更困難的研發工作，包括一些料想不到的冒險活動，有和美國國家航空暨太空總署、國家冰球球聯盟有關的、有將油與沙分離的發明、有竊聽功能的電話、夜間的祕密突襲行動、在電視上被喜劇演員羅珊·巴爾（Rosanne Barr）踢中下體、與蓋達組織劫機犯會面，以及和兩隻科迪亞克熊（Kodiak）一同鎖在一間房裡。

向特洛伊致意

以下是在一九九八年搞笑諾貝爾頒獎典禮上，眾人對特洛伊·賀圖比斯的讚辭：

向特洛伊致意——原始力量

致辭者是塔夫慈大學獸醫學院（Tufts University Veterinary School of Medicine）野生動物診療所研究員，柯林·吉蘭（Colin Gillen）：「我曾經看過一隻飢餓的灰熊為了拿Oreo餅乾，把一輛露營車（Winnebago）[2]的後門，像開沙丁魚罐頭似的輕鬆掀掉之後的慘況。我也曾看到美國林務局的防熊儲糧鐵箱，被灰熊滾上滾下地從樹林滾到山谷，再滾到另一面山坡，至少有半英里遠；這些鐵箱一般至少有兩百磅重，加上食物甚至可能達到三百磅。我也看過灰熊咬著美洲野牛一支兩百磅重的後腿，在雪地沒有留下任何拖行痕跡地離開。」

「對於特洛伊，以及他那一意孤行投身灰熊研究與工程學領域的獨特事業，我心裡頭偷偷感到很欽佩。任何看了特洛伊錄影帶的人，都會對他那真實的田野調查結果感到興趣，我也不例外。我希望他能成功，而且進行任務時能集好運於一身，而且我相信他能事事化險為夷。」

向特洛伊致意——材料科學

致辭者是麻省理工學院材料科學教授，羅伯·羅斯（Robert Rose）：「特洛伊·詹姆斯·賀圖比斯，今天我們對於你在肌肉與骨骼生物力學的田野實驗中，對現代材料科技所做的創新用法，尤其在吸震系統方面，深感認同。」

「在許多領域上，都能感受到你的研究方法學所帶來的衝擊。它讓牽涉以人類為實驗對象的研究變得更廣泛、更詳盡，畢竟人類是唯一有健康保險的實驗對象。對於我熟悉的許多大學研究計畫，我會推薦帶著棒球棒進行田野實驗最實用。對我們的許多學生與教職員來說，掌握住動物冬眠這個訣竅，是有很大的實用意義的。」

向特洛伊致意——人類與灰熊

致辭者是哈佛大學化學教授暨諾貝爾獎得主，杜德利・赫許巴哈：「我也遇過灰熊，牠就像一棟房子那麼大。還好，牠也不喜歡我！」

關於禦熊盔甲的特別宣告

由著名的紐約海關律師威廉・J・馬隆尼（William J. Maloney）宣告：「今晚，我代表『美國禦熊盔甲職工聯合工會』（Amalgamated Grizzly Bear Suit Workers of America）對大家發表談話；這個聯合工會在製造盔甲供應美國勞工防範灰熊這一行，已經有超過七十五年的傲人歷史了。我們有理由相信，這位搞笑諾貝爾獎得主特洛伊・賀圖比斯，在加拿大找了未加入工會的廉價勞工幫他製造禦熊盔甲。此外，我們也相信，他準備大量製造這種禦熊盔甲傾銷到美國市場，與這些有工會組織的勞工所製造的高品質禦熊盔甲削價競爭。」

---

1 〔譯註〕Ahab是以色列王國的第八任國王，在位二十二年（西元前874至前853年），是名軍事強人，曾與周遭諸多大國發生戰役，在位的最後一年，因在戰鬥中受重傷而亡。

2 〔譯註〕原本是一個以生產休旅車聞名的品牌，後來一般都將這種有餐廚、衛浴、露營設備的大休旅車泛稱為Winnebago。

16 地獄技術

在搞笑諾貝爾獎的競賽項目中，
有一個獎項是由美國所獨霸，
其他國家想贏可得要拚盡全力來競逐
——有些國家甚至連上場一搏的機會也沒有。
這個章節講的是兩個探討地獄的得獎作品。

誰會下地獄？

各界要求南方浸信會的教會每年十月開始新的教會年，來向大家強調確實有地獄。六月十四日，南方浸信會年度布道會上，宣教士巴利．史密斯（Bailey Smith）宣布成立「地獄實境星期日」（Reality of Hell Sunday）。

——摘自二〇〇〇年六月十六日
《聯合浸信會新聞報》的報導

正式宣布｜搞笑諾貝爾獎數學獎頒給

阿拉巴馬州南方浸信會。他們採用精確的道德測量方法，估算出如果阿拉巴馬的州民不向上帝懺悔的話，將有多少人會下地獄！

《福音索引》（*Evangelistic Index*）是南方浸信會為了因應會內需要才發行的，民眾並不知道全篇內容為何，但是重要片段已刊登在（阿拉巴馬州）《伯明罕新聞報》（*Birmingham News*）1993年9月5日那期了。

阿拉巴馬南方浸信會利用現代化情蒐與統計方法，製作了一份關於阿拉巴馬州民有多少人會下地獄的地區性預測報告。阿拉巴馬南方浸信會不僅關心阿拉巴馬州民，也為其他地區做了類似的統計。

預測報告是很實用的工具，可以指引教會的福音工作應該在哪些地方更用心，或是哪些地方根本可以不必費心。

任何經營成功的現代化企業，都是採用這種策略。不管是賣保險、麥片、或是汽車的公司，都會讓他們的業務員知道在每個區域有多少老主顧，有多少潛在、值得開發的新客戶，以及有多少根本沒有購買慾、不用白費力氣推銷的對象。有了這些資訊，業務員就能業績長紅了！

阿拉巴馬南方浸信會也是這麼想的。發言人馬丁．金（Martin King）告訴《紐約時報》說：「如果我們賣的是雪地輪胎，那麼我們想要問：『需要買雪地輪胎的人在哪？』這是個很笨的比喻，但是哪些地方的人需要上帝？那就是我們要去的地方。」

教會假設，在指定的鄰近地區中，幾乎所有南方浸信會教友都已經得到救贖了（他們也假設，有一小部分人還是無藥可救的，畢竟牛牽到北京還是牛）；其他地區的浸信會教友或其他宗教的人，則是各種狀況都有——有些人還有一絲希望，有些人則被完全放棄。但是天主教徒大部分（雖非全部）則是迷失的一群。非基督教徒——猶太教、回教、印度教、儒家、無神論者，以及其他拒絕承認耶蘇的宗教——照傳教士的說法，全都被剔除了。

南方浸信花了很多功夫在這份報告上，他們還發明了一種神祕的數學公式，來預測各個宗教會有多少人下地獄：南方浸信會教友有X%，主教派教友有Y%，天主教教友有Z%等等，所有預測的比率都是根據南方浸信會的經驗與直覺，而對於這些預測結果，他們也有相當的把握。

如此一來，就可以很容易地了解在阿拉巴馬州的各郡中，信仰各種宗教的人數了。一個在俄亥俄州的格蘭瑪莉傳道組織會（Glenmary Home Missioners Board），定期地大量發行全美各郡的調查報告，南方浸信會的神祕公式也採用他們在一九九〇年的調查數據。

就像其他銷售預測報告一樣，這份福音索引只提供組織內部使用，並沒有打算公諸於世。但是有人把其中一部分給了《伯明罕新聞報》的記者葛雷．格瑞森（Greg Garrison），《伯明罕新聞報》刊出了其中一頁，新聞的開頭是這樣的：

「南方浸信會研究員的報告指出，如果阿拉巴馬人不信奉耶穌基督為他們的救世主，那麼將有一百八十萬人會下地獄！這相當於

有多少阿拉巴馬人會下地獄呢？

以郡為單位所作的估計值

依據一九九〇年的資料。

備註：先前《伯明罕新聞報》裡中有一處印刷錯誤，錯指資料來源為其他年份。

阿拉巴馬州郡名	沒被救贖百分比(%)	阿拉巴馬州郡名	沒被救贖百分比(%)	阿拉巴馬州郡名	沒被救贖百分比(%)
Autauga	47.4	DeKalb	45.8	Mobile	50.1
Baldwin	56.3	Elmore	45.7	Monroe	36.5
Barbour	48.0	Escambia	45.8	Montgomery	44.9
Blount	48.3	Etowah	34.7	Morgan	44.4
Bullock	36.1	Fayette	41.5	Perry	33.2
Butler	30.0	Franklin	53.8	Pickens	35.6
Calhoun	41.2	Geneva	38.6	Pike	46.6
Chambers	43.4	Greene	34.8	Randolph	46.0
Cherokee	46.0	Hale	39.4	Russell	47.2
Chilton	40.0	Henry	35.6	Shelby	63.5
Choctaw	35.4	Houston	39.6	St. Clair	51.6
Clarke	35.1	Jackson	55.0	Sumter	42.9
Clay	30.4	Jefferson	42.8	Talladega	43.9
Cleburne	37.0	Lauderdale	49.2	Tallapoosa	41.5
Coffee	39.5	Lawrence	52.0	Tuscaloosa	51.6
Colbert	41.3	Lee	53.4	Walker	47.0
Conecuh	31.6	Limestone	55.5	Washington	34.3
Coosa	47.9	Lowndes	38.8	Wilcox	42.8
Covington	36.5	Macon	47.3	Winston	44.6
Crenshaw	30.9	Madison	55.2		
Cullman	38.2	Marengo	23.1		
Dale	55.1	Marion	48.7		
Dallas	47.0	Marshall	48.2	全州平均	46.1

Baptists count the lost

46% of Alabamians face damnation, report says

By Greg Garrison
News staff writer

More than 1.86 million people in Alabama, 46.1 percent of the state's population, will be damned to hell if they don't have a born-again experience professing Jesus Christ as their savior, according to a report by Southern Baptist researchers.

The Southern Baptist Convention's Home Mission Board recently released its Evangelistic Index study, an estimate of the "lost" with a county-by-county tally across Alabama of how many souls the Baptists regard as doomed if they do not get saved before they die.

The Baptists' religious census, done nationwide to help the denomination know where it should intensify outreach efforts, counts many Catholics, Jews, non-born-again mainline Protestants, sect members and the religiously unaffiliated among those needing salvation.

Jefferson County leads the state in the number of lost souls, and Shelby County has the highest percentage of potentially hell-bound citizens, according to the Southern Baptist report. Jefferson County has 378,786 lost souls, 42.8 percent of its population; Shelby County has 63,000 unsaved people, or 63.5 percent, of its population, according to Home Mission Board estimates.

Cloues said he expected to be inundated with requests for the report since it was publicized in state Baptist circles in July. Fewer than a

《伯明罕新聞報》一九九三年的這篇報導，
讓那些會下地獄的人首次看到各州有多少人會下地獄。

阿拉巴馬州人口的46.1%。」

《伯明罕新聞報》稍微提到說，這只是報告其中一半的內容，或者更精確的說，這只是其中的五十分之一。

「編纂福音索引的南方浸信會研究員，並沒有公布他們預測有多少英國國教、長老教、路德教派、衛理公會教派、天主教或其他教派的人會被救贖或下地獄，『他們不打算公開這項公式』（發言人）史迪夫・克倫斯（Steve Cloues）說，它是要讓大家了解這個預測是以州為基礎，試著凸顯哪些地區更需要救贖。」

沒錯，阿拉巴馬的南方浸信會不是只有做阿拉巴馬州的下地獄報告而已，而是全美五十個州的每個郡都做，這些全國性的研究數字從未公開過，但任何想要知道的人，都可以輕易取得報告內容（請看下一頁）。一旦公開了，這非關天國的神祕公式就可以簡單應用在任何地方了！

因為能夠準確預測誰能雀屏中選走進地獄大門、誰能逃過一劫，所以南方浸信會贏得一九九四年搞笑諾貝爾獎數學獎。

得主無法、或不願前來參加頒獎典禮，為了向他們致意，搞笑諾貝爾獎管理委員會派了一名代表到挪威一個名叫「地獄」（Hell）的小鎮，和當地居民會面，想得到當地居民的祝福。小鎮的最高首長——火車站站長因此要求，他要在頒獎典禮上表達他的祝賀，這位名叫特伊．寇思尼斯（Terje Korsnes）的挪威人在典禮上說：

「今天我在這裡代表挪威地獄的居民發言。我們很高興知道阿拉巴馬州有那麼多人會下地獄，放心好了，我們會在地獄為你們留個好位置的！」

搞笑諾貝爾獎小百科｜你會下地獄嗎？

想知道自己下地獄的機率有多大，往下看就是了！

如果你住在阿拉巴馬州，很簡單，只要查看前面的「有多少阿拉巴馬人會下地獄呢？」這個圖表即可。反之，如果你居住在其他地方，我們會教你破解阿拉巴馬南方浸信會的神祕數學密碼，這樣便可計算出你可能下地獄的機率了！

為了要正確地破解密碼，需要一些數學技巧，但你只要有點耐心又熟悉電腦試算表，就可以相當精準地算出答案了。

- 首先，選出幾個位於阿拉巴馬州的郡。
- 第二，查出一九九〇年南方浸信會預測，在這幾個郡會有多少人沒有被救贖。

- 第三，再查出各郡中各個宗教各有多少信徒，你可以從格蘭瑪莉研究中心（www.glenmary.org）或是美國宗教資料庫檔案（www.thearda.com）取得資料。
- 最後，選出任何一個你喜歡的計算方式（用模擬方程式或電腦試算表，或是古老好用的直覺估算法），算出每個宗教中未被救贖靈魂的比例（Unsaved-Souls Percentage; USP），當你得出正確的比例之後，以下算式就能清楚地幫你解答了！

((英國國教的USP)×(英國國教的人數))
+((天主教的USP)×(天主教的人數))
+((猶太教的USP)×(猶太教的人數))
+((回教的USP)×(回教的人數))
+……
+((不可知論者人數的USP)×(其人數))
+((無神論者的USP)×(無神論者人數))

＝ 南方浸信會所預測未被救贖靈魂的總數

一旦你能破解這個神祕公式，就可查出美國各郡的信仰敗壞程度，也可利用這個公式得知到底有多少人會下地獄。

其他國家或地區也適用這個公式。只要得到那些國家或地區信仰敗壞的人民數目（www.adherents.com這個網站是取得資料的首選好所在），套入公式就好了！

祝你好運！

（備註：對於學校數學課來說，這是個很有趣又具有教育意義的練習題。）

戈巴契夫就是敵基督

這本書讀起來可沒那麼輕鬆寫意。

——《戈巴契夫！真正的敵基督降臨？》

這本書開宗明義就這麼說！

正式宣布｜搞笑諾貝爾獎數學獎頒給

南卡羅萊納州格林維爾的羅伯・W・費得（Robert W. Faid），他在統計學這方面是個有遠見又忠實的預言者，因為計算出戈巴契夫（Mikhail Gorbachev）是敵基督的精確機率（710,609,175,188,282,000比1）而獲獎。

他將研究結果寫成一本書《戈巴契夫！真正的敵基督降臨？》（*Gorbachev! Has the Real Antichrist Come?*），1988年出版。

一九八八年，羅伯・費得解出了數學界裡最有名又最古老的難題之一，不過卻幾乎沒有人注意到。他解開了這個將近兩千年的難題，計算出那個敵基督的身分。

在追求精確的數學界裡，某些難題會成為眾人激辯的焦點。四色圖問題（Four-Color Map）常會使人沉迷，直到一九七六年哈肯（Wolfgang Haken）和阿佩爾（Kenneth Appel）提出解答後才結束。費馬的最後定理（Fermat's Last Theorem）也曾經風靡一時，直到懷爾斯（Andrew Wiles）在一九九三年解出謎底。哈肯和阿佩爾一下子就在數學界聲名鵲起；懷爾斯則成為全球名人，各地的報紙和電視畫面都出現過他那張臉。但是羅伯・費得卻鮮少受到大眾認同。

大約在西元九〇年，《約翰一書》成書時，就已經記載了這個敵基督的謎題。《約翰一書》共出現四次「Antichrist」這個字；舉例來說，《約翰一書》第二章第十八節寫道：「孩子們，世界的終局就要到了！你們曾聽說那敵對基督者（Antichrists）要來；現在基督的許多仇敵已經出現，因此我們知道終局就要到了。」[1]

這麼多年來，業餘數學家也投身專業行列，想要解開這個令人躍躍欲試、卻又無法招架的難題。到最後，它竟變成大家最喜愛的古老謎題，令人覺得不可思議，卻又棘手難解。

到了二十世紀，這個古老謎題的人氣突然水漲船高。某些圈子裡到現在，都還把它視為最基本的數學難題。各地的數學家都想找到答案，但他們的答案都有瑕疵。後來，事情的發展就像科學界裡經常上演的戲碼一樣，有個業餘數學家出現，並宣稱他找到了讓大家傷透腦筋的解答！

羅伯．費得後來寫下整個事件的來龍去脈：「一九八五年三月八日，大約凌晨一點的時候，我強烈感到好像有什麼大事要發生，所以醒來。」他幾乎是帶著盛怒，要搞懂解題所必要的係數，把它們減少到一組十一個數（或許是二十二個）的集合，接著把所有東西都乘起來。然後靈光乍現！哈利路亞，找到答案了！羅伯．費得

特點	可能性	機率
1. 戈巴契夫在俄羅斯＝666×2（+/-3）	95	94
2. 戈巴契夫在俄羅斯＝46×29（+/-1）	15	14
3. 戈巴契夫在俄羅斯＝46×27（+/-3）	6	5
4. 戈巴契夫在希臘＝888×2（+/-1）	296	295
5. 戈巴契夫在希臘（精確值）＝888	888	887
6. 在同等資格的人裡面，屬於出身寒微者	2000	1999
7. 蘇維埃人口精確值兩億七千六百萬（撒旦數目）	50	49
8. 統治其他十個王國	10	9
9. 十個國王（精確值）（選出的政治局委員）	10	9
10. 七個華沙公約國家（精確值）	10	9
11. 蘇聯的第八任「國王」或領袖	8	7

解出謎題了，他計算出那個敵基督的身分了！

回顧過去，這答案簡直簡單到離譜的地步：敵基督是戈巴契夫，機率是710,609,175,188,282,000比1。

羅伯・費得是受過訓練的工程師，做事有條有理。在《戈巴契夫！真正的敵基督降臨？》這本書中，他很詳盡地解釋每一個數字的由來，以及要在哪裡代入算式，接下來，他把每個係數統合起來。前頁是十一個（或二十二個）係數完整的簡表。

對於非專家，也就是任何沒有羅伯・費得那種教育訓練以及悟性的人來說，這些數字可能很難理解。舉個例，羅伯・費得的表格中「可能性」和「機率」那兩欄之間的差異，也許就相當細微。不過這些數字相乘之後（請參閱《戈巴契夫！真正的敵基督降臨？》一書中206至208頁），最後結果就是：710,609,175,188,282,000。

這一長串數字代表什麼呢？羅伯・費得知道統計數字對很多人來說是個惡夢，所以他盡可能地簡單做了以下解釋：

「該算式顯示出戈巴契夫是如假包換、真正的敵基督的機率是：710,609,175,188,282,000 比 1。意思也就是說，萬一你要賭戈巴契夫不是真的敵基督，你就要賭上71京609兆1751億8828萬2000的賠率。」

「為了讓大家了解這個數字到底有多大，我拿它和今天的地球人口作比較。現在地球上的人口約有五十億，我們檢驗過一個人要符合一切敵基督預言與隱藏線索後，顯示戈巴契夫確實符合的數學或然率，相當於比方說在359,576,064個和我們地球人口數相同的地球當中，我們只會碰上一個人。如果我們假設，並且正確地假設，敵基督會是成年男性，也就是大約占總人口的四分之一；那樣的話，這個數量的地球其成年男人的數量就要四倍，或是需要1,438,304,256個人口數相同的地球。」

就算是專業的數學家，也找不出任何邏輯上的瑕疵[2]。

搞笑諾貝爾獎小百科｜有來頭的發明家

羅伯．費得專注投入敵基督問題的演算之前，是個全職工程師。一九七六年，他和一名同事由於「事後加裝型防水塞接頭」（post-applied waterstop connection）這項發明，取得了美國第4064672號專利。下圖是該專利第一頁。這項裝置的基本形狀，和發明者的核心價值以及對生活與工程的看法，吻合而協調。

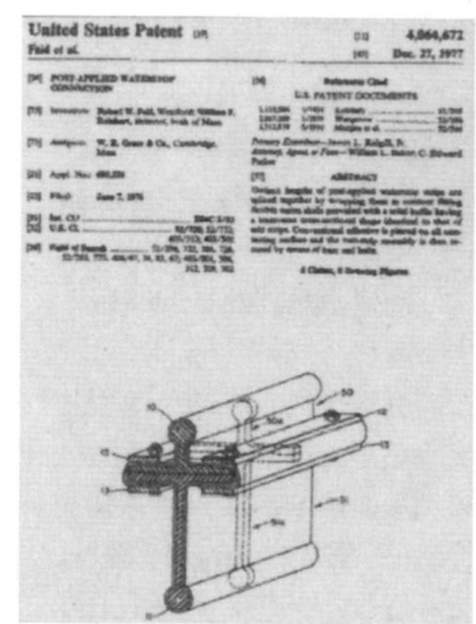

右圖為羅伯．費得的得獎著作《戈巴契夫！真正的敵基督降臨？》。

羅伯．費得的著作在一九八八年發表，卻沒有如作者所預期的受矚目。此外，這本書沒有引起特定高階決策者注意——要是他們知道書裡的內容，可能就會做出不一樣的決定了。尤其挪威諾貝爾獎委員會那些德高望重的人，選出一九九〇年的諾貝爾獎得主時，這本書可能就更得不到他們足夠的關愛了。

所以，為什麼戈巴契夫會獲得一九九〇年諾貝爾獎和平獎，就沒那麼難以理解了。而為什麼羅伯．費得會獲頒一九九三年搞笑諾貝爾獎數學獎，也沒那麼無法解釋了。

得主無法或是不願前來參加頒獎典禮，他持續從事著述。一九九一年他發表了《呂底亞：賣紫色布疋的婦人》（*Lydia: Seller of Purple*）；一九九三年發表《解開聖經謎團的科學方法》（*A Scientific Approach to Biblical Mysteries*），一九九五年則發表《解開聖經謎團的科學方法續集》（*A Scientific Approach to More Biblical Mysteries*）。

搞笑諾貝爾獎小百科｜關於敵基督，其他專家怎麼說

傑克和雷克希拉．范因佩（Jack and Rexella Van Impe，見圖）也是搞笑諾貝爾獎得主（二〇〇一年，因為確定黑洞裡充滿了成為地獄的所有技術上必要條件而獲獎）；他們製作了一段九十分鐘的影片，叫作《敵基督：世界新秩序的超級騙子》（*The Antichrist–Super Deceiver of the New World Order*）。根據推廣內容的說法，這部影片「回答了這個世代或其他任何世代一些最難解的疑問」。裡頭最難回答的問題或許是：「威廉大帝、墨索里尼、希特勒、史達林、赫魯雪夫、約翰．甘迺迪、戈巴契夫和雷根有什麼共通點？」想知道答案，你得掏出19.95美元再加上運費與處理費，寄給傑克．范因佩牧師。

1 〔譯註〕此段是根據現代中文譯本。

2 〔編註〕《搞笑諾貝爾獎》這本書的作者就是專業的數學家。

17 教育類

任何種類的事情都能讓你學到一課。
本章要說說在教育這個領域裡的四件重大成就。

- 揮揮手就能治病的能量療法
- 禁止購買燒杯
- 物理學家鴨子聽雷的量子療法
- 語言邏輯的活教材——前美國副總統丹・奎爾

揮揮手就能治病的能量療法

對於這種神奇的現象，我還有很多不解的地方。
——摘自桃樂芮絲的著作《能量療法》

正式宣布｜搞笑諾貝爾獎科學教育獎頒給

紐約大學的榮譽教授桃樂芮絲 · 克里格（Dolores Krieger）[1]**，她因為證明了「能量療法」**（Therapeutic Touch）**的好處而獲獎。能量療法是指治療師會小心避免與病患身體接觸，而利用操控病患身上的能量場來治病。**

桃樂芮絲 · 克里格寫了許多關於能量療法的著作。若想要大致了解這個議題，可以參閱1979年出版的《能量療法：如何利用雙手改善與治療病痛》（*The Therapeutic Touch: How to Use Your Hands to Help or to Heal*）。在安大略、加州的Ventana Catalog可以買到作者親自錄製的整套有聲錄音帶或錄影帶。愛蜜莉 · 羅莎（Emily Rosa）以能量療法理論基礎所做的研究實驗，則是由琳達 · 羅莎（Linda）、愛蜜莉 · 羅莎、賴瑞 · 山納（Larry Sarner）與史提芬 · 貝瑞特（Stephen Barrett）聯名以〈近觀能量療法〉（A Close Look at Therapeutic Touch）為名，發表在1998年4月1日的《美國醫學協會期刊》（*Journal of the American Medical*）第279期，第1005至1010頁。

具有神蹟的醫療者（和哺乳中的母親）一向十分清楚，與他人身體接觸，甚至只是坐在附近並讓對方知道自己存在，所運用到的力量。觸摸、交談和表現關心，這些做法都能讓人們放鬆和感受到關懷，而這些對於無論何種身體病症，都是有助益的。一直到桃樂芮絲 · 克里格保留了「觸摸」的效力，卻免去「觸摸」行為，再加進「科學」的力量之後，前面說的這些做法都成了過去式。

桃樂芮絲・克里格是紐約大學護理系教授（現已退休）。她在自己的書中說，她是從奧斯卡・亞斯塔班尼上校（Colonel Oskar Estabaney）身上，學到這種揮手治病的方法。她說，亞斯塔班尼上校在匈牙利騎兵隊時期，因為靠禱告治癒那些病懨懨的家畜而聲名大噪。她認識上校時，他「身材結實，有著明亮的湛藍眼珠，時常帶著微笑」。克里格說，經常看到他將成捲成捲的棉花磁化：

「他在夜裡把棉花放在靠近自己的地方之後，會把磁化過的棉花分發給接受治療的人；有些病患告訴我，即使經過了一年，他們都還能感覺到在棉花裡流動的能量。」

這可能是有史以來第一份有關磁化棉花（magnetic cotton）的報告。

克里格教授的著作提到很多類似的突破性、重大的科學新發現，每個重要、令人瞠目結舌的新發現，都可能為她贏得一座諾貝爾獎。克里格教授卻謙虛地表示，這些發現沒什麼值得一提的。

另一個例子是她和亞斯塔班尼上校一起發現的，當她把手靠近病人時，「他們紅血球裡的血紅素會產生巨大變化」。

她與亞斯塔班尼上校也發現，人的內臟蘊含一種沒有人知道的特殊能量場，她能夠從遠處「感覺」到這些能量場，並操控它們，她稱之為「能量療法」。

在和一些靈媒深談過，並閱讀過一些心靈療法（spirit healing）方面的書籍後，她操作起「能量療法」又更得心應手了。最後，她成為紐約大學的護理系教授，並且開始教授學生能量療法。同時她也說服其他護理學校，開始教授「能量療法」這門課。

她在一九七九年出版的《能量療法》這本書，說明了幾個基本主題，像是如何在手上覆上棉花片而不須碰觸到它（第28頁）；如何用金屬衣架做出探測棒（第31頁）。

這本書也討論到幾個比較高階的主題，像是如何使用鑲嵌玻璃

桃樂芮絲·克里格寫了好幾本書
解釋隔空療法技術的原理，
這是其中一本。

窗，來修正一個人對能量調節的概念化程度（第60頁）；如何將能量場移轉到狗身上（第118頁）；如何讓棉花帶有能量（第120頁）；如何對自己進行「能量療法」（第144頁）；如何利用「能量療法」來修理壞掉的電子式胎兒監視器（第146頁）。

克里格教授說，隨著這本書出版，有了穩固的科學理論為基礎，能量療法會成為一門重要的醫療技術。

當人們得知一門新的科學理論出現，有幸的是（有時候是不幸），人們總是想試驗看看這個新理論能否站得住腳。如果它通過了一連串嚴厲試驗，那麼大家會為它拍拍手講講好話；但如果它失敗了，那他們也會有一套說詞。

在科羅拉多的洛夫蘭市（Loveland），九歲小女孩愛蜜莉·羅莎在為科展題目傷腦筋時，她的護士媽媽便跟她提起「能量療法」這個題目。愛蜜莉認為這個新理論真的很棒、又有趣。她想出一個簡單的方法，來測試人是否真的能「感覺」到別人的能量場；愛蜜莉和她媽媽找來了一些自稱會「能量療法」的人，要他們把手穿過厚

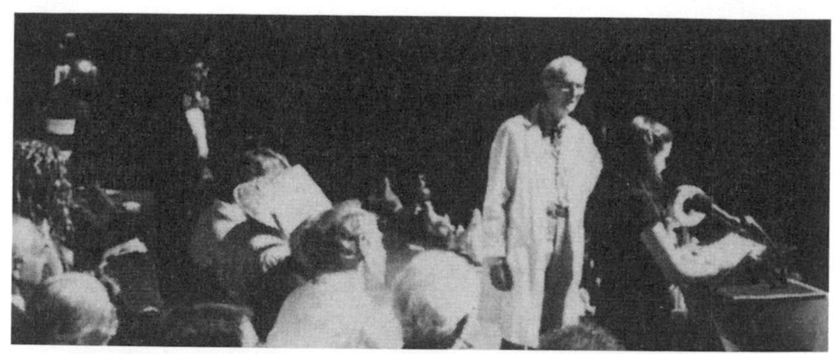

十一歲的愛蜜莉・羅莎在搞笑諾貝爾獎頒獎典禮上發表演說。她九歲時為了學校的科展題目，測試了能量療法的科學原理。站在她身後的是諾貝爾獎得主威廉・李布斯康。（照片提供：艾瑞克・沃克曼，《不可思議研究年鑑》）

紙板的洞。接下來愛蜜莉會問他們，是否能感覺到她的手在接近。結果證明：沒有人辦得到！

有位醫生聽說了愛蜜莉的計畫，於是建議她和父母與他合作寫一篇正式報告，再將報告寄給知名的醫學期刊。結果他們成功了，他們的報告被該期刊登出（就在一九九八年的愚人節），而且發生了兩件事。

第一，愛蜜莉成了小小名人，她是《美國醫學協會期刊》這個權威雜誌有史以來最年輕的作者；第二，社會大眾第一次聽到「能量療法」這個名詞，有些人覺得很有趣，有些人則不然——尤其當他們知道醫院做這種療程要收多少費用時。這費用有時候相當可觀，護士卻連碰都不用碰病患。

經歷過這一切風波之後，桃樂芮絲・克里格還是對自己的理論堅信不疑。

因為桃樂芮絲・克里格激發了人們對科學的興趣，所以獲頒一九九八年搞笑諾貝爾獎科學教育獎。

得主無法、也可能不願意前來參加搞笑諾貝爾獎頒獎典禮，所以搞笑諾貝爾獎管理委員會安排愛蜜莉・羅莎來發表該年度的主要演說。當時已經十一歲的愛蜜莉和父母一同前來哈佛。這個台風穩健、聰明的小女孩說：

「那些會能量療法的護理人員說，他們能透過手去感覺和操控他們講的『人體能量場』來治癒病人。能量療法的發明人桃樂芮絲・克里格甚至說，這種療法可以讓人起死回生——你只要將能量傳送到細胞內，讓細胞內的『蛋白質擺錘』(protein pendulum)再次開始擺動就可以了。克里格教授甚至可以用這種能量場和大樹交談，但是我實在搞不懂那是什麼意思。」

「能量療法護理師說，人類的能量場是會永遠存在的——他們說他們現在可以透過電話來為病人治病。他們甚至在報上登廣告宣傳，聲稱這叫『細胞級治療』(healing on the cellular level)。」[2]

「我真的很想親眼看看，他們是否察覺得到這些『人體能量場』，但是就我的實驗來看，答案是NO！！！」

「後來，我也對自己的能量場更加了解。能量療法護理師認為，我本身的能量場干擾了這整個實驗，因為太過健康而感覺不到，或是太強，或者太小，也可能是我根本就不是很相信這回事。其他人則說能量是被空調吹散了，或者是狂亂地四散出去，只因為我正要邁入青春期。」

「下次生病時你可要當心點。有些治療師還是會使用能量療法或其他什麼怪異療法的。」

1〔編註〕台灣曾出版她的著作，書名為《神奇的接觸治療》，然而此「療法」施行時實際上不接觸患者，根據內文斟酌後決定譯為「能量療法」。如今能量療法種類繁多，英文為 Energy Therapy，本文所指的僅為其中一種。

2〔譯註〕cellular也有行動電話的意思。

禁止購買燒杯

條文中所提及的「實驗室使用的化學玻璃器材」，是泛指可以用來設計、製作或是生產管制藥品的器材。包括：

1 冷凝器
2 蒸餾設備
3 真空乾燥器
4 三頸燒瓶
5 蒸餾瓶
6 ……

——摘自德州玻璃器皿法

正式宣布｜搞笑諾貝爾獎化學獎頒給

德州參議員鮑伯．葛拉思高（Bob Glasgow）。**這位聰明的立法者由於在一九八九年倡議並通過了藥物管制法，禁止人民在未經政府許可的情況下，購買燒杯、燒瓶、試管或是其他和實驗室有關的玻璃器材，而獲頒此獎。**

玻璃器皿管理條例隸屬於《德州管制物品法案》，以德州內政法的4476-15號法令暨德州衛生安全章程（481.080）第17至20條款，由1989年立法局於第71屆會期發布。關於此項法律如何施行的行政解釋，請參見德州行政法規37-TAC-13.131號。

有些政府官員只在乎如何保有他們的工作，有些則是真的在為捍衛人民利益而努力，這些少數有作為的官員會替社會大眾留意，哪些事有危險、是需要立法禁止，德州參議員鮑伯．葛拉思高就是這樣的人。

一九八九年鮑伯．葛拉思高說服了他在德州州議會的同僚們，認為實驗室的玻璃器皿，像是燒杯、燒瓶等東西，都應視為違法的製毒器具。後來，州議會通過這項法律。現在根據德州的法律，如果沒有州政府許可，就擅自採買、販售或甚至贈予這些器材的話，就會觸犯A級罪行，會被判兩年以上的刑期，並處以四千元以上的罰鍰。

申請採買這些器具的許可證，是由德州公共安全局所管轄的。一份申請說明書多達八頁，而光是申請表格就有七頁。德州以外的人現在都應該知道，在德州流通任何一種以前舊有的實驗室器材，都是違法的，如果你沒有事先申請的話，州政府也會追捕任何不小心觸犯「鮑伯·葛拉思高條例」的人。

• • •

鮑伯·葛拉思高在一九九三年卸下州參議員一職，現在在德州的一家私人事務所當起律師。他公司的網站上，得意洋洋的秀出他在一九八七年被《德州月刊》(*Texas Monthly*)選為「十大最佳參議員」，卻沒有提到《德州月刊》在一九八九年把他從「十大最佳參議員」調降到「十大擺爛參議員」名單中。他自己的網站上是有提到這件事，卻沒有解釋為什麼，更令人難以理解的是，他在一九九一年五月十一日當上了德州州長！

因為保障大眾免受試管與燒杯的危害，鮑伯·葛拉思高獲頒了一九九四年搞笑諾貝爾獎化學獎。

得主本人不能或是不願意出席頒獎盛會，所以搞笑諾貝爾獎管理委員會安排了最大的實驗室器材製造商前來致意，由康寧公司(Corning)[1]的提姆·米契(Tim Mitchell)先生代表出席典禮並且致詞：

「今晚，我來此地代替鮑伯·葛拉思高先生領這個獎，我想藉這個機會針對此事發表我個人的淺見。最近，因為參議員使燒杯、燒瓶變成熱門話題，引人注目，我想要說的是，這些試管、燒杯和其他實驗室器具，在美國可以毫無限制、控管流通的問題。」

「最近在外頭，有人發起群眾運動，希望德州政府修正這個實驗室器皿法，他們訴求的是希望能有為期五天的冷靜期，而非全面查禁。他們認為冷靜思考個五天，可以打消他們購買這些器材的念頭，不會讓他們在盛怒之下殘害自己或是傷害他人。」

「但是我有點小小的懷疑，這五天的等待夠讓他們冷靜下來嗎？你會認為，一開始只是一支試管。你心想：『拜託！只不過是一支小試管而已。』很快的，試管就不夠了，你會想要嘗試更多新東西。到最後，在你清醒之前，你會發現自己在實驗室角落，一邊擺著一個索氏萃取裝置（Soxhlet extractor），另一邊擺著三頸燒瓶，排排站、眼巴巴地等著補助款。」

(1) Apparatus—Any chemical laboratory equipment designed, made, or adapted to manufacture a controlled substance or a controlled substance analogue including:

(A) the following items listed under the Health and Safety Code, Chapter 481, §481.080(a):

(i) condensers;

(ii) distilling apparatus;

(iii) vacuum dryers;

(iv) three-neck flasks;

(v) distilling flasks;

(vi) tableting machines;

(vii) encapsulating machines; and

(B) the following additional items determined by the director to jeopardize public health and welfare by evidenced use in the illicit manufacturer of controlled substances or controlled substance analogues:

(i) filter funnels, buchner funnels, and separatory funnels;

(ii) erlenmeyer flasks, two-neck flasks, single neck flasks, round bottom flasks, florence flasks thermometer flasks, and filtering flasks;

(iii) soxhlet extractors;

(iv) transformers;

德州玻璃器皿法的一部分。

搞笑諾貝爾獎小百科｜要守法！

如果你住在德州，或打算去德州，搞笑諾貝爾獎管理委員會極力奉勸你，放棄非法使用燒瓶、燒杯與試管。不過要是你非得購買其中任何一種，請循合法程序。德州公共安全局官員允許大家，在他們的網站上使用線上申請格式。請好好利用。

1〔譯註〕康寧公司是世界知名的玻璃製造大廠。

物理學家鴨子聽雷的量子療法

現在，生物學將會改變，醫學也是。與內科醫師近來的假設相反，糖尿病患者的胰臟異常並非真的像被扭曲的記憶一樣，被包裹在胰臟細胞裡。理解了這點，就能為量子療法開啟一扇門。

——摘自迪帕克 · 喬布拉的《量子療法》

正式宣布｜搞笑諾貝爾獎物理學獎頒給

加州拉荷亞（La Jolla）**「喬布拉人體健康中心」**（Chopra Center for Well Being）**的迪帕克 · 喬布拉**（Deepak Chopra），**他因為對於量子物理學應用在生命、自由與追求物質享樂有獨特見解而獲獎。**

迪帕克 · 喬布拉發表過無數以量子為題的研究報告，其中兩個最有名的是《量子療法：探究生理與心理醫學的極限邊界》（*Quantum Healing: Exploring the Frontiers of Mind/Body Medicine*）以及《長生不老、返老還童：量子抗老術》（*Ageless Body, Timeless Mind: The Quantum Alternative to Growing Old*）。

一百多年來，物理學界最具話題性的謎團就屬量子力學了。尤其是：為何像量子這種既渺小又輕微的能量與物質，其行為看起來會如此怪異？物理學家心想，要是他們下足苦心去了解這種怪異行為，最後就一點也不會怪異了。不過有個孤獨、強而有力的聲音卻唱著反調。迪帕克 · 喬布拉這位醫學博士認為，這種怪異行為本身很重要——這是該去歌頌，而不是去了解的。

量子，這個概念始於一九〇〇年，馬克斯 · 普朗克（Max Karl Ernst Ludwig Planck）理解到，能量似乎是來自許許多多極微小的物質——他稱這些物質為量子，這些粒子大小都相同，而且都無法再分割成更小的粒子。很快的，科學家們就發現普朗克是對的。他獲頒諾貝爾獎物理學獎，此後，幾乎每次諾貝爾獎物理學獎頒發的對象，都是用某種方法，讓量子的這種怪異行為看起來比一開始看起來的更不奇怪罷了。

量子。迪帕克・喬布拉的網站（www.chopra.com）裡這麼說：「對於將量子物理學的現代理論，與遠古文化永恆智慧加以融合，他的功勞極大。」

量子。在一九八九年，迪帕克・喬布拉出版了《量子療法：探究生理與心理醫學的極限邊界》。看過這本書的物理學家們典型的看法是：他們從來沒有想到，會有人這樣用「量子」這個詞。令人覺得奇怪的是，這本叫作《量子療法》的書，裡頭倒是很少出現「量子」這個詞。出現的地方大多集中在〈量子機械人體〉（The Quantum Mechanical Human Body）這個簡短的篇章裡，裡頭包含了以下這幾段：

「發現量子的存在，開啟了一條追隨太陽、月球與海洋能更深刻地影響我們的道路。我要求大家往那兒研究，只是因為希望那兒有比我們所知更多的醫療功效。我們已經知道人類胚胎的發展，是靠著對魚類、兩棲類及早期哺乳類動物的形狀的記憶與擬態。發現量子使我們能詳細研究到原子層級，並回憶起最初的宇宙。」

量子。「人體在持續演變到結合成能量脈波與物質粒子之前，最開始是以強烈卻看不見的振動形式出現，這叫作量子波動。」（內容來源：迪帕克・喬布拉）

量子。「要遵循的最重要程序是超越以往經驗的：與自己進行量子級的接觸。」（內容來源：迪帕克・喬布拉）

量子。「量子級保健是基於『我們一直、不斷在轉變』這個想法而來。」（內容來源：迪帕克・喬布拉）

量子。宇宙是由一個「集所有可能性的場」（the field of all possibility）所組成的，它又可叫「純粹潛能場」（the field of pure potentiality），也可以稱為「量子湯」（quantum soup）。（內容來源：迪帕克．喬布拉）

量子。在加州拉荷亞的喬布拉人體健康中心，任何人都可以在「量子湯餐廳」用餐。

量子。由於迪帕克．喬布拉的啟發，座落在紐澤西伊瑟林（Iselin）的美國量子醫學學院（American Academy of Quantum Medicine），為按摩療法、針灸與營養諮詢領域的醫療照護者，以及通過認證的營養學家、登記有案的護士與食品營養師提供了「量子營養證書」（Certification in Quantum Nutrition），並且頒給「具以下博士學位：MD、OD、DC、DDS、PhD、ND、OMD與IMD的醫療照護專業人士」。

量子。由於迪帕克．喬布拉的啟發，史帝芬．沃林思基（Stephen Wolinsky）這名醫生發展出了量子心理學（Quantum Psychology）和量子精神療法（Quantum Psychotherapy）。沃林思基醫生也寫了一本書，叫作《量子意識》（*Quantum Consciousness*），號稱是為了帶領我們回到理解自己內在童稚之心真實性的原點。

量子。這個概念讓迪帕克．喬布拉獲得了一九九八年搞笑諾貝爾獎物理學獎。

得主無法、或者不願參加搞笑諾貝爾獎頒獎典禮。在典禮上，兩名傑出的哈佛大學物理學教授致詞向他致敬。

一位是羅伊．葛勞柏（Roy Glauber），他是馬林克羅特物理學講座教授（Mallinckrodt Professor of Physics），也是參加過最初的洛斯阿拉莫斯（Los Alamos）[1]原子彈計畫的年輕科學家，他說：「關於相對論的量子力學，我實在是沒什麼需要說的。關於相對論的量子力學，我實在也沒什麼可以說的。它對世界上原子與粒子方面的研究成就非常重要。另一方面，它在世界上精神病學與心靈健康方面的成功，卻是寥寥可數，當然它在這方面的成功就無法廣為人知。不過，今晚獲獎者近來的研究工作讓它改觀了。成功，當然啦，要看它的定義。相對論與量子力學對於個人健康與精神病學，可能有好有壞，不過它們確實已經成功了。」

另一位致詞者是謝爾頓．格拉肖，他是哈佛大學希金斯物理學講座教授（Higgins Professor of Physics），也是一九七九年諾貝爾物理學獎得主。他說：「我很榮幸能夠在此談論我們的獎項得主。我是這裡少數與他碰過面、一起用過餐、談過話的人。每年美國成就學院（American Academy of Achievement）都拿他來當作年輕男女、也就是世界各地高中生的模範。他確實是個自力更生的人物。」

「還有誰能夠想到量子營養學？我對這位人物及他的成就感到敬畏。我自己，也像葛勞柏教授一樣，開了一堂叫作『相對論的量子力學』的課。講課的內容就跟這場演講一樣準備充分。不過我必須說，我的課所談到的相對論的量子力學，比起迪帕克．喬布拉教授精彩、大量的作品，還要豐富一點。他是個值得鼓勵、了不起的得獎者。讓我們來讚美他。迪帕克！迪帕克！迪帕克！」

此時，全場的觀眾都和格拉肖教授一起不停地歡呼。

迪帕克．喬布拉著述頗豐，
這是其中一本暢銷書：
《量子療法：探究生理與心理醫學的極限邊界》。

1〔編註〕位於美國新墨西哥州沙漠地區，第二次世界大戰期間美國在此研發製造原子彈。

語言邏輯的活教材——前美國副總統丹・奎爾

發瘋是多麼沒意義的事啊！或是說，沒有想法是非常浪費的事！這話說得對極了！

——摘自美國副總統丹・奎爾
一九八九年在聯合黑人大學基金會
（United Negro College Fund）的演講

正式宣布｜搞笑諾貝爾獎教育獎頒給

J・丹弗斯・奎爾（J. Danforth Quayle）這個浪費時間又佔空間的人（consumer of time and occupier of space），因為他（也沒有別人比他更合適）證明科學教育確有必要而獲獎。

在一九八九年到一九九三年間，丹・奎爾曾貴為美國的副總統，還是國家太空會議（National Space Council）的主席，並自命是教育的擁護者。

他是二十世紀以來最能發人深省的語言活教材；他說的話常讓人想老半天也想不透。他讓大家開始對邏輯與修辭學產生興趣；他讓各地的人們體會到學習的價值。

他留給大家許多榜樣，這些榜樣讓人難以理解，更難以忘記。他講的話或許比任何形容詞更容易讓人認清他這個人。以下就是丹・奎爾的幾則語錄：

- 給人一條魚，他會釣一整天的魚（they'll fish for a day）。不過要是教他釣魚，他會釣一輩子的魚（they'll fish for a lifetime）。[1]
- 坦白說，唯一能教導我們孩子的專業人士是老師。

- 對於可能會或可能不會發生、無法預見的事，我們並未準備好。
- 在從前我做過正確的判斷，在將來我也做過正確判斷（I have made good judgments in the future）。[2]
- 對於副總統的責任，只需要一個字就可說明，這個字就是「做好準備」（to be prepared）。[3]
- 對於我說出的錯誤陳述，我會遵守到底。
- 朋友，不管前方的路有多巔簸，我們能，也會永遠永遠不屈服於正確的事（we can and we will never, never surrender to what is right）。[4]
- 〔《尼古拉斯與亞歷珊卓》（*Nicholas, and Alexandra*）這本書〕是非常好的書，裡頭提到了拉斯普廷（Rasputin），這本書讓我們看到，實在是非常詭異的人是如何能達到極其敏感的地位，並且對歷史造成重大影響。[5]
- 我相信我們要求更多自由、更加民主的趨向，是不可逆轉的（irreversible），但是可能會改變（change）。
- 投票率低就表示投票的人數較少。
- 人們要是在自己的家鄉露宿街頭，那就不算是無家可歸。
- 我們（美國人民）對北大西洋公約組織（NATO）有著不變的承諾，我們是NATO的一份子；我們對歐洲有著不變的承諾，我們是歐洲的一份子。
- 中東對於全球的重要性，在於它使得遠東與近東不會相互侵略。
- 銀行會破產，是因為存款戶存入銀行的錢，不夠彌補銀行經營不善造成的虧損。
- 危害環境的不是汙染，是水和空氣中的雜質在危害環境。
- 人類進入太陽系的時候到了。
- 火星基本上是在同一個軌道上運行……火星在某種程度上是跟太陽保持著同樣的距離，這點非常重要。我相信，我們已經看到照片了，上頭有運河，還有水。要是有水的話，就表示有氧氣；要是有氧氣，就表示我們能呼吸。

- 太空幾乎是無窮無盡的。事實上，我們認為它是無窮盡的。
- 要是我們沒有成功，那我們就是冒著失敗的風險。

由於他經常引起我們停下動作、左思右想，所以我們將一九九一年搞笑諾貝爾獎教育類獎項，頒給美國副總統，J · 丹弗斯 · 奎爾。

這位搞笑諾貝爾獎得主無法、或是不願參加頒獎典禮。

1〔譯註〕這裡不該用 will，應該是 you feed him，意思才會變成「給人一條魚，他只一天有魚吃；教他釣魚，他會一輩子有魚吃」。

2〔譯註〕這裡不該用現在完成式。

3〔譯註〕文法有誤，而且也不只「一個字」。

4〔譯註〕不該用 surrender to what is right，用 surrender 就可以了。

5〔譯註〕是關於末代沙皇的故事。拉斯普廷是末代沙皇尼古拉二世的近臣，自稱能起死回生、可救助尼古拉二世患病的兒子，而獲得信任。他是當時俄國皇室幕後的權力支配者，也是將沙皇王室推向覆亡的要角之一，在世界歷史佔有一席之地，人稱之為「Mad Monk」。

18 經濟類

幾乎所有人都想得到更多錢。
但幾乎沒有人十分有把握能弄到更多錢。
某些人想出了跌破專家眼鏡的經濟學見解，
而且顯然覺得不付諸行動就不對勁。
這些人創造出一些讓人忘都忘不掉、
足以贏得搞笑諾貝爾獎的成就。
底下就是其中一些例子：

- 一人搞垮智利經濟
- 榨乾橘郡財政／拖垮霸菱銀行
- 勞合社的保險災難
- 到死都要節稅

一人搞垮智利經濟

我非得跟大家介紹一個新動詞不可，這個字就是「殆危啦」（davilar）。親愛的讀者，「殆危啦」指的是在完全沒有節制之下、由電腦造成的一團爛攤子。這個字詞源自智利的首都聖地牙哥，幾天前，胡安・帕布洛・戴維拉在闖下某些難以收拾的大禍之後，正受到智利警方嚴厲盤問。

——引自澳洲《年代》（*The Age*）雜誌
專欄作家查理・萊特（Charles Wright）

正式宣布｜搞笑諾貝爾獎經濟學獎頒給
智利的胡安・帕布洛・戴維拉（Juan Pablo Davila）。這位永遠不嫌累的金融商品交易員、國營的Codelco公司的前員工，很天才地在打算「賣出」的時候在他的電腦下了「買進」指令；之後，為了彌補自己造成的虧損，他做了越來越多賺不到錢的交易，最後導致智利的國民生產毛額（GNP）掉了0.5%。智利人幫戴維拉捅出來的大簍子創造一個新動詞：「殆危啦」（davilar），意思是「把事情搞到無法收拾」。

戴維拉賠掉了他老闆的一大筆錢。根據他的說法，那是因為他在電腦上敲錯鍵的關係，然後他就慌了手腳，以致在試圖補救的過程中越補越大洞。
過沒多久，智利的國民經濟就有很大一部分人間蒸發了，而智利和全世界都捲入了一場跨洲際的刑事訴訟與官司大混戰中。

戴維拉是智利國營企業Codelco的員工，還算不上很資深。他的工作是買賣礦產期貨契約，主要是在倫敦金屬交易所（London

Metal Exchange）進行買賣。一個人如果有本事和運氣的話，就可以利用銅、黃金、白銀、鉛以及其他礦物價格的漲跌起伏，取得龐大獲利。但是從一九九三年底開始，戴維拉就虧損連連——非常、非常慘重的連續虧損。

一九九四年二月十二日之前，在智利以外的地方，幾乎沒什麼人聽過戴維拉的大名。直到《經濟學人》（*The Economist*）在那一天報導他的事蹟，他就成名了：

「戴維拉坦承他在去年九月鑄下了大錯：他想『買進』的時候，卻在電腦上點了『賣出』的鍵，而要『賣出』的時候，卻點了『買進』的鍵。戴維拉是智利國營的大型銅業公司Codelco裡，一位相當資淺的主管，負責打理Codelco所有的礦產期貨契約。在他發現到自己闖下大禍之前，已經賠掉四千萬美元了。所以他繼續進行交易；他的信用額度在一月份終於用罄之際，他賠掉的錢已經高達二億零七百萬美元了。」

二億零七百萬美元，相當於智利國民生產毛額的0.5%。

一九九四年三月的一則報紙報導，把戴維拉描述成「一位認真盡責卻煩惱的三十四歲男子，顯然主要是靠著香菸和黑咖啡撐下去的」。然而寫出這種讓人摸不著頭緒的報章報導越來越少，隨著消息傳開，這個故事背後的主題也許就會被定調成「詐欺」了，而不是粗心大意。

越來越少人覺得戴維拉只是走楣運的白痴。最後，智利政府以從事非法交易活動的罪名起訴他。據說，他不是只為Codelco工作，還為它的競爭對手、智利一家民營銅業公司賣命，他幫Codelco做的都是賠錢的交易，而幫另一家公司做的交易卻都賺錢。媒體後來還開始報導，戴維拉也向別家公司收取鉅額回扣，包括位在倫敦的索哲明金屬有限公司（Sogemin Metals Ltd）以及德國的德國金屬工業集團（Metallgesellschaft AG）。

接下來的幾個月裡，戴維拉的名字前面似乎還被人加上了兩個字——大多數的媒體在報導裡都稱他「騙子交易員戴維拉」(rogue trader Juan Pablo Davila)。在智利，「戴維拉」這名字被改成了日常用詞：「殆危啦」。一開始，這個新動詞意指「慎重其事並付出高昂代價地把事情搞砸」，但是口耳相傳之下，這個詞最後就剩下圓滑、欺騙、低劣算計的意味。

戴維拉因為造成史上無人能及的向下沉淪與無遠弗屆的虧損黑洞，榮獲一九九四年搞笑諾貝爾獎經濟學獎。

但這位得主可能無法、或是不願參加搞笑諾貝爾獎頒獎典禮，因為他忙著解決纏身的官司。

戴維拉的律師把一切過錯都推到Codelco的資深經理人頭上。「這些期貨操作是他們授權的啊，」他對智利《時代報》(*LA Epoca*)這麼說：「而這些交易竟沒有受到控管，實在是太不可思議了。這就好像是叫人『把這些錢拿去賭賽馬』。在這個案子裡，就像是在說『把智利這國家的薪水——也就是銅——拿去賭馬』，而戴維拉當然很可能有贏有輸。」

戴維拉官司纏身，這些官司牽涉到智利、英國以及美國等國，對象包括許多企業和個人。

一九九七年，戴維拉開始服刑，刑期三年，罪名是逃稅。但他盡其所能獲得提前假釋，假釋之後，他就很少在公共場合曝光。

榨乾橘郡財政／拖垮霸菱銀行

我誠心誠意為我所留下的爛攤子道歉。

——尼克・李森傳真給霸菱銀行的辭職信

正式宣布｜搞笑諾貝爾獎經濟學獎頒給

尼克・李森（Nick Lesson）**與他在霸菱銀行**（Barings Bank）**的上司，以及加州橘郡**（Orange County）**的羅伯特・席特龍**（Robert Citron）。**他們運用衍生性金融商品的微積分，證明每個金融機構都有其極限值。**

有關李森的成就和這個爛攤子的介紹，請看由Little Brown出版社於1996年出版，李森所著的《我是怎麼搞垮霸菱銀行的》（*Rogue Trader: How I Brought Down Barings Bank and Shook the Financial World*）一書。

有關席特龍的成就和其爛攤子的介紹，請看由Academic Press出版社於1995年出版，菲利普・裘瑞恩（Philippe Jorion）所著的《衍生性金融商品與橘郡的破產》（*Big Bets Gone Bad: Derivatives and Bankruptcy in Orange County*）一書。

1. 冒險一下很可能會大賺一筆！
2. 冒險一下可能非常刺激！
3. 冒險一下可能會很危險！

……

86. 冒險一下可能會釀成大禍。

這一連串念頭，或是類似這樣的念頭，席特龍和李森在打發他們蹲苦窯的時間時可能都想過。他倆都拿別人的錢做了一連串高風險的豪賭，最後闖下的大禍遠遠超過他們的想像。

這是兩件近乎神話般重要的醜聞，而且接連著發生。多虧了席特龍，全美國最富有的郡（如果橘郡是一個國家的話，那麼它會是世界上第三十大國）在一夕之間破產。多虧了李森，英國最古老的銀行也一瞬間從地球上消失。

席特龍和李森在投資方面都十分藝高人膽大，他們買賣的東西叫作「衍生性金融商品」。

什麼是「衍生性金融商品」？嗯，這個東西的定義並不重要——席特龍和李森顯然也不是真的很清楚它究竟是什麼。重點在於他們倆都是一等一的妄自尊大，而這其實是天生的財經天才的正字標記。有一陣子他們都獲利驚人，而被吹捧為真正的天才。

席特龍是加州橘郡的財政局長，他把這個郡的錢「投資」（或是像後來人家說的「賭」）在股票和衍生性金融商品上。起初，他的「本事」很好（或者說很好運），賺到了連做夢都沒想到的龐大利潤。

霸菱銀行是英國歷史最為悠久的銀行，李森是該銀行新加坡分行的交易員。他把這家銀行的錢「投資」在股票和衍生性金融商品上。起初，他的「本事」很好，賺到了連做夢都沒想到的龐大利潤。

一九九四年十月，席特龍的投資完全付諸流水。橘郡宣告破產。

一九九五年二月，李森的投資完全付諸流水。霸菱銀行垮台。

在事情曝光之後，霸菱銀行的主管和橘郡的官員都驚訝到不知如何是好。金融媒體都幸災樂禍地報導這兩個像難兄難弟的金融災難。《彭博社商業新聞》（*Bloomberg Business News*）一九九六年的一篇報導言簡意賅地寫道：

「李森賠掉霸菱的十四億美元，而席特龍賠掉橘郡的十七億美元，負責為這些類似災難收拾殘局的官員說，這些事件的後續結果，都依循著相當熟悉的模式：整個公司或機構都把過錯推到一個人身上。但隨著挖掘出來的證據越來越多，事情全貌就越來越清楚，除了歸咎是遭到某個人瞞騙之外，他們那些刻意忽視交易風險

李森把他幹的好事寫成了一本書。

的上司同樣難辭其咎。」

「除非你開始賠錢，要不然是不會有人罵你騙子交易員的，」菲利普・麥克布萊德・強森（Philip McBride Johnson）說道，他是在華府執業的律師，曾經在一九八一年到一九八三年間擔任「美國商品期貨交易委員會」（Commodities Futures Trading Commission）主席。「驚人的是，為了撈錢，人們真的什麼事情都幹得出來。」

「依法律規定必須協助監督橘郡財政的橘郡監察官員說，他們對席特龍的投資策略或是其中的風險，毫無所悉。而霸菱投資銀行的業務主管彼得・諾瑞斯（Peter Norris）說，他們公司的管理高層，實際上沒有哪個人真的搞懂複雜無比的衍生性金融商品交易。」

就在橘郡申請破產的前幾天，席特龍被迫辭職。

就在霸菱垮台之前幾個小時，李森逃離他位在新加坡的辦公室。他先是前往馬來西亞，然後逃到汶萊、泰國，最後落腳德國，在當地落網；德國警方給了他很多通融，讓他住在一間很舒適的牢房裡。經過半年的交涉談判之後，李森被引渡回新加坡，因為他和當地的刑事司法體系還必須見個面聊一聊。

橘郡宣告破產，霸菱銀行的剩餘資產則以一英鎊賣給了荷蘭的金融保險公司安泰（ING）。

席特龍和李森因為成就過人，一同贏得一九九五年搞笑諾貝爾獎經濟學獎。

不過這兩位得主可能無法、或是不願參加搞笑諾貝爾獎頒獎典禮，因為他們早就有約了。

席特龍已經入監服刑，刑期五年（最後減為一年）。他透露，在決定橘郡市庫的錢要怎麼投資，還有要投資在哪裡的時候，他不僅諮詢了美林（Merrill Lynch）和其他大型企業財務顧問公司，也諮詢了當地一名靈媒與一位透過郵購提供服務的占星家。

李森已經開始在新加坡樟宜的丹那美拉監獄服刑，刑期六年（最後減為兩年）。他還和別人合寫了一本滿吸引人的書，書名叫作《我是怎麼搞垮霸菱銀行的》。這本書在他被德國引渡回新加坡的時候劃上句點。李森對他前長官的看法很天真：

「我了解到，我很高興自己在這場慘劇中扮演我那個角色，而不是他們的角色。就算待在牢裡，我也比他們快樂；他們只能坐在家裡，守著他們早已冰消瓦解的信用，而且他們時時都很清楚，他們朋友會在他們背後說些五四三的。操他媽的！我想是這樣子吧。」

李森從出獄之後就開始巡迴演講，根據媒體報導，他一場演講的收費可達十萬美元，演講內容主要是在提醒聽眾，必須做好嚴密的企業控管。

勞合社的保險災難

過去這一兩年，每當生活有點不順遂，我只要想到自己還好不是勞合社的會員，心情就能稍微寬慰一些。

——英國《每日電訊報》(*Daily Telegraph*)編輯
麥克斯·哈斯汀(*Max Hastings*)，
引自《終極風險》一書。

正式宣布｜搞笑諾貝爾獎經濟學獎頒給

倫敦勞合社(Lloyd's of London)的投資人，他們是三百年來保守不知變通的經營方式的傳承者，因為他們拒絕為公司的虧損買單，這樣有勇無謀的舉動造成保險業的大災難。

描述勞合社故事的著作不少，其中一本是Four Walls Eight Windows出版社於1995年出版的《終極風險：勞合社災難的內幕》(*Ultimate Risk: The Inside Story of the Lloyd's Catastrophe*)，作者是亞當·拉斐爾(Adam Raphael)。

勞合社在成立三百年後，終於發展成全球最龐大、最具創新能力、最有影響力、最受人敬重，而且最賺錢的保險公司。但後來，就像上面說的，它就整個分崩瓦解了。

根據法律規定，以及勞合社股東自己發下的神聖誓言，他們必須用個人財產來給付公司的虧損。最初的三百多年，勞合社幾乎一帆風順、穩賺不賠，但隨著時代變遷，開始出現虧損，而絕大多數的股東(包括很多有錢有勢、有頭有臉的大人物)都拒絕買單，這使得勞合社跌入萬劫不復的深淵。

一票人做了一堆差勁的決策。

勞合社的組織向來很特別，而且直到一九八〇年代以前，它都相當賺錢。但近年來，勞合社變成了一灘爛泥，是上頭覆蓋了一層大爛泥的爛泥，而這層大爛泥的上頭又覆蓋了一層更大的爛泥，而在這層之上，更是爛到非筆墨所能形容。

勞合社在垮掉之前，是由一群有錢有勢的人完全持有的，這些人被稱為「名門望族」（Names）；只有有錢人和權貴人士才配得到這樣的稱號。和別家公司股東不同的地方在於，勞合社的這些「名門望族」曾經宣誓，萬一公司發生虧損，他們會把個人的財產讓渡給公司。他們運氣很好，勞合社不只幾乎沒有虧過錢，還幾乎年年賺大錢，而且都會把盈餘分給這一小群「名門望族」。

「這個安排皆大歡喜，而且似乎可以一直維持下去。然而後來情況變了，改變來得又急又快。一連串自然災害像是貝西颶風（Hurricane Betsy）、艾克森美孚公司（Exxon）瓦爾迪茲號（Valdez）油輪漏油事件等等，造成勞合社鉅額虧損。許多『名門望族』火冒三丈，還嚷著說不想買單。」

於是勞合社的經理人趕忙找來新股東，而且找了不少。他們放寬公司的規章，讓任何人都可以加入「名門望族」的行列。勞合社一下子多了好幾千名新股東，當中有不少美國人和加拿大人押上全部的身家（不管有多微薄）、舉起右手宣誓，就為了好不容易有機會（可能，只是可能而已啦！）躍入英國上流社會。一九七〇年，勞合社有六千名股東，絕大多數都相當富有，到了一九八七年股東已多達三萬人，其中許多人來自中下階層。

一九八八年，勞合社虧損五億英鎊，一九八九年虧損二十億英鎊，再下一年的虧損幾乎達三十億英鎊——公司於是要求許多新股東交出他們所有的財產。這些人覺得自己像是上了賊船：「歡迎加入勞合社，歡迎立刻宣布破產。」

情勢非常嚴峻。大多數人都拒絕買單，還把公司告上法庭。

等等、等等——事情還沒完。勞合社的管理高層已經先下手為強。他們早就遊說英國政府，豁免他們不受該國的一些基本金融法規規範，所以這些股東很難告得到他們。

再等等——還有別的呢。根據勞合社怪異的會計制度，這些破產的股東欠勞合社的，不僅是他們當時擁有的所有東西，還有日後賺的辛苦錢。而誰也說不準他們將來還會欠多少錢、欠的錢到底有沒有個底；萬一他們不幸蒙主寵召，這些債務還會落到他們子孫的頭上。

還有別的嗎？當然有囉。作風傳統的勞合社很貼心，沒有要求富有的老「名門望族」和一些交情比較好的新股東買單。

還有嗎？問得好。對於那些破產的股東竟會提起訴訟，許多老「名門望族」股東都很忿忿不平，斬釘截鐵地表示絕對不會伸出援手。貴族不代表就得施恩。

勞合社的股東因為捅出了這麼一個惡劣且臭名遠播的大簍子，榮獲一九九二年搞笑諾貝爾獎經濟學獎。

這些得主可能無法、或是不願參加搞笑諾貝爾獎頒獎典禮。

新官司如雨後春筍般從各地冒出來。勞合社的股東大減——到了二〇〇一年，個人股東只剩不到三千名。勞合社確實很拚命地設法求生；他們把股票賣給法人，但這些企業很精明，拒絕接受勞合社浪漫的「發誓榨乾自己最後一滴」的要求。至於未來，沒有人敢說勞合社著名的大鐘還要多久才會再度響起，還有為誰而響。

到死都要節稅

二〇〇〇年一月十五日的《紐約時報》報導說，新千禧年的第一個星期，當地醫院申報的死亡人數，竟然比一九九九年最後一週高出50.8%。《紐約時報》認為，之所以出現這個現象，是因為那些藥石罔效的病人都留著一口氣，要撐到見證新時代到來。引頸期盼重大事件，顯然可以鼓勵人們活久一點。

——引自經濟學報告〈死也要節稅〉

正式宣布｜搞笑諾貝爾獎經濟學獎頒給

密西根大學商學院的喬・史倫洛德（Joel Slemrod）**以及英屬哥倫比亞大學的瓦西奇・寇普祖克**（Wojciech Kopczuk），**因為他們得出一個結論：如果更晚一點死，遺產稅的稅率會降低的話，那麼人們就會想盡辦法拖延大限之日。**

他們的報告以〈到死都要節稅：從遺產稅退稅的證據看死亡彈性〉（Dying to Save Taxes: Evidence from Estate Tax Returns on the Death Elasticity）為名出版，國家經濟研究署（National Bureau of Economic Research）工作報告W8158號，2001年3月。

史倫洛德和寇普祖克進行了一些很積極、很熟練的偵查工作，他們發現，人們為了錢什麼事情都幹得出來——就算要拚掉老命。

經濟學家傾向相信人們都會做出理性的決定，而且做什麼事都是出於冷靜且自利的思考——然而在這些學者的腦海深處，其實是充滿疑慮的。

史倫洛德就很疑惑地，問了個其他經濟學家都不敢提的簡單問題：

「死亡時間可以在某種程度上由理性決定嗎？經濟學家假設，像是分娩或結婚這類重大事件，發生時機都有可能受到理性所左右——那為什麼死亡就不行？」

史倫洛德是密西根大學商業經濟學與公共政策的教授，也是該校「租稅政策研究室」的主持人，所以他知道怎麼找出答案。他和傑出的研究生寇普祖克一起，仔細查閱了將近一百年份的稅收紀錄。

已經有經濟學家深入探討過一些沒那麼生死攸關的問題了，像是：

人們是否會挑稅法最有利的時機來舉辦婚禮？

人們會為了享有最大的財稅優惠，決定受孕與生產的時機嗎？

「如果人會刻意選擇生產的時間，那麼也有可能刻意挑什麼時候死吧？」史倫洛德和寇普祖克問道。

最起碼已經有醫生稍微研究過決定個人死期的想法了。醫學圖書館裡有很多報告，分析人們如何或是何時離開人世（其中一份是在一九九〇年的《美國醫學會學報》〔*Journal of the American Medical Association*〕上發表的〈把生命延續到具象徵性意義的時刻〉〔Postponement of Death Until Symbolically Meaningful Occasions〕，它主張「在具象徵性意義的時刻〔像是重大的宗教節日〕到來之前，死亡率會暫時下降，而在節日過後會立刻升到高峰。」）

許多國家都會對繼承鉅額遺產課稅，課的稅名目不一，有遺產稅、繼承稅、死亡稅等等。課什麼稅以及課多少稅率，通常都因國家而異，有時會因地區而異，但有更多情形是因年份而異。

以史倫洛德和寇普祖克生活與工作的所在地美國來說，美國史上第一個具有真實意義的這種稅，是在一九一六年制定的。稅率會因四面八方的各種政治壓力，而經常上上下下，史倫洛德和寇普祖克研究了遺產稅提高和降低時，會造成什麼結果（提高的八個時間點是：一九一七年兩次，一九二四年、一九三二年、一九三四年、

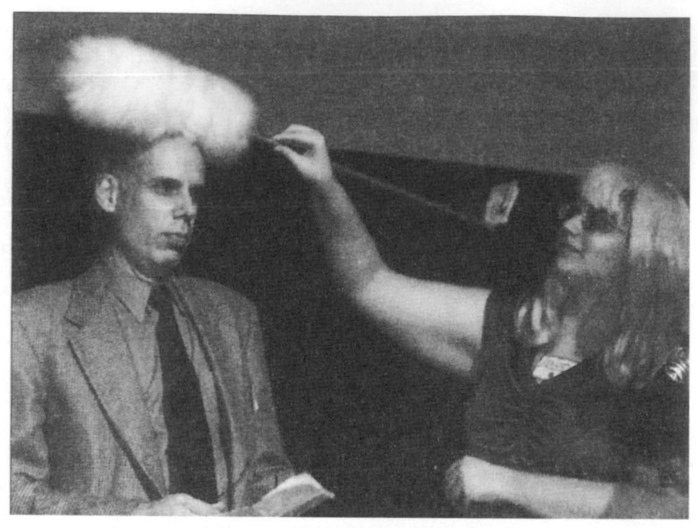

搞笑諾貝爾獎得主史倫洛德正準備發表得獎感言，
主持人茱莉亞 · 盧妮塔（Julia Lunetta）用雞毛撢子輕輕地撢著他。
（照片提供：瓊 · 切斯〔Jon Chase〕，哈佛大學新聞室）

一九三五年、一九四〇年以及一九四一年各一次。降低的五個時間點是：一九一九年、一九二六年、一九四二年、一九八三年以及一九八四年）。

分析過程很複雜，但全都歸納出一個簡單的結論：

「有充分的證據顯示，有些人為了撐到重要的日子，拚了命苟延殘喘。我們可以從遺產稅退稅的資料看出，若是能夠讓後代子孫多拿一些，有些人願意撐久一點再死。」

對於他們的研究成果，史倫洛德和寇普祖克說得很中肯。「不可否認，」他們說：「這些證據並非一面倒的。」他們也提到一種可能，就是有些時候親屬可能會故意謊報亡者往生的時間。

史倫洛德和寇普祖克因為這個研究，共同獲得二〇〇一年搞笑諾貝爾獎經濟學獎。

史倫洛德自費前來參加搞笑諾貝爾獎的頒獎典禮。他的得獎感言如下：

「嗯，我從來沒想過自己竟然會得到這個獎。我很高興為自己和研究夥伴來領取這個獎，寇普祖克現在在溫哥華，我想他一定正透過視訊在觀看典禮。我的兒女現在應該也在觀看。嗨，孩子們。我們很高興能贏得這個獎，因為我們認為，搞笑諾貝爾獎的精神在於，研究科學、甚至是研究社會科學，也可以很有趣，而且當我們把假設推到極端和幾乎不可能的境界時，偶爾會從當中學到不少東西。我們的研究證實了大家早就知道的事情，那就是『有錢能使鬼推磨』。當然，也有些人一輩子都把錢看得很淡，篩出這些狀況一直是經濟學上的難題。」

「我們進行這個研究時，完全不知道美國國會竟然投票通過在二〇一〇年廢除遺產稅——而且只有二〇一〇年這年。這為這個有史以來最有想法的假設，設定了最棒的自然實驗。有人說過……我想應該是班哲明．富蘭克林（Benjamin Franklin）吧，他說人生中只有兩件事情是躲都躲不掉的，那就是死亡和繳稅。嗯，到了二〇一〇年，就會變成不是死亡就是繳稅囉。」

19 藝術類

藝術不一定得存在觀賞者的眼裡。
它可能擺在塑膠工廠的盒子；
和鴿子放在同一個房間；
被童軍團堆在丟棄的骯髒溼抹布裡；
深夜時分強制烙在麥田裡；
或是安裝在動物最有用的地方。
本章描述了這所有的地方：

- 塑膠粉紅火鶴之父
- 鴿子比較喜歡畢卡索嗎？
- 糟蹋掉藝術史蹟的「日行一善」
- 麥田圈怎麼來的
- 動物界陰莖大展

塑膠粉紅火鶴之父

我總得設計些什麼作品，好讓我在畢業以後不致於餓死吧！

——唐．費瑟史東

正式宣布｜搞笑諾貝爾獎藝術獎頒給

來自麻州非其堡（Fitchburg）的唐．費瑟史東（Don Featherston），因為他發明了革命性的裝飾藝術——塑膠粉紅火鶴。

欲知詳情，請參閱《粉紅火鶴：草地上的耀眼明星》(*Pink Flamingos: Splendor on the Grass*)，作者是唐．費瑟史東及湯姆．赫辛．史屈佛（Tom Herzing Schiffer），1999年由Schiffer Publishing出版。

唐．費瑟史東改變了地球的面貌。一九五七年，他創作出塑膠粉紅火鶴，現在幾乎在地球的每一塊陸地、每一個景點，都有單獨或成群的塑膠粉紅火鶴出現。

唐．費瑟史東從藝術學校畢業後，就在當地一家塑膠工廠工作，這是他第一個、也是唯一一個工作。位於麻州中部的聯合塑膠工廠（Union Products）做的是平面的草坪裝飾品，產品有狗、青蛙、鴨子及其他有市場潛力的商品。後來，工廠要求這位初出茅廬的設計師設計出立體的樣品，最初是鴨子，後來才是火鶴。鴨子賣得很好，火鶴的銷售量更創下歷史紀錄。這些大鴨子模樣俗氣、笨拙醜陋，有著柔和、發亮的粉紅色及金屬製瘦長鳥腿，售價低廉——這一切不知怎麼的，就是能夠不知不覺、牢牢地抓住大眾的想像。

人們對於那些又長又細的金屬長腿有很多疑問。唐．費瑟史東告訴記者：「在最初的模型，腿的部分是用木頭榫接的，但是木頭的製作成本太高，用塑膠的話又不夠堅硬，所以我想到用金屬杆，我們曾經生產一款名叫豪華火鶴（Flamingo deluxe）的產品，它們看起來非常自然，有精美的木製長腿，不過銷量不佳。喜歡火鶴的人幾乎像是認定，真實的火鶴本來就該有一雙金屬長腿似的。」

時代變了，塑膠粉紅火鶴卻還屹立不搖。一九五〇年代時它的外表還挺華麗的，到了一九七〇年代就變得有點俗不可耐，但這點對塑膠粉紅火鶴來說卻不是什麼壞事。相反的，第一代塑膠火鶴買主還把它們放在自家草坪上，當成是高品味的象徵，下一代的塑膠火鶴反倒比較常被當作笑話看待。一九七二年那部讓人很不舒服的極經典電影《粉紅火鶴》(*Pink Flamingos*)，把唐・費瑟史東的創作的各方面都神聖化了。從此以後，這隻火鶴就成了流行文化的一員，歷久彌新，總以最劣等品味的粉紅色出現。

這位塑膠火鶴之父一直對它的那種吸引力感到訝異，堅信他自己會這麼成功，背後一定有幸運女神默默相助。一個善良卻時常發呆的男人，娶了一個迷糊而甜美、名叫南希(Nancy)的女子。他們決定每天更換婚姻誓約，不過是用服裝而不是用文字。從他們婚禮之後的每一天，唐與南希都穿著情人裝，而大部分服裝都是由南希親手設計。《紐約時報》曾經報導一則情人節服飾照片，由費瑟史東夫婦擔任模特兒，展示從他們衣櫥挑選出來的服裝。

四十多年來，唐・費瑟史東設計出六百多種塑膠產品，像是一個充滿大型塑膠怪玩意兒與樂趣的小世界，但是沒有一項產品像塑膠火鶴一樣，那麼吸引大家的目光。因為這個獨一無二的產品，讓許多藝術家對於唐・費瑟史東的成就望塵莫及。

由於唐・費瑟史東做得比大地之母更稱職，他贏得了一九九六年搞笑諾貝爾獎藝術獎。

唐・費瑟史東夫婦以一身粉紅色情人裝出席頒獎典禮，觀眾報以熱烈掌聲，科學團體和藝術團體一起向他們致意，因為他天馬行空的想像打破了傳統，並開創一個新局面。桑德斯劇院的舞台就用了幾十隻火鶴裝飾，當典禮一結束，許多觀眾便一擁而上，爭搶著塑膠火鶴；也有人帶著自己的火鶴，害羞地要找原創人合照呢！

唐．費瑟史東和他太太南希在第八次第一屆搞笑諾貝爾獎頒獎典禮上，與他們的粉絲合影。自從一九九六年唐．費瑟史東得獎之後，費瑟史東夫婦幾乎每年都會回到頒獎現場致意，和他們的粉絲見面，每次他們都會身穿與典禮話題有關的服飾。在這張照片裡的，是他們在一九九八年搭配的水電膠帶燕尾服和晚禮服，是該次會場裡最熱的話題。（照片提供：艾瑞克．沃克曼，《不可思議研究年鑑》）

近年，唐．費瑟史東才從聯合塑膠公司退休，他們夫婦倆的退休計畫就是要和塑膠火鶴一樣——在家偷閒，有時去國外曬曬太陽。

但是，世事難料，老天爺偷偷開了塑膠火鶴一個小玩笑。

一九八六年開始，每一隻唐．費瑟史東設計而製造的塑膠火鶴，在屁股的地方都有他的簽名，這是在塑膠火鶴三十歲生日時才加上的，很快的，這個在屁股上的簽名成了塑膠火鶴的象徵。然而，在唐．費瑟史東退休的幾個月後，聯合塑膠公司卻悄悄地將塑膠火鶴上的簽名去掉了。

事情曝光之後，世界各地的火鶴愛好者都十分震驚，由趣味科學雜誌《不可思議研究年鑑》和爛藝品博物館帶領的鑒賞家們，呼籲大家抵制改版過的商品。記者們包圍了聯合塑膠公司，但聯合塑膠公司對於抗議活動置之不理，也不回應記者來電，抗議活動在本書編寫時仍在進行，因此，如果你想購買塑膠火鶴，建議你最好事先檢查一下它的屁股。

鴿子比較喜歡畢卡索？

在欣賞畢卡索和莫內的畫作時，即使以前沒有看過這幾幅畫作，我們還是可以輕易分辨出哪一幅是畢卡索的畫作，哪一幅是莫內的……但鴿子分辨得出不同作者的作品嗎？

——摘自〈鴿子如何分辨畢卡索和莫內的畫作〉研究報告

正式宣布｜搞笑諾貝爾獎心理學獎頒給

慶應大學的渡邊茂教授、坂本淳子教授和京都大學的脇田真清教授，因為他們成功地訓練鴿子分辨畢卡索和莫內的畫作。

他們三人的報告發表於於1995年《實驗性之行為分析》期刊第63期，第165至174頁。

儘管有些人對鴿子深惡痛絕（請參閱本書〈業餘心理學家的大規模「禁止實驗」〉那一篇），有些人卻欣賞並研究鴿子聰明的行為。一群來自日本的科學團隊證明，我們可以教會鴿子分辨藝術家作品。

也許有些人靠自學學會怎麼欣賞大師的藝術作品，但也有些人是經由老師講解，或直接從學校、美術館取得資訊，或是間接從書藉、雜誌、電視節目吸收知識。鴿子也是如此。也許有些鳥類自己就有欣賞藝作的天分，但有些也是經過正式的指導才行。

慶應大學的心理學教授渡邊茂和他的同事坂本淳子教授，以及京都大學的脇田真清教授，準備教會鴿子們如何分辨畢卡索和莫內的畫作。這個差事並不容易，因為這些鴿子以前從來沒有接觸過任何畫家的作品，而在他們三人的正式報告中，總共有「八隻鴿子參與實驗」。

這些畫作是用投影片播放給鴿子欣賞的，包括：

莫內《聖阿得列斯的看台》(一八六六年)、《吉維尼的白楊木》(一八八八年)、《睡蓮》(一八九九年)、《威尼斯・馬勒皇宮》(一九〇八年) 以及其他七幅作品；

畢卡索的作品則有《亞維儂的姑娘》(一九〇七年)、《在沙灘上玩球的女人》(一九三二年)、《持梳的裸女》(一九四〇年)、《松樹下的裸女》(一九五九年) 和其他六幅。

鴿子們還要接受觀賞錄影帶的訓練。錄影帶裡有：

莫內的《河景》(一八六八年)、《日出印象》(一八七二年)、《聖拉札車站》(一八七七年) 和其他六幅作品；

畢卡索畫作有《持扇坐在椅子上的女子》(一九〇八年)、《雙手合抱的女子》(一九〇九)、《跳舞》(一九二五) 等十幅。

這些課程和大學藝術史課堂上教授的內容並不相同，鴿子們觀看的這些投影片是隨機播放的，每間隔五秒就放映一張，每張放映三十秒。在課堂上，以七十分貝播放著「白雜訊」(white noise，包含廣大可聽頻率的白噪音)[1]的擴音器就一直陪伴著牠們。

其中半數的鴿子，在每次看到莫內的畫作時就會餵牠們大麻種子，但如果是畢卡索的畫作就不餵食。另一半的鴿子也是用同樣的方式，每次看到畢卡索的畫作時就餵食，如果是莫內的畫作就不餵食。

每天就不停地重覆這個實驗，直到牠們能在測試中達到九十分的高分，而且要連續兩天。該項測驗包括了以下步驟：將多幅畫作展示數次，而且讓牠們在看到某一個畫家的畫作時，銜起一支鑰匙，而在看到其他畫作時，讓牠們的鳥喙保持緊閉。

在二到三個星期的教學實驗後，鴿子們要接受更高階的測試。首先，牠們要觀看失焦的幻燈片，然後是上下顛倒的幻燈片，前項測試對牠們來說輕而易舉，但在後項測試中，鴿子們可以辨認出倒置的畢卡索畫作，可是要辨識倒置的莫內畫作卻有困難。

總的來看，這個實驗結果，跟任何一位美術老師對任何一班學生所期待的成績一樣優秀。

因此渡邊茂教授、坂本淳子教授和脇田真清教授三人，以鴿子、畢卡索與莫內所做的、極具見地的實驗，贏得了一九九五年搞笑諾貝爾獎心理學獎。

但三位搞笑諾貝爾獎得主無法、或是不願親自出席頒獎典禮。

不久之後，渡邊茂教授的興趣從鴿子變成了麻雀，從畫作變成了音樂。一九九九年，他與他的同事發表了一篇報告，說他們如何教導麻雀分辨巴哈和荀伯格（Schoenberg）的樂曲。他們也教導另外一組麻雀辨識韋瓦第（Vivaldi）和卡特（Elliot Carter）的作品。

二〇〇一年，渡邊茂教授重回之前讓他成名的領域——鴿子與畫作的研究。他的研究範圍擴大了，包括莫內與畢卡索以外的藝術家的畫作風格，以及在鴿子與不同生物之間做比較。在《動物認知》（*Animal Cognition*）雜誌的一篇報導中，渡邊茂這樣說：

「筆者之前報告過，鴿子能分辨出不同畫家的畫作，在此，筆者再次重複之前的發現，並額外進行了測試，將鴿子的辨識能力與四所大學的學生（十九至二十一歲）進行比較。在實驗一裡，我們訓練鴿子分辨梵谷和夏卡爾（Chagall）的畫作……在實驗二裡，以同樣的作品測試這些大學生……結果發現鴿子視覺的辨識能力和人類不相上下。」

1 〔譯註〕各種不同頻率的聲音，以相同的強度發出，此種聲音的組合稱為白雜訊。

糟蹋掉藝術史蹟的「日行一善」

負責調查的考古學者尚・克勞提斯（Jean Clottes）先生表示，經過鑑定之後，可以知道這些塗鴉的年代久遠，十分具有歷史價值。
——摘自一九九二年三月二十四日《世界報》的一則報導

正式宣布｜搞笑諾貝爾獎考古學獎頒給
「法國先鋒團」（Les Eclaireurs de France），這個以「開疆闢路」之意為名字的新教徒青年團，專門把牆上塗鴉洗刷得一乾二淨。他們因為把法國布尼克村（Bruniquel）附近Mayrières洞穴牆上的古代壁畫刷洗掉而獲獎。

美國童子軍與女童軍、（德國）童子軍與女童軍、突尼西亞童軍團、卡達男童軍、摩納哥童軍團、賴比瑞亞男童軍、列支敦示登童子軍與女童軍、巴西童軍團、義大利童軍團、保加利亞童軍團、中國童子軍、布吉納法索童子軍與女童軍——在一百五十多國裡，男孩子和女孩子加入童軍團，是要為他們的同胞行善事的。
大部分童軍團都盡力遵循這個宗旨，而且是——以他們各自的語言的說法——「蓄勢待發」。
一九九二年的法國，當童軍領隊要求法國先鋒團負責清理洞穴，他們也真的是蓄勢待發。

童軍團領隊帶領先鋒團團員，造訪了位於南法的塔恩加倫區（Tarn-et-Garonne），一個名叫Grotte des Mayrières Supérieures的洞穴。領隊叫這些童子軍們清除洞穴牆壁上的塗鴉，這些童子軍也真的照做了。

對一般人來說，那些牆壁上的畫作可能只是隨手的塗鴉，但是對另外某些人來說，那些畫作卻是偉大的作品。而這些特別的壁畫的的確確是難得的歷史遺跡。

一直到清理完畢後，這些童子軍才知道他們對歷史闖下了什麼滔天大禍。

一九五二年，一支洞穴探勘隊在洞穴中發現一個驚人的歷史遺址。Grotte des Mayrières Supérieures是一個又長又彎曲的洞穴，它的牆上畫著——或者該說「曾經畫著」——許多古老的壁畫，最壯觀的一幅就在入口不遠處，畫的是兩頭巨大的野牛，一頭正面朝向我們，另一頭則是側身。

考古學家推測，這些壁畫可能有一萬年或一萬五千年的歷史。這些畫是法國該地區唯一發現的此類型壁畫，而拜法國先鋒團所賜，那些畫也成了該地區唯一消失的此類型壁畫。

因為法國先鋒團的熱心與經過官方認證的作為，所以他們贏得了一九九二年搞笑諾貝爾獎考古學獎，不過該獎得主無法、或是不願出席頒獎典禮。

麥田圈怎麼來的

最偉大的物理學家愛因斯坦，證明了光子的存在，但是它們稍縱即逝……他也表示，萬物的存在都是以光子為基礎的……這個說法似乎可以支持麥田圈理論：麥田圈是由不知名的智能生物，施加不明的作用力場所造成的。

——摘自麥田圈的研究調查者派特德加多的著作《麥田圈的鐵證》

正式宣布｜搞笑諾貝爾獎物理學獎頒給

低能物理學（Low-energy Physics）**的大名人大衛・裘利**（David Chorley）**以及道格・鮑爾**（Doug Bower），**他們因為對英國麥田做了幾何狀破壞，對場論**（field theory）**做出循環貢獻而獲獎。**

市面上有許多關於麥田圈的書，以下兩本書所持的論述剛好完全相反。《麥田圈祕史：世界最大謎團的實情與不為人知的內幕！》（*The Secret History of Crop Circles: the True, Untold Story of the World's Greatest Mystery!*），泰瑞・威爾森（Terry Wilson）著，1998年由麥田圈研究中心（Center for Crop Circle Studies）發行。1994年吉姆・夏耐貝（Jim Schnebel）所著，Prometheus Books出版的《在圈圈上打轉：捉弄人的妖怪、惡作劇者以及麥田觀察者祕史》（*Round in Circles: Poltergeists, Pranksters, and the Secret History of the Cropwatchers*）。

麥田圈通常都很神祕、讓人摸不著頭緒，甚至難以解釋。它們通常在暗夜降臨英國的農田裡，出現的方式很有意思：讓小麥、玉米或大麥倒成一圈一圈。這近十年來，有越來越多地方都出現了麥田圈，它們的形狀、圖案也越來越多樣化。媒體、民眾和科學團體發了瘋似地想要了解它的成因；到底是什麼自然的力量、非自然的力量或是外來

的科學力量，才能夠讓如此令人驚嘆的現象成形呢？
最後的結果，答案竟然只是兩個無聊人士，他們叫作道格和大衛。

他們做了什麼？一九七〇年某個夜黑風高的晚上，大衛・裘利和道格・鮑爾弄出了史上令人矚目的（這點當然毋庸置疑）、全球公認的第一個麥田圈。道格在南安普敦（Southampton）經營一家裱畫的小店，大衛則是業餘藝術家。這兩人常常一起廝混喝酒，有時還喜歡惡作劇，最喜歡幹的一件事，就是在天黑之後出門，在當地的農田裡畫出一個又一個圓圈，然後看看別人有沒有注意到。

他們對這個有趣又特別的惡作劇樂此不疲，直到有一天，當地的《威爾特郡時報》（*Wiltshire Times*）刊出了一篇報導。這篇文章是第一個報導這些怪圈圈的新聞（「整株整株的麥子都躺平了，麥桿都朝順時針方向倒下」），還引述了當地農夫的話：「我以前從沒看過這樣的圖案！」發生這些奇怪事件的農田地區，也有個名實相符的怪名，叫作「起司腳嶺」（Cheesefoot Head）。

大衛和道格兩人看到他們的作品這麼受到大家矚目，就越做越起勁了。第一個圈圈是用金屬棒製造出來的；過沒多久，技術上就有了大躍進，他們把金屬棒換成了厚木板，不但較輕盈，而且能讓他們帶去更遠的地方。

當他們兩人越做越起勁的同時，媒體的報導也把這一股狂熱散播到全國，然後又推向全世界。有時候麥田圈在這兒出現，有時在那兒出現；全世界除了南極洲以外，每一洲都出現過麥田圈，地球上的國家一個接著一個，在自家的麥田裡看到各式各樣的圖案。蘇格蘭和威爾斯、愛爾蘭和法國、荷蘭、瑞典、義大利、德國、瑞士、羅馬尼亞、加拿大、美國、墨西哥、肯亞、阿根廷、烏拉圭、紐西蘭、澳洲、日本和蘇聯，到處都有。

各界的猜測四起——麥田圈是如何形成的？有人說是直昇機，有人則說是天氣異常造成的。到目前為止，不少人認為是不明的科學力場造成的，也有不少麥田圈的狂熱者相信（或希望）這一定跟幽浮脫不了關係。也有抱持懷疑態度的人認為這根本就是一場玩笑，但他們往往也被這些支持天氣、作用力場、幽浮理論的人嘲笑。

不久，支持直昇機理論的人很快就退出競賽，因為使用直升機的話有點太過招搖，不會沒有人注意到的。

支持天氣理論的人在《氣象學期刊》（*Journal of Meteorology*）等刊物上發表了詳盡的報告，他們堅信，麥田圈是由位在中心的大型旋風，伴隨著四個衛星旋風，以精確一致的行動造成的，這算是空氣動力學預測得到的現象。這些理論家可是還有更複雜的理論呢！

至於主張不明作用力場理論的人可就有得忙了，這麼說吧，他們得要到現場演練，對於類球形等離子體渦流（quasi-spherical plasma vortices），靜電荷流入（static charge inflows），放射狀凹陷的麥稈隔間牆，以及不規則電磁擾動（electromagnetic agitation），提出一套自圓其說的解釋。

後來，新出現的麥田圈形狀變化越來越多，有的像動物、昆蟲、鎖匙、雪花、民間藝術、宗教符號、紙風車、鏈輪齒盤和研究所數學教科書上的圖形。當然啦，有一些是裘利與鮑爾的傑作，不過並不是全都他們幹的。有一陣子他們對近來那些模倣「道格與大衛」的麥田圈製造者覺得很惱火，那些傢伙在麥田裡大剌剌地弄出幾個大字：「我們有伴了！」。

有一份四個月一期、叫作《麥田學人》（*Cereologist*）的期刊（後來改名為Cerealogist，但最後又改回Cereologist），是專門記錄有關麥田圈的各個事件。像《麥田圈》（*The Circular*）和《麥田觀察者》（*The Crop Watcher*）以及其他探討麥田圈的雜誌都冒了出來，談麥田圈的著作和電視專輯多到氾濫，研究麥田圈的組織比比皆是。

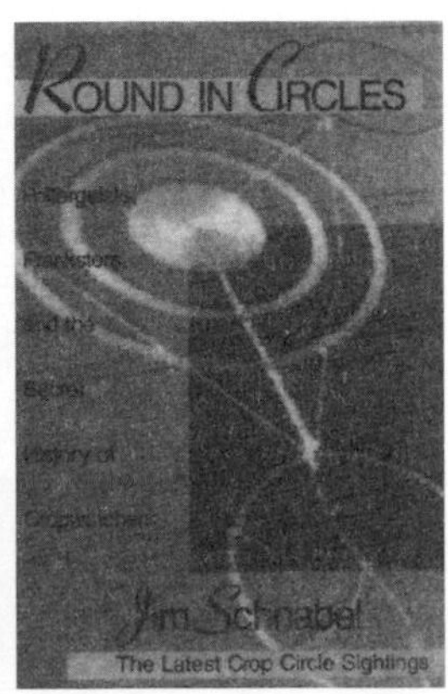

這兩本書對麥田圈現象的論述完全相反。

到了一九九一年，裘利和鮑爾覺得，製造麥田圈對他們來說已經不再那麼刺激了，他們也開始對那些靠著麥田圈賺錢的人（做導覽、賣紀念品、出書），感到厭煩。所以他們打電話給記者，告訴記者整個事件的來龍去脈，並且實地演練一次，而這也讓他們變得小有名氣了！

就因為這樣，大衛．裘利以及道格．鮑爾兩人贏得了一九九二年搞笑諾貝爾獎物理學獎。

他們二人無法、或者是不願參加頒獎典禮。

在裘利及鮑爾把一切公諸於世後，許多麥田圈的狂熱者也就不再那麼熱中了。

儘管有些人覺得他們二人是愛吹噓、多管閒事的反科學麻煩製造者，但是到現在，還是有一群無畏的麥田圈調查者在尋求解答。這是一項艱難的工作，他們自己也知道。一九九八年，麥田圈研究中心出版了《麥田圈祕史》（*The secret History of Corp Circles*），舉出實例反駁裘利和鮑爾這類麥田圈製造者，以及那些批評者與懷疑者：

「我們有理由相信，在一九九〇年代初期，開始了一場要動搖麥田圈研究的活動，也試圖說服民眾，麥田圈沒什麼大不了的。」

動物界陰莖大展

動物界陰莖大展是一份比較解剖學的圖表資料，以多種動物的雄性生殖器官為特色，其中包括了人類的。這份圖表資料對於成年雄性動物陰莖的尺寸、大小都有詳細解說，所有陰莖皆以實體勃起時的五分之一大小比例來繪製。

——摘自海報所附的敘述資料

正式宣布｜搞笑諾貝爾獎藝術獎由以下所有人共同獲得

現代的文藝復興大師金 · 諾爾頓（Jim Knowlton），**他因為那優異的解剖圖海報《動物界陰莖大展》**（*Penises of the Animal Kingdom*）**而獲獎。**

此獎也頒給鼓勵諾爾頓先生出版《動物界陰莖大展》立體書的美國國家藝術基金會（US National Endowment for the Art）。

《動物界陰莖大展》現已絕版，如果金 · 諾爾頓先生完成修訂版，可經由下列地址和他連繫取得新版：Scientific Novelty Co., PO Box 673Bloomington, IN 47402 USA

金 · 諾爾頓先生製作了一個二十世紀最專業、最創新、最令人喜愛又最正確的解剖圖表，凡是看過的人都會留下難以抹滅的印象。

一九八四年，吉姆 · 諾爾頓還是哥倫比亞大學物理系學生時，某回與人聊天時偶然得知，某些蛇類有兩個陰莖，貓的陰莖上附帶有一層尖銳的倒刺，接著他們又詳細討論了動物陰莖型態的怪異之處。當天晚上，諾爾頓就想要製作一份描繪動物陰莖的解剖圖海報。

他開始在各大學及紐約公共圖書館進行密集的研究，他查閱了圖片、書本和不同物種的陰莖的統計資料。

為了傳達海報的科學根據及含意，諾爾頓先生選擇用筆墨描繪來呈現，讓人會聯想到《解剖學》（*Gray's Anatomy*）一書。在一九八四年十一月的最後一個星期，他首刷印製了一千份的《動物界陰莖大展》，並立即上市。

《動物界陰莖大展》一下子就賣翻了。於是諾爾頓搬到印地安納州的布朗明敦（Bloomington），創立了「科學新鮮事」（Scientific Novelties）這間一人公司，這幅海報就是該公司的主力商品。

生物老師、獸醫師和研究陰莖的學者，馬上就採用這張海報作為教材。在那個年代，很多學生認為科學是一門嚴肅又吃力的學科，但《動物界陰莖大展》卻帶給他們簡單直接又有趣的學習動力。

海報雖然廣受歡迎，卻不見得人見人愛。某些醫學院的解剖學教授拒絕在課堂教學上採用這張海報，可能是因為老師需要在短時間內，掌握住比較廣泛的相關資料，所以對於這份過於專業的海報必須更加謹慎才行。

諾爾頓感嘆地對記者說：「儘管有許多看似開放的媒體對這張海報極有興趣，而且有料想不到的反應，但只有少數的主流雜誌願意刊登這張海報的廣告，大多數雜誌都拒絕了，即使是像《花花公子》、《柯夢波丹》和《亞特蘭大》這些自稱尺度很寬的雜誌也一樣。」

一九九二年，諾爾頓先生得知了美國國家藝術基金會（NEA）這個機構。它是一個推廣藝術並提供資金的政府機構，近期才剛贊助過勞伯・馬波索普（Robert Mapplethorpe）的人體構造攝影，還有安迪思・希蘭諾（Andres Serrano）的「浮在尿上的耶穌十字架」（Piss Christ）的照片。諾爾頓心想，他們或許願意贊助這份風格嚴肅、內容富科學意義的藝術作品。

於是他致電給位於華盛頓哥倫比亞特區的該基金會總部，告訴他們《動物界陰莖大展》海報的事，說明他想把海報做成立體書。美國國家藝術基金會沒有掛斷他的來電，他們還就諾爾頓先生的計畫與需求討論了一番，最後他得到了基金會的經費贊助。

由於他們對於科學以及藝術上的學術貢獻，金·諾爾頓和美國國家藝術基金會，共同獲頒一九九二年搞笑諾貝爾獎藝術獎。

諾爾頓先生自費從印第安納州的布朗明敦來到典禮現場；另一方得主——美國國家藝術基金會則無法、或是不願參加頒獎典禮。以下是諾爾頓先生的得獎感言：

「在本世紀，藝術與科學之間隔著一道堅固的壁壘；既是科學家也是藝術家的我認為，這是很危險的事。」

「我這個重要的作品，是一份從人類到鯨魚的多種動物雄性生殖器官的解剖學比較圖表。我在哥倫比亞大研究所念書時，就製作了這份圖表資料，我也總是被那些曖昧或輕描淡寫的概念性作品所吸引，《動物界陰莖大展》不只是揭開面紗而已，更利用了主題（陽具）與枯燥內容（傳統解剖學圖表）之間的張力，刺激了藝術家和科學家這類人士，一起檢視普遍存在的社會態度。」

「出版《動物界陰莖大展》的立體書是我的期望與夢想，我要向美國國家藝術基金會致謝，他們十分支持還贊助了我的計畫，並提供了可以讓雙方合作無間的方法。」

「在此我代表藝術、代表科學以及代表動物界的所有動物，向你們說聲謝謝！」

典禮結束後，諾爾頓先生馬上就被愛好動物人士、女粉絲（從十九到九十三歲）與解剖學者包圍，向他索取簽名、建言和海報。

兩年後，在粉絲堅持下，諾爾頓先生重回搞笑諾貝爾獎頒獎現場，為了回應那些《動物界陰莖大展》熱愛者，他站上講台演說：

「這份圖表資料有雙重吸引力。雖然它的概念和外觀都很科學，但顯然也有幽默的一面。製作這個圖表時，我選擇了在解剖學圖表的臨床上與內容枯燥度上，都極具挑撥性的主題——陽具。雖然主題與內容之間的張力，正好是這份圖表趣味性的來源，但是我希望

Penises of the Animal Kingdom is a comparative anatomy chart featuring the male copulatory organs of several animals, including man. The illustrations were rendered with close attention to proportion and scale, the sizes determined by the average physical dimensions of the genitalia of adult males. All organs are depicted erect at one-fifth actual size.

Each penis has certain outstanding features. The **human** organ possesses a well defined glans, or tip. This mushroom-shaped end is one of the most developed glandes of the animal kingdom.

The **dog** penis has a bulbous enlargement that is present only during erection. This bulb is the reason dogs "get stuck" while copulating. The female contracts her vagina around the trapped penis to extract seminal fluids.

Hyenas are well known for the similarity of the male and female genitalia. A female's erect clitoris is nearly identical, in both size and shape, to a male's penis. Covering the glans of each organ are sharp, backwardly directed spines.

The penises of the **goat**, **ram** and **giraffe** have extensions of the urethra. The urethras of the giraffe and ram can extend several centimeters beyond the glans of the penis, forming a pliant worm-like tube

The **porpoise** has a remarkable penis. The copulatory part of the organ is jointed, allowing the tip to rotate or swivel. The animal has voluntary control over this action and uses the fingerlike appendage to manipulate and investigate objects in its environment.

Perhaps the oddest penis is that of the **pig**. During erection, the end of the penis convolutes into a corkscrew bearing an uncanny resemblance to the animal's coiled tail. The helical end of the erect organ conforms to the twisted contours of the female's vagina.

The **horse** penis is similar to that of the human; it also has a well defined glans. A dissimilar feature is a slight extension of the urethra.

The **bull** penis has an interesting history. Because of its rope-like consistency and proportions, it was used in the Middle Ages as a flogging stick. Today in some parts of the world it is dried and used as a walking cane.

The **elephant** has a very muscular penis. More than half of the curved organ forms the pendulous portion, yet only the very end penetrates the hard-to-reach vagina of the female during copulation.

Whales have the largest penises of all animals. A blue whale penis can measure thirteen feet in length and one foot in diameter. The poster depicts the sperm whale penis with a length of over seven feet.

To order: Send $9.95, plus $3 for postage and handling, to Scientific Novelty Co., Post Office Box 673, Bloomington, IN 47402. Please allow two weeks for delivery.

附在經典的解剖圖《動物界陰莖大展》第一版的敘述文字。感謝金・諾爾頓先生允許我們刊在本書。

這樣的衝突，最後能藉由再次檢驗佔絕大多數的、支持保留陽具神祕性的社會態度，來獲得解決；而海報也能讓陰莖在生物學上真正的重要性，獲得更正面的評價。」

在一九九六年，他再度回到劍橋頒獎給第六次第一屆搞笑諾貝爾獎的得獎人，利用討論會，公開討論生物多樣性的議題。他對諾貝爾獎得主以及其他齊聚在桑德斯劇院的一千兩百名傑出人士說：「我的研究，呈現了動物界驚人的多樣性，有些體形碩大，有些則相反。今天，我站在哈佛大學這裡，想要向大家推薦一本我很喜歡的書——史迪芬・傑・顧爾得教授（Stephen Jay Gould）的《人類的誤判》（*The Mismeasure of Man*）。」

在金・諾爾頓（暫時地）退休之前，他在藝術界與解剖界賣出了兩萬五千多份海報。二〇〇一年他開始著手進行新版《動物界陰莖大展》的修訂工作。

20 文學類

許多人因為文學而在歷史上留名，
不過以下七個例子的這些人，
卻是靠文學贏得搞笑諾貝爾獎。

- 臭屁形成的金鐘罩
- 撇號保護學會
- 九百七十六名共同作者
- 九百四十八篇論文的作者都有他
- 諸神的戰車
- 垃圾電子郵件之父
- 直腸裡能塞進多少東西？

臭屁形成的金鐘罩

本篇報告描述一名被收養、有嚴重困擾的潛伏期男孩，行為的若干特徵……彼得已經發展出一種「防衛式嗅覺容器」，他覺得自己有危險的時候，就會用身體散發的臭味和屁把自己包住，這樣他就可以用「熟悉的雲層」保護自己，對抗他覺得人格即將四分五裂的恐懼，把他的人格保持聚合。

我用佛德罕（Michael Fordham）的發展（development）觀點和安齊厄（Anzieu）的「心靈封袋」（psychic envelopes）概念，建構本篇報告的理論基礎，而在談到榮格的象徵發展（symbolic development）和心理包容（psychological containment）觀點時，也會討論比昂（Bion）的 α 與 β 元素。

——引自瑪拉・席多里的報告

正式宣布｜搞笑諾貝爾獎文學獎頒給

華府的瑪拉・席多里博士（Dr. Mara Sidoli），**因為她發表了充滿啟示的報告〈以放屁作為對抗無法形容的恐懼之防衛手段〉**(Farting as a Defense Against Unspeakable Dread)。

他們的研究發表在1996年第41期第2號的《分析心理學期刊》（*Journal of Analytical Psychology*），第165到178頁。

一名世界上最偉大的榮格學派兒童心理分析學家，接下了一個她記憶中最棘手、最臭的病例。三年後，她相當自豪，而且看在後代子孫的份上，提筆把過程寫成報告。

席多里在她的同儕中，素以樂意接手其他心理分析學家弄到焦頭爛額、或是舉手投降的難纏病例而聞名。彼得這個病例，最後證明特別具有挑戰性，因為他是個有嚴重困擾的潛伏期男孩，聞起來很臭。

「潛伏期」(latency)一詞，是佛洛伊德(Sigmund Freud)用來形容七到十二歲這個階段的。佛洛伊德認為，這段時期是人類一生當中，唯一不會對性著迷的時期。彼得著迷的，是其他事情。

當地一家醫院把這個古怪的病人轉診給席多里。她從一開始就知道，這不是個容易處理的病例：

「每次彼得感到焦慮或憤怒時，他就會大聲和他幻想出來的生物交談，還會放很大聲的屁，並且用嘴巴發出放屁聲。他一有壓力就會大便失禁——雖然有經過控制大小便訓練，但還是經常大便在褲子上。」

席多里很快就明白，「他的焦慮讓他想要測試他的父母對他的承諾……雖然我幾乎是一看到他就打從心裡喜歡他，但我也明白，我們之間的合作會有一段十分難受的磨合期。」

她的評估是正確的。

最初好幾個星期彼得進步緩慢，席多里於是向他提出一些逆耳忠言。席多里在報告裡表示，彼得出現了立即反應：「他陷入一種混亂和恐慌的狀態，跳上跳下、大喊大叫，還一直放屁，用這些方式來自衛。」

接下來的好幾個星期，這個男孩有很平緩(即使很微小)的進展，他不會再大便在褲子裡了。治療師和病人越來越常見面。下面是節錄自席多里的描述：

「彼得開始每星期來見我兩次時，他的戲就演到新的階段了。他把自己想像成威名遠播的獨裁者和嚴刑逼供者，他最常幻想自己是海珊(Saddam Hussein，當時正值波灣戰爭期間)。有好幾次我都必須制止他暴力攻擊我。他的攻擊有肢體上的，也有言語上的，而且總是伴隨很多臭屁。不管什麼時候，只要他覺得痛恨我——在那段期間，這種事有如家常便飯——他會說他的屁是用來毒害我的致命毒氣。不過有時候，他的態度會變得比較矛盾，也比較不那麼恨我。然後他會警告我，他正在醞釀毒氣，我應該戴上防毒面具。」

後來，彼得跟她講了一個貓咪的故事，然後他倆就玩起角色扮演遊戲。彼得這隻貓咪變得過分苛求：

「他命令我把他準備好的大量食物都吞下肚，然後我還得假裝吐出來。在治療的這個階段，他在玩這個遊戲時還伴隨著喵喵聲、放屁聲，而且他還真的放屁。在他表演貓咪把整個世界都吃進去後是如何爆炸時，他的屁放得特別大聲。通常他都必須趕快跑廁所，免得弄髒褲子。」

這是這個治療裡很需要小心處理的階段。在他們合作進入第二年時，他們的關係惡化了。彼得出現了短暫的退化（regression）——榮格通常說這種退化是為「自我」（ego）服務的。

對席多里來說，這段時間最難熬。

「雖然我不斷解讀這些屁和放屁聲的意義，但這些屁和放屁聲還是越來越變本加厲。我開始感到無能為力，我沒辦法利用口語溝通來壓過他，或是改變這個狀態。我說的話好像變成屁一樣，反彈回我身上。這個過程是一種轉化的倒錯。他設法把我的 α 元素詮釋再轉化為 β 元素，然後在避免對材料加油添醋之下，把這些元素排泄回到我身上。我覺得，他用肉眼看不見的臭味和屁味屏障，把自己緊緊地包圍起來；他用這種方式來保護自己，來反抗任何想要碰觸他最痛苦一面的外來溝通。」

席多里後來想到，榮格治療某個病人時，某段時期也曾經面臨類似危機。席多里決定循著榮格開拓的道路走。她發動反擊，進行她自己的策略，開始發出很大的放屁聲。席多里在報告裡表示，這產生了大家嚮往已久的結果：

「起初，彼得對我的行為感到很驚訝困惑，對於我會這樣放屁感到難以置信。我把他的驚訝和迷惑當作他開始注意到我的跡象，這鼓舞了我繼續這麼做。我一直發出這樣的放屁聲，他的驚訝一下子就變成不快，然後又變成憤怒。他說我瘋了，還命令我停止這種行為。過了一會兒，他意味深長地看著我，然後打從心裡放聲大笑。這時候我停了下來，告訴他我已經注意到他是用放屁來停止溝通的，彷彿他希望讓我相信他發瘋了。我說他以前就是用這一招來讓人們相信他發瘋了，不過他辦到了，雖然這一招會讓他被人嫌棄。從此以後，他跟我在一起時，就變成『真正的』小孩了。」

最後，席多里在報告中表示，「他終於能以人類的表達形式，來表達自己的恐懼與絕望。他沒有再用屁來包圍我，而能對我開誠布公談他的痛苦。他展現出他的愛和悲傷，還有他精確的觀察與幽默感。」

這篇報告的結論充滿正面能量，因為彼得已經學會撤下戒心，不再採取那種令人難以忍受的防衛手段。

席多里面對這名潛伏期男孩的防衛性放屁時，相當勇敢堅忍，並且用文學式的優雅來評定這次經驗，因而贏得一九九八年搞笑諾貝爾獎文學獎。

得主可能無法參加搞笑諾貝爾獎的頒獎典禮，不過她對於獲獎深感榮幸。她說她總是接下病情最嚴重的精神病患，而且對於自己不僅治好他們，還用甚具技巧與風格的手法寫下這些經驗，感到很自豪。一九九八年，她當選「全美精神分析促進協會」（National Association for the Advancement of Psychoanalysis）的會長。

撇號保護學會

「親愛的先生女士，」這封信是這麼開頭的，「由於大家對於撇號的使用法似乎有一些疑問，所以我們很冒昧地用錯誤的用法，來吸引您的注意力。」

——引自「撇號保護學會」發布的標準信件

正式宣布｜搞笑諾貝爾獎文學獎頒給

英國英格蘭波士頓的約翰・理查斯（John Richards）**，他是「撇號保護學會」**（Apostrophe Protection Society）**的創辦人，他因為不遺餘力地保護、推廣以及維護複數與所有格之間的差異而獲獎。**

「撇號保護學會」位於英國，地址是：23 Vauxhall Road, Boston, Lincs, PE21 OJB, United Kingdom

多年來理查斯老是在訂正同事犯的錯誤，他退休時的職務是報社的副主編。他一輩子都在訂正撇錯地方的撇號，這不僅常讓他火冒三丈，也為他真正的畢生志業鋪好了路。

林肯郡（Lincolnshire）波士頓市的約翰・理查斯先生任職過《布萊頓阿耳戈斯晚報》（*Brighton Evening Argus*）、《雷丁郵報》（*Reading Evening Post*）、《諾丁罕郵報》（*Nottingham Evening Post*）、《西薩塞克斯公報》（*West Sussex Gazette*）以及《西薩塞克斯郡時報》（*West Sussex County Times*），在漫長的報人生涯「歷劫」歸來之後，他已經看過太多撇錯地方的撇號了。

他原本預期退休後能過著輕鬆幸福的生活，無奈退休沒幾個星期，這樣的生活就被波士頓市東一處、西一處、到處亂撇的撇號給毀了。理查斯先生很快就達到他所說的「沸點」。他勢必不會讓這些亂來的撇號四處橫行，於是他創立了「撇號保護學會」，這個組織最初的成員就只有他和兒子史蒂芬。「雖然我兒子贊同我，但我感覺自己是孤軍奮戰，但無論如何，我都得義無反顧地堅持下去。」在這段創始期裡，他是這麼說的。學會的會員很快就超過一百人，而理查斯先生也理所當然當上會長。

理查斯會長告訴《每日電訊報》：「我已經對這種事情惱火很久了。我在鎮上四處逛時，看到太多撇錯地方或是漏掉的撇號，真令人難以置信。水果攤販賣『好幾磅的香蕉's』(pounds of banana's)，而不管什麼地方的公共圖書館，都會出現寫著『CD's類』(CD's)的標示——就連特易購大賣場(Tesco)，都一定會出現『一千件的』優惠價格商品('1000's' of products at reduced prices)。這類錯誤實在不勝枚舉，我覺得應該做些什麼。」

理查斯會長開始在波士頓的街上遛躂。他不是在四處搜尋撇號錯誤，而是摩拳擦掌，準備處理可能碰到的各類錯誤。「撇號保護學會」準備了一封制式信件，內容涵蓋了所有的可能情況，信件的措辭十分客氣，沒有高高在上地指責：「我們想要強調一點，我們無意指責，只是想提醒您正確用法，而您應該也願意修正這個錯誤。」

這個學會的某個會員會「隨身攜帶撇號貼紙，一看到標示出錯，就把撇號貼在需要貼的地方」。不過理查斯會長的武器除了制式信件，就只有偶爾嚴厲地出聲斥責了。

「撇號保護學會」的會員都很了解他們是在打一場戰爭，不是一場戰役，而且在他們的有生之年是很難看得到勝利的。然而他們還是在理查斯會長的帶領之下，勇往直前戰鬥下去。

理查斯因為對英語的貢獻，以及讓英語能像他心目中的英語那樣，所以贏得二〇〇一年搞笑諾貝爾獎文學獎。

這位得主不喜歡搭飛機遠行，所以沒有參加搞笑諾貝爾獎頒獎典禮，但他錄下得獎感言寄來給我們，他在錄音帶中說道：

「我必須為無法親自到場致歉，但是我對於自己今晚竟然能在這裡發表得獎感言感到驚訝——甚至可以說是嚇傻了、榮幸極了。事實上，這真的讓我難以置信。這一點都不像真的，像是不可能發生的事（在這個情況下用這個字眼很恰當），但我從很久以前，就深深察覺到我對撇號的使命了，這個使命也促使我去尋找千千萬萬志同道合的人。各位在聆聽我的得獎感言時，還是有很多人正在摧殘這個微不足道、毫無反抗能力的小東西，這真是讓我痛心疾首，任何人都有辦法牢記撇號用法的基本規則的。事實上，除了聆聽其他搞笑諾貝爾獎得主的得獎感言，我實在想不出更好的辦法來消磨這短短一分鐘。總之，我非常感謝各位今晚賜給我這個殊榮。」

搞笑諾貝爾獎小百科｜撇號要撇對地方！

以下是「撇號保護學會」對使用撇號所提供的簡明指南。

書寫英文的時候，撇號的使用規則很簡單：

1. 撇號可以用來表示省略的字母，例如：

- 用I can't 來代替I cannot
- 用I don't 來代替I do not
- 用it's 來代替it is

2. 撇號可以用來表示所有格，例如：

- the dog's bone（狗的骨頭）
- the company's logo（公司的標誌）
- Jones's bakery（瓊斯的麵包店，但如果這家店的老闆不只一位瓊斯的話，就要寫成Joneses' bakery）

注意：it的所有格不需要加撇號：the bone is in its mouth

不過，如果我們所舉的例子裡，有兩隻或兩隻以上的狗，兩家（或兩家以上的）公司，或是兩位以上的瓊斯，那麼撇號就要加在「s」的後面：

- the dogs' bones
- the companies' logos
- Joneses' bakeries

3. 撇號絕對不能用來表示複數！這類濫用常見的例子如下：（都是在日常生活中常看到的！）

- Banana's for sale 這當然應該寫成 Bananas for sale（香蕉促銷）
- Menu's printed to order 這應該寫成 Menus printed to order（印來點菜用的菜單）
- MOT's at this garage 應該寫成 MOTs at this garage（在這家汽車修理場進行多項車檢）
- 1000's of bargains here! 應該寫成 1000s of bargains here!（這裡有一千件特價品！）
- New CD's just in! 應該寫成 New CDs just in!（新發行的CD剛到貨！）
- Buy your Xmas tree's here! 應該寫成 Buy your Xmas trees here!（來本店購買聖誕樹！）

注意：我們必須特別留意your和you're的用法，因為它們的讀音一樣，用法卻完全不同：

- your是所有格，就像this is your pen（這是你的筆）
- you're是you are的縮寫，就像you're coming over to my house（你就順便到我家）

九百七十六名共同作者

我根本搞不清楚這篇報告到底有多少作者。我叫我的祕書幫我算，但她說她寧可把時間拿去做根管治療。

——《新英格蘭醫學雜誌》(*New England Journal of Medicine*)
執行編輯瑪西亞・安傑爾(Marcia Angell)

正式宣布｜搞笑諾貝爾獎文學獎頒給

E・塔波爾(E. Topol)、R・卡里夫(R. Califf)、F・馮・狄沃夫(F. Van de Werf)、P・W・阿姆斯壯(P. W. Armstrong)以及其他九百七十二名共同作者，因為他們發表了一份醫學研究報告，這份報告有好幾百名作者，光作者就佔了報告的絕大部分篇幅。

他們的研究以〈一次比較四種治療急性心肌梗塞的血栓溶解策略的跨國隨機試驗〉(An International Randomized Trial Comparing Four Thrombolytic Strategies for Acute Myocardial Infarction)為名，發表在1993年9月2日第329期第10號的《新英格蘭醫學雜誌》，673到682頁。

在科學界和醫學界，在履歷表裡條列發表過的報告，可以增加個人的可信度。一篇報告列出兩名或更多名共同作者，並不少見。列出五名或甚至十名共同作者，也不少見。不過，能出現九百七十六名共同作者的，那可就非比尋常了。

有一篇在一九九三年《新英格蘭醫學期刊》上發表的報告，列有接近九百七十六名共同作者。之所以說是「接近」，是因為計算過這些作者人數的評論者對正確的數字各執己見，但總數應該是落在九百七十六名上下。這篇醫學報告的正文只不過寥寥數頁，而作者人數合計下來，多到幾乎是論文頁數的一百倍。

這些作者來自十五個不同國家，他們所有人是否都彼此見過面，實在讓人很懷疑。甚至是否其中有人聽過別人大聲念出所有人的名字，我們也不清楚。但不管怎樣，這些人都是共同作者。

這些形形色色的作者由於發表了這篇不同凡響的報告，獲頒一九九三年搞笑諾貝爾獎文學獎。

這些得主可能無法、或是說不會參加搞笑諾貝爾獎的頒獎典禮，這可能是因為他們無法在得獎感言的遣詞用字上達成共識。但如果他們真的來了，他們會佔掉頒獎會場超過三分之二的席位。《新英格蘭醫學期刊》的執行編輯瑪西亞．安傑爾代表他們領獎。安傑爾醫生說道：

「我萬分狼狽地代表《新英格蘭醫學期刊》領取這個獎。我根本搞不清楚這篇報告到底有多少作者。我叫我的祕書幫我算，但她說她寧可把時間拿去做根管治療。我估算了一下，在這篇報告裡每個作者大概都貢獻了兩個字。」

「人們持續不斷的用作者頭銜拉抬身分，這報告便是這樣的情形。你發表的報告越多，就越有可能獲得提拔、贊助。如果每一個人都可以在每一篇報告上掛名當作者，那麼每個人都有機會變成終身職教授，每個人也都拿得到研究經費。所以囉，誰會反對那樣做呢？」

（接近）九百七十六名共同作者

底下列出了獲頒一九九三年搞笑諾貝爾獎文學獎的醫學研究報告的共同作者完整名單。當中有些人或許還不知道自己得到了這個獎，所以如果你認識其中的任何人，拜託你通知他們這個好消息。

籌畫指導委員會——美國的塔波爾（〔E. Topol〕研究計畫主席）；美國的卡里夫（臨床主任〔clinical director〕、協調中心）；比利時的馮．狄沃夫（主任、居間協調中心）；加拿大的阿姆斯壯；澳洲的艾爾華德（P. Aylward）；以色列的巴貝許（G. Barbash）；美國的貝茲（E. Bates）；西班牙的貝特崔（A. Betriu）；法國的波賽爾（J. P. Boissel）；美國的切斯布羅（J. Chesebro）；比利時的柯爾（J. Col）；英國的狄波諾（D. de Bono）；美國的高爾（J. Gore）；美國的蓋爾奇（A. Guerci）；英國的漢普頓（J. Hampton）；加拿大的赫許（J. Hirsh）；美國的荷姆斯（D. Holmes）；愛爾蘭的霍爾根（J. Horgan）；美國的克雷曼（N. Kleiman）；美國的馬爾德（V. Marder）；美國的莫瑞斯（D. Morris）；美國的歐曼（M. Ohman）；瑞士的普菲斯特勒（M. Pfisterer）；美國的羅斯（A. Ross）；德國的魯奇（W. Rutsch）；波蘭的薩朵斯基（Z. Sadowski）；荷蘭的西蒙斯（M. Simoons）；法國的法漢尼安（A. Vahanian）；美國的威佛（W. D. Weaver）；紐西蘭的懷特（H. White）；英國的威爾考克斯（R. Wilcox）。

協調中心——北卡羅萊納州德罕市（Durham）杜克大學醫學中心（Duke University Medical Center）：臨床醫師：卡里夫（R. Califf）和葛蘭格（G. Granger）；統計主任：李（K. Lee）；統計人員：派普（K. Pieper）和伍德里夫（L. Woodlief）；行政人員：卡那許（S. Karnash）、梅爾頓（J. Melton）和史那普（J. Snapp）；協調人員：伯丹（L. Berdan）、戴維斯（K. Davis）、漢斯利（B. Hensley）、赫夫曼（C. Huffman）、克萊恩羅傑斯（E. Kline-Rogers）、李（J. Lee）、墨菲（I. Moffie）和史密斯（D. Smith）；藥劑師：克里斯多福（D. Christopher）和朵賽（M. Dorsey）；程式設計師：布雷克曼（C. Blackmon）、摩斯（B. Moss）和沙凡達（J. Shavendar）；待命醫師：卡里夫（R. Califf）、葛蘭格（C. Granger）、哈靈頓（B. Harrington）、西勒加斯（B. Hillegass）和歐曼（M. Ohman）。

執行中心——克里夫蘭市克里夫蘭醫學中心（Cleveland Clinic Foundation）：塔波爾（E. Topol）、史托西克（V. Stosik）、薛恩（D. Shyne）、湯瑪斯（A. Thomas）、帕斯摩爾（D. Passmore）、華格納（R. Wagner）、迪波威（D. Debowey）、基奧（B. Keogh）和布利肯丹（P. Brickenden）。

居間協調中心——比利時魯汶市魯汶大學（University of Leuven）：馮・狄沃夫（F. Van de Werf）、安那史塔修（I. Anastassiou）、布勞爾（R. Brower）、狄克勒克（A. de Clerck）、里薩夫雷（E. Lesaffre）、呂登（A. Luyten）、繆瑞斯（A. Meuris）、田奈爾茲（P. Tenaerts）、馮・迪塞爾（S. Van Dessel）和佛伯克莫斯（K. Verberckmoes）。

澳洲協調中心——澳洲雪梨市雪梨大學（University of Sydney）國家醫學研究事務臨床試驗中心（National Medical Research Council Clinical Trials Centre）：西米斯（J. Simes）、貝爾斯（E. Belles）、周（S. Cho）、法布里（J. Fabri）、法瑞克（K. Farac）、麥克克雷迪（R. McCredie）、索登（J. Sowden）。

數據與安全監控委員會——布勞恩華德（〔E. Braunwald〕主席）、貝特朗（M. Bertrand）、謝特林（M. Cheitlin）、狄瑪莉亞（A. De Maria）、狄梅茲（D. De Mets）、費雪（L. Fisher）、史萊特（P. Sleight）和華特斯（L. Walters）。

中風審查委員會——安德森（N. Anderson）、巴貝許（G. Barbash）、高爾（J. Gore）、考德斯塔爾（P. Koudstaal）、隆史崔斯（W. Longstreth）、西蒙斯（M. Simoons）、史隆（M. Sloan）、塔德摩（R. Tadmor）、威佛（W. D. Weaver）和懷特（H. White）。

美國東北部（康乃迪克州、麻州、緬因州、新罕普夏州、佛蒙特州、紐約州和羅德島州）——瑪西納（G. Macina）、薩爾西德（K. Salzsieder）、蘭布羅（C. Lambrew）、畢夏（R. Bishop）、加謝奇（G. Gacioch）、賈梅爾（N. Jamal）、亞歷山大（J. Alexander）、萊登（J. Layden）、葛羅德曼（R. Grodman）、狄山提斯（J. DeSantis）、札倫（H. Zarren）、什巴斯（J. Cirbus）、墨瑞森（J. Morrison）、烏爾巴哈（D. Urbach）、卡普雷斯（M. Capeless）、戴維森（E. Davison）、麥克唐納（G. MacDonald）、左拉（B. Zola）、萊恩（G. Ryan）、狄考拉（J. DiCola）、巴伯（J. Babb）、安德里亞斯（W. Andrias）、賓德（A. Binder）、羅賓斯（J. Robbins）、瓦納（P. Zwerner）、溫伯格（M. Weinberg）、高爾（J. Gore）、李維克（C. Levick）、瑪西納（A. Macina）、瓦拉奇（R. Wallach）、米勒（D. Miller）、科恩（R. Kohn）、梅利斯（A. Merliss）、佛克夫（M. Falkoff）、薩丹尼恩茲（A. Sadaniantz）、葛林伯格（J. Greenberg）、帕克斯（R. Parkes）、加許（W. H. Gaasch）、賽爾迪斯（S. Zeldis）、賓斯基（L. Pinsky）、貝克曼（M. Bakerman）、加夫尼（B. Gaffney）、考爾巴哈（M. Kaulbach）、拉比（S. Labib）、泰倫（M. Therrien）、里巴（A. Riba）、漢那（J. Hanna）、布蘭登（N. Brandon）、賈克比（S. Jacoby）、凱賓（H. Cabin）、迪威（R. Dewey）、米勒（D. Miller）、摩西斯（J. Moses）、卡恩（A. Khan）、史崔恩（J. Strain）、羅森菲爾德（A. Rosenfeld）、麥克柯德（D. McCord）、布魯諾（P. Bruno）、瑞特（P. Reiter）、布雷特（S. Blatt）、法斯（A. Fass）、湯瑪斯（A. Thomas）、舒爾曼（R. Shulman）、林登伯格（B. Lindenberg）、布雷伯格（M. Bleiberg）、侯爾布魯克（J. Holbrook）、達瑞華（M. Dharawat）、圖摩洛（J. Tumolo）、雪克（S. Sheikh）、法瑞許（G. Farrish）、奈爾斯（N. Niles）、喬治（J. George）、史加利亞（A. Sgalia）、帕里克（D. Parikh）、放克（E. Funk）、曼寧（C. Manning）、考辛基（E. Kosinki）、文斯（R. Vince）、山格威（H. Sanghvi）、謝爾曼（L. Sherman）、薛（J. Hsueh）、祖基比（F. Zugibe）、皮山尼羅（L. Pisaniello）、山德斯（M. Sands）、小波拉克（E. Pollak, Jr.）、季霍伊（E. Kehoe）、阿布戴爾阿辛（M. Abdel-Azim）和普拉特（B. Platt）。

東南部（北卡羅萊納州、南卡羅來納州、維吉尼亞州、和佛羅里達州）——麥克布萊德（J. McBride）、古德菲爾德（P. Goodfield）、佛瑞（M. Frey）、米蓋爾（P. Micale）、艾爾斯布魯克（E. Alsbrook）、米勒（G. Miller）、麥杜克斯（W. Maddox）、岩岡（R. Iwaoka）、墨爾斯（H. Morse）、皮爾契（G. Pilcher）、崔斯克三世（N. Trask, III）、傑斯（R. Jesse）、柯林斯（M. Collins）、史朗克（J. Schrank）、霍華（L. Howard）、雪克（K. Sheikh）、普馬（J. Puma）、卡里夫（R. Califf）、巴恩斯（J. Barnes）、西隆（B. Hearon）、多爾切克（J. Dorchak）、肯納爾森（J. Kenerson）、約翰森（M. Johnson）、帕斯特瑞札（J. Pasteriza）、馬基（A. Magee）、史奈德（R. Schneider）、阿許比（C. Ashby）、諾貝爾（J. Nobel）、郭德堡（M. Goldberg）、墨瑞斯（J. Morris）、梅斯特（S. Mester）、史塔克（W. Stuck）、羅森布雷特（A. Rosenblat）、湯瑪斯（G. Thomas）、史密斯（J. Smith）、艾利森（W. Ellison）、李維（W. Levy）、葛洛夫（M.

Glover)、易奇(D. Eich)、波普(P. Popper)、吉布斯(K. Gibbs)、席格爾(R. Seagle)、蘭恩(G. Lane)、帕皮歐(K. Popio)、布雷克(A. Blaker)、遲(A. Tse)、麥克米蘭(D. McMillan)、佛卡瑞(R. Vocari)、懷塔克(A. Whitaker)、摩科托夫(D. Mokotoff)、羅爾克(S. Roark)、伊克(D. Ike)、葛哈拉馬尼(A. Ghahramani)、達芬波特(C. Davenport)、郝克斯特拉(J. Hoekstra)、季芬斯(D. Givens)、鄧克爾伯格(R. Dunkelberg)、史奈德(R. Schneider)、克拉克(M. Clark)、藍茲(F. Lenz)、韋斯農(M. Whisenant)、羅培茲(M. Lopez)、許尼德(S. Schnider)、史崔克蘭(J. Strickland)、帕拉尼揚迪(R. Palaniyandi)、史戴克(R. Stack)、巴特爾(A. Bartel)、隆(T. Long)、霍金斯(E. Hawkins)、艾佛哈特(R. Everhart)、古拉(R. Goulah)、路易斯(R. Lewis)、迪格潘(R. Thigpen)、韋斯特(S. West)、安德森(J. Anderson)、哈吉謝克(M. Hajisheik)和普里維特(D. Privette)。

大湖區(印第安那州、肯塔基州、密西根州和俄亥俄州)——喬瑟夫森(R. Josephson)、舒馬克(R. Schumacher)、摩恩(K. Mohan)、利特曼(G. Litman)、佛爾摩洛(J. Formolo)、貝斯里(D. Besley)、克勞斯(A. Klaus)、小卡利(L. Calli, Jr)、杜佛諾伊(W. Duvernoy)、漢辛默(J. Heinsimer)、薛佛(J. Schaeffer)、米勒(R. Miller)、史托梅爾(R. Stomel)、帕帕西法基斯(E. Papasifakis)、詹德(M. Zande)、賈柯布(J. Jacobs)、卡茲米爾斯基(J. Kazmierski)、霍蘭(K. Holland)、葛里夫(F. Griff)、懷塔克(W. Whitaker)、溫伯格(S. Weinberg)、馮吉爾德(J. VanGilder)、羅傑斯(J. Rogers)、達基佛特(D. Dageford)、巴西朵爾(P. Bacidore)、魯賓(M. Rubin)、雷諾(R. Reynolds)、拉札威(A. Razavi)、哈德森(J. Hodgson)、米爾薩普(R. Millsaps)、威法德(F. Wefald)、小佛拉克(T. Fraker, Jr.)、范德蘭(R. Vanderlaan)、史加利(K. Scully)、墨瑞斯(B. Morrice)、佛切提(J. Forchetti)、柯爾茲(R. Kurtz)、閔格斯(W. Meengs)、韋珍伯格(A. Weizenberg)、泰諸拉(M. Tejura)、貝茲(E. Bates)、佛雷雪(P. Fleisher)、派瑞(B. Perry)、克倫戴爾(M. Kreindel)、克里亞克斯(D. Kereiakes)、佛洛貝爾(T. Vrobel)、詹姆斯(M. James)、貝斯(E. Basse)、安德雷斯(P. Andres)、盧(B. Lew)、詹帕尼(S. Zampani)、果爾海德(M. Gheorghiade)、米爾福特(C. Milford)、威爾森(W. Wilson)、巴提亞(S. Bhatia)、道爾(T. Doyle)、特羅伯(S. Traughber)、波林斯基(W. Polinski)、布朗史登(S. Brownstein)、塔波爾(E. Topol)、梅耶(M. Meyer)、黑夫特(T. Heft)、卡普勒(K. Kuppler)、席爾特(B. Schilt)、米斯楚(V. Mistry)和布斯(D. Booth)。

中大西洋區(哥倫比亞特區、德拉瓦州、馬里蘭州、紐澤西州、賓州、和西維吉尼亞州)——巴爾(R. Bahr)、杜雷(A. Doorey)、克里山達(T. Krisanda)、史密斯(J. Smith)、畢爾恩(R. Biern)、葛雷哥利(J. Gregory)、史特拉漢(N. Strahan)、布瑞摩威茲(A. Bramowitz)、哥頓(R. Gordon)、伊巴拉(J. Ibarra)、羅斯(A. Ross)、沃利(S. Worley)、伯可威茲(W. Berkowitz)、菲爾德(R. Fields)、艾夫隆(M. Effron)、林德葛倫(K. Lindgren)、羅塞夫(E. Roseff)、艾文頓(M. Avington)、夏爾瑪(S. Sharma)、巴那斯(J. Banas)、貝克威斯(W. Beckwith)、克里胥那斯瓦米(V. Krishnaswami)、波耶克(T. Boyek)、戴爾(H. Dale)、辛瑪曼(J. Zimmerman)、伯克斯(J. Burks)、蓋爾(L. Gehl)、梅許科夫(A. Meshkov)、

魯賓斯坦（R. Rubinstein）、葛羅曼（G. Groman）、艾利斯四世（J. Ellis, IV）、波普凱夫（A. Popkave）、菲瑞（D. Ferri）、小山特（M. Santer, Jr.）、科內克（L. Konecke）、辛加爾（K. Singal）、瓦西默（J. Wertheimer）、塞林格（H. Selinger）、波爾許（M. Borsch）、史塔爾（H. Starr）、巴力斯（T. Parris）、皮可拉（M. Pecora）、帕坦卡爾（J. Patankar）、諾貝爾（W. Nobel）、葛羅斯曼（G. Grossman）、克蘭森（B. Clemson）、羅辛（D. Rosing）、丹林格（L. Denlinger）、阿德勒（L. Adler）、郭爾德史密特（H. Goldschmidt）、奧圖（J. O'Toole）、麥克科米克（D. McCormick）、葛蘭那托（J. Granato）、那加納（C. Naganna）、葛伯（E. Gerber）、利特爾（T. Little）、安傑利（R. Angeli）、馬克森（W. Markson）、藍道爾（O. Randall）、凱斯爾布倫納（M. Kesselbrenner）、歐爾森（K. Olsen）、艾斯普（W. Esper）和霍松（K. Hawthorne）。

西南部（亞歷桑納州、科羅拉多州、愛達荷州、堪薩斯州、蒙大拿州、新墨西哥州、德州、猶他州和懷俄明州）——帕德尼克（M. Padnick）、小懷特（H. White, Jr.）、史登（M. Stern）、朗巴多（T. Lombardo）、史溫那爾克（J. Svinarlch）、布朗尼（P. Browne）、塞尼（J. Saini）、勞佛（N. Laufer）、恩格（S. Ung）、瑞格比（D. Rigby）、派瑞（J. Perry）、馬登（A. Mattern）、夏多夫（N. Shadoff）、阿奎諾（V. Aquino）、牛頓（A. Newton）、蘭卡斯特（L. Lancaster）、岡札雷斯（D. Gonzalez）、辛科威克（G. Symkoviak）、法爾肯（W. Falcone）、以斯芮爾（N. Israel）、史考特（R. Scott）、惠伊（G. Hui）、波爾納（J. Boerner）、那德曼尼（K. Nademanee）、斯巴爾巴洛（J. Sbarbaro）、克勞斯（M. Kraus）、李（H. Lee）、謝勒斯（D. Sellers）、歐文斯（B. Owens）、哈利斯（S. Harris）、布朗（D. Brown）、索羅威（M. Solovay）、達米安（A. Damien）、烏爾伯特（S. Woolbert）、寇爾（B. Call）、麥克奎爾（M. McGuire）、葛拉特（T. Glatter）、戴維斯（R. Davis）、泰瑞（E. Terry）、凱斯托（C. Castle）、奧利佛羅斯（R. Oliveros）、雷瑟（J. Laser）、霍斯（C. Haws）、帕克（R. Park）、西西那（F. Cecena）、達爾（C. Dahl）、哥魯伯（S. Gollub）、豪瑟（R. Heuser）、皮斯（G. Peese）、山茲（M. Sanz）、布魯克斯（C. Brooks）、薛契特（C. Schechter）、葛拉登（J. Gladden）、龐德（R. Bond）、克羅福特（M. Crawford）、羅基（R. Loge）、摩爾蘭（J. Moreland）、菲特爾森（L. Faitelson）、路易斯（W. Lewis）、達提洛（R. Dattilo）、卡巴加（M. Carbajal）、塔巴（R. Tabbaa）、羅傑斯（G. Rodgers）、摩根（J. Morgan）、崔勒（M. Traylor）、安倫（C. Unrein）、克羅斯諾（R. Crossno）和威爾肯斯（C. Wilkins）。

中西部（伊利諾州、威斯康辛州、密蘇里州、南達科他州、北達科他州、內布拉斯加州、愛荷華州和明尼蘇達州）——漢諾維奇（G. Hanovich）、海錫恩（W. Hession）、阿布拉摩威茲（B. Abramowitz）、湯普森（J. Thompson）、科貝基（S. Kopecky）、庫克（L. Cook）、德羅達（J. Drozda）、史文森（L. Swenson）、施密特（P. Schmidt）、慕斯（A. Mooss）、安德森（B. Anderson）、高爾德斯汀（D. Goldsteen）、佛瑞格尼（F. Ferrigni）、艾丁（A. Edin）、山托林（C. Santolin）、亞歷山大（J. Alexander）、富林（K. Fullin）、麥克克瑞斯金（J. McCriskin）、泰勒（G. Taylor）、夏斯特（D. Shuster）、索爾伯格（L. Solberg）、曼寧（R. Menning）、亞伯拉罕（L. Abrahams）、艾普林（J. Epplin）、班頓（S. Benton）、漢

德勒（B. Handler）、史崔特馬特（N. Streitmatter）、薩丁（M. Saddin）、林（W. Lam）、席爾佛曼（I. Silverman）、丁特（R. Dinter）、法蘭克（W. Frank）、祖威克（D. Zwicke）、菲佛可恩（D. Pfefferkorn）、馬祖拉（T. Matzura）、梅耶斯（D. Meyers）、布倫（S. Bloom）、瓊斯（C. Jones）、關德特（P. Quandt）、惠勒（M. Wheeler）、蒙洛（C. Monroe）、詹尼（D. Jenny）、柯爾曼（H. Coleman）、荷姆（R. Holm）、小謝爾漢默（L. Shelhamer, Jr.）、葛里克斯（G. Grix）、勒特默（P. Leutmer）、哈納（R. Harner）、可波爾（C. Koeppl）、尤恩（R. Yawn）、阿那他契（P. Anantachai）、傑格（K. Jaeger）、帕泰爾（B. Patel）、辛克葛蘭尼（M. Cinquegrani）、戴恩斯（T. Dynes）、坎帕尼拉（C. Campanella）、拉爾森（D. Larson）、吉爾（S. Gill）、湯普森（C. Thompson）、卡法諾（K. Kavanaugh）、哈伯（N. Harb）、迪克森（D. Dixon）、卡爾（J. Carr）、薛恩斯（J. Shanes）、米希亞（V. Miscia）、謝（A. Hsieh）和潘辛格（R. Pensinger）。

西部（阿拉斯加州、加州、夏威夷州、內華達州、奧瑞岡州和華盛頓州）——賴特福（P. Lightfoot）、史溫森（R. Swenson）、撒爾卡利亞（P. Sarkaria）、阿契泰爾（R. Acheatel）、魯道夫（J. Rudoff）、安舒伊茲（R. Anschuetz）、拉賓（E. Lapin）、史皮格爾（R. Spiegel）、賴（P. Lai）、史特朗克（B. Strunk）、羅威（W. Rowe）、芬內根（R. Finegan）、葛羅斯（B. Gross）、夏培爾（J. Chappell）、伯恩德特（T. Berndt）、提塔斯（B. Titus）、及川（R. Oikawa）、艾許摩（R. Ashmore）、貝恩（D. Bayne）、威斯利（G. Wesley）、奎恩（E. Quinn）、朱即（K. Jutzy）、佛倫巴赫（G. Fehrenbacher）、寇塔（P. Kotha）、菲力普斯（P. Phillips）、萊曼（K. Ryman）、荷姆斯（J. Holmes）、克威（H. Kwee）、西塞奧斯基（D. Cisiowski）、布里恩（R. Bream）、艾爾德三世（T. Elder, III）、奧爾森（H. Olson）、崔諾斯（R. Trenouth）、沃爾夫（C. Wolfe）、拉斯金（S. Raskin）、柯馬奇（J. Comazzi）、史托克 Stokke）、拿爾拉西芬（M. Nallasivan）、侯格（D. Hogle）、肯尼利（B. Kennelly）、羅布流斯基（E. Wroblewski）、阿爾塔米蘭諾（J. Altamirano）、契斯涅（E. Chesne）、左伊（A. Choe）和布羅德森（A. Brodersen）。

中南部（阿拉巴馬州、喬治亞州、路易斯安那州、奧克拉荷馬州、田納西州、阿肯色州、密西西比州和佛羅里達州）——雪曼（S. Sherman）、皮克林（E. Pickering）、卡爾弗雷許（J. Kalbfleisch）、C・威廉斯（C. Williams）、狄東尼斯（J. Dedonis）、席爾佛曼（M. Silverman）、吉爾（M. Geer）、萊特（K. Wright）、D・威廉斯（D. Williams）、蓋斯特（W. Guest）、小辛亞德（R. Sinyard, Jr.）、巴伯（Z. Baber）、豪威爾三世（S. Howell, III）、英格拉姆（R. Ingram）、墨瑞斯（D. Morris）、畢森（W. Beeson）、施蘭特（R. Schlant）、麥克洛林（V. McLaughlin）、漢利（H. Hanley）、奧爾森（G. Olson）、甘尼（P. Gainey）、熊柯夫（D. Shonkoff）、王（Y. Ong）、菲力普（G. Phillips）、庫許那（F. Kushner）、懷特（C. White）、胡皮斯（J. Hoopes）、布洛克斯（P. Breaux）、林（J. Lam）、霍南（M. Honan）、西爾（R. Hill）、瑟爾坦（M. Certain）、巴厄巴基（H. Ba'abaki）、亞薩（T. Atha）、巴特勒（H. Butler）、貝第（L. Battey）、史考特（J. Scott）、卡許（G. Cash）、慕蘭（P. Mullen）、瑞恩（R. Wrenn）、狄李昂（A. DeLeon）、薩丹尼（U. Thadani）、普來斯（L. Price）、瑪吉羅斯（E.

Magiros）和薩布拉馬尼（P. Subramaniam）。

以色列——哈默曼（H. Hamerman）、大衛（D. David）、史克雷洛佛斯基（S. Sklerovsky）、巴貝許（G. Barbash）、皮列德（B. Peled）、拉尼多（S. Laniado）、羅金（N. Rogin）、施雷金格（S. Schlezinger）、札哈威（I. Zehavi）、卡斯皮（A. Caspi）、巴拉許（E. Barash）、基雄（Y. Kishon）、克倫（A. Keren）、帕蘭特（A. Palant）、阿芬德（E. Avineder）、韋斯（T. Weis）、哥茲曼（M. Gotesman）和蓋爾芬（E. Gelvan）。

加拿大—— S・羅斯（S. Roth）、D・羅斯（D. Roth）、特拉布爾西（M. Traboulsi）、韓德森（M. Henderson）、芬尼（K. Finnie）、伯頓（J. Burton）、崔夫茲（R. Trifts）、麥道威爾（J. McDowell）、克林克（P. Klinke）、賴索威（R. Lesoway）、西納瑞騰（M. Senaratne）、盧貝爾斯基（B. Lubelsky）、古德（E. Goode）、鍾（M. Cheung）、波加第（P. Bogaty）、伯克（B. Burke）、摩根（C. Morgan）、圖瑞克（M. Turek）、海斯（A. Hess）、賴夫可威茲（C. Lefkowitz）、查爾斯（J. Charles）、阿姆斯壯（P. Armstrong）、方（A. Fung）、庫魯維拉（G. Kuruvilla）、藍格雷賓（D. Langleben）、赫瑞賽辛（B. Hrycyshyn）、凱爾斯（C. Kells）、狄拉羅切里耶（R. Delarochelliere）、史盧札（V. Sluzar）、郭（K. Kwok）、高達（M. Goddard）、富勒普（J. Fulop）、布羅菲（J. Brophy）、札瓦道斯基（A. Zawadowski）、撒赫伊（B. Sahay）、艾爾文（F. Ervin）、湯普森（C. Thompson）、阿布達拉（A. Abdulla）、波倫曼德（K. Boroomand）、麥克米蘭（C. McMillan）、卡特（P. Carter）、拉瑞米（P. Laramee）、哈瑟威（R. Hathaway）、歐萊利（M. O'Reilly）、威賽爾（S. Vizel）、希爾頓（D. Hilton）、賈伯隆斯基（G. Jablonsky）、伯達克（P. Bolduc）、西馬德（L. Simard）、蘭加那森（N. Ranganathan）、顧爾德（D. Gould）、貝特（L. Bate）、卡麥隆（D. Cameron）、麥肯西（B. Mackenzie）、葛林伍德（P. Greenwood）、哥薩德（D. Gossard）、布雷克利（J. Blakely）、摩奇（J. Morch）、米爾登伯格（R. Mildenberger）、瑞辛（N. Racine）和拜利（H. Baillie）。

荷蘭——阿諾德（A. E. R. Arnold）、安伯斯（J. G. Engbers）、狄羅德（B. J. L. DeRode）、摩爾霍克（G. P. Molhoek）、馮・卡爾梭特（P. M. Van Kalmthout）、柯吉森（L. Cozijnsen）、馮・安格林（C. L. Van Engelen）、狄潘布羅克（J. H. M. Deppenbroek）、歐伊（S. K. Oei）、騰・開特（J. B. L. ten Kate）、狄盧（M. J. de Leeuw）、拉曼（G. J. Laarman）、史蒂芬斯（J. V. C. Stevens）、漢恩（D. Haan）、馮・波傑瑞金（L. van Bogerijen）、史密茲（W. G. G. Smits）、衛斯特霍夫（P. W. Westerhof）、史托爾威克（P. W. J. Stolwijk）、史匹爾倫柏格（H. A. M. Spierenburg）、慕勒（E. J. Muller）、什諾侯斯基（B. Cernohorsky）、巴克斯（J. J. J. Bucx）、潘恩（H. J. A. M. Penn）、芬特曼（H. Fintelman）、馮・瑞斯（C. Van Rees）、西蒙斯（M. L. Simoons）、克爾克（J. Kerker）、法柏（E. G. Faber）、柏格秀夫（R. Bergshoeff）、羅特斯・馮・勒內（H. W. O. Roeters Van Lennep）、慕伊斯摩爾（W. Muys v/d Moer）、雷里克・馮・威利（L. Relik-van Wely）、馮・貝梅爾（F. van Bemmel）、鮑斯（R. J. Bos）、威爾斯（A. Zwiers）、林德斯（C. M. Leenders）、金南（P. Zijnen）、狄瓦爾烏提（D. G. de Waal-Ultee）、狄瑞貝爾狄佛萊斯（H. De Rebel-De Vries）、維特芬（S. A. G. J. Witteveen）和狄威爾德（P.

de Weerd）。

澳洲——艾爾華德（P. Aylward）、哈金斯（B. Hockings）、布朗（M. Brown）、克羅斯（D. Cross）、蘭恩（G. Lane）、阿隆尼（G. Aroney）、杭特（D. Hunt）、辛（B. Singh）、東金（A. Tonkin）、湯普森（P. Thompson）、尼爾森（G. Nelson）、紐曼（R. Newman）、費德曼（J. Federman）、坎貝爾（T. Campbell）、西利（J. Healey）、蘭塞（D. Ramsey）、萊恩（W. Ryan）、坎塞爾（J. Counsell）、可爾斯（D. Coles）、湯姆森（A. Thomson）、伍德豪斯（S. Woodhouse）、西蒙斯（G. Simmons）、哈利斯（P. Harris）、卡斯巴利（P. Caspari）、林梅耶（A. Limaye）、唐納（T. Donald）、科佛戴爾（S. Coverdale）、史密斯（G. Smith）、沃克（R. Walker）、哈波（R. Harper）、葛蘭哈倫（C. Gnanharan）、卡羅爾（P. Carroll）、伍茲（J. Woods）、哈德菲爾德（C. Hadfield）、法蘭契（P. French）、葛羅斯勒（A. Groessler）、摩菲特（B. Morphett）、菲爾普斯（G. Phelps）、奎恩（B. Quinn）、甘那瓦丹（K. Gunawardane）、科爾提斯（P. Kertes）、梅德利（C. Medley）、索瓦德（A. Soward）、赫塔特（T. Htut）、阿培伯（A. Appelbe）、約翰斯（J. Johns）、畢拿特（I. Beinart）、海恩斯（R. Hynes）、納普（M. Knapp）、柯提斯（P. Curteis）、歐文斯比（D. Owensby）、大衛森（P. Davidson）、倫頓（W. Renton）、溫瑟爾（P. Windsor）、波里索（L. Bolitho）、佛吉（B. Forge）、席佛（R. Ziffer）、麥克雷（R. McLeay）、克蘭斯威克（R. Cranswick）和墨利森（I. Mollison）。

比利時——吉斯特（H. De Geest）、馮・狄沃夫（F. Van de Werf）、佛斯崔肯（G. Verstreken）、柯爾（J. Col）、畢賽爾特（R. Beeuwsaert）、波蘭（J. Boland）、凡羅善（A. Vanrossum）、賴斯李爾（H. Lesseliers）、波普艾（R. Popeye）、狄傑赫（Ph. Dejaegher）、皮爾恩（B. Pirenne）、馮・德史提切爾（E. Van der Stichele）、喬德隆（J. Chaudron）、卡斯塔德（M. Castadot）、德茅（L. Dermauw）、范奎肯波恩（G. Vanquickenborne）、馮・梅亨（W. Van Meghem）、羅賓斯（H. Robijns）、范奎克（M. Vankuyk）、艾默瑞契（C. Emmerechts）、鄧朵文（D. Dendooven）、馮・布拉班德特（H. Van Brabandt）、因斯塔爾（E. Installe）、迪瑞克斯（S. Dierickx）、哈塞爾東克斯（C. Haseldonckx）、李葛年（H. Lignian）、貝斯（J. Beys）、諾因斯（P. Noyens）、馮・朵爾普（A. Van Dorpe）、亨利（Ph. Henry）、馮・伊斯格漢（Ph. Van Iseghem）、吉蘭（F. Gielen）、拉諾伊（D. Lanoy）、狄荀尼克（P. DeCeuninck）、舒爾曼斯（J. Schurmans）、古珍斯（L. Geutjens）、卡里爾（M. Carlier）、舒蒙特（P. Surmont）、亨努切特（Ch. Henuzet）、馮・羅貝斯（P. Van Robays）、史特盧班德特（R. Stroobandt）、皮倫布姆（P. Peerenboom）、摩提爾（C. Mortier）、戴爾（X. Dalle）、米崔（K. Mitri）、馮・瓦勒格漢（U. Van Walleghem）、邦提（J. Bonte）、可恩吉斯（D. Koentges）、狄佩普（A. De Paepe）、狄沃爾夫（L. DeWolf）、索秀克斯（Th. Sottiaux）、馮・貝辛（J. Van Besien）、馮・丹赫威爾（P. Van den Heuvel）、烏爾瑞契（H. Ulrichts）、丹亨尼夫（Y. Deheneffe）、賈可布（H. Jacobs）、克倫南伯斯（J. Croonenberghs）、皮羅特（L. Pirot）、卡本提爾（J. Carpentier）、薛羅爾（R. Schreuer）、佛爾米許（L. Vermeersch）、史托路班特斯（D. Stroobants）、米索登（D. Missotten）、馬爾全德（E. Marchand）、狄謝普（S. De Schepper）、卡里爾（B. Carlier）、朵以恩（Ch. Doyen）、帕爾默（A. Palmer）、賈特朗德（M. Jottrand）、

吉爾伯特（C. Gillebert）、巴耶特（M. Bayart）、馮・威利克（A. Van Wylick）、李奧納德（J. Leonard）和貝尼特（E. Benit）。

德國——魯奇（W. Rutsch）、塔普（H. Topp）、賽門（H. Simon）、迪特（H. Ditter）、威里奇爾（P. Wylicil）、梅爾霍夫曼（H. Meyer-Hoffmann）、奈斯特（H. P. Nast）、英格柏汀（R. Engberding）、凱薩（K. Caesar）、舒米茲（U. Schmitz）、簡森（W. Jansen）、尤爾斯（H. R. Ewers）、克列夫特（H. U. Kreft）、考特（D. Kaut）、施威澤爾（P. Schweizer）、賽倫（J. Cyran）、彼德斯（U. Peters）、霍斯特曼（E. Horstmann）、R・寇區（R. Koch）、施曼（R. Scheemann）、波爾特（J. Bolte）、伯格斯（W. Berges）、舒倫（K. P. Schueren）、荷斯特（M. H. Hust）、H・U・寇區（H. U. Koch）、奧佛巴許曼（W. Overbuschmann）、亨凱爾（B. Henkel）、特魯斯特（S. Troost）、傑柯許（R. Jacksch）、伯爾哈特（W. Burkhardt）、羅爾根（H. Loellgen）、施曼斯基（J. Schimanski）、考爾森（H. Callsen）、庫默霍夫（P. W. Kummerhoff）、霍區連恩（H. Hochrein）、慕勒（G. M. Mueller）、舒茲（H. Schulz）、荷斯曼（V. Hossmann）、佛林格（F. Voehringer）、波特契（D. Boettcher）、葛羅格納（P. Glogner）、赫曼（K. H. Hohmann）、馮・蒙登（H. J. Von Mengden）、克倫格爾（W. Krengel）、麥許（B. Maisch）、史匹勒（P. Spiller）、亞當札克（M. Adamczak）、威克爾（R. Wacker）、厄巴塞克（W. Urbaszek）、邦德區（H. D. Bundschu）、恩斯特（W. Ernst）、艾森利區（R. Eisenreich）、孔茲（M. Konz）、戴恩斯特（C. Dienst）、舒麥哲（J. G. Schmailzl）、加爾特曼（A. Gartemann）、席爾（W. Sill）、派普（C. Piper）、施夫納（J. Schiffner）、梅爾—關瑟（N. Meyer-Guenther）、席本李斯特（D. Siebenlist）、裘里恩納波洛斯（E. Chorianapoulos）、施羅德（R. Schroeder）、歐爾（P. Oehl）、連菲爾德（W. Lengfelder）、瓊拉基克（J. Djonlagic）、霍普（H. W. Hopp）、威瑟（W. Weser）、卡爾（P. Kahl）、阿爾索夫（P. H. Althoff）、侯夫（R. Hopf）、奧伯海登（R. Oberheiden）、利連斐德托爾（H. V. Lilienfeld-Toal）、舒爾特—赫伯利根（G. Schulte-Herbrueggen）和多恩涅克（P. Doenecke）。

法國——伏爾提（J. Valty）、皮伊（A. Py）、阿卡爾（J. Acar）、法漢尼安（A. Vahanian）、葛侯里耶（G. Grollier）、巴侯（D. Barreau）、哈利夫（K. Khalife）、古黑特（J. C. Quiret）、特漢譚（X. Tran Thanh）、伯達西爾斯（J. P. Bourdarias）、貝塞（P. Besse）、西爾雋（M. Hiltgen）、伯那德（P. Bernadet）、波謝（J. Boschat）、高利（C. Gully）、莫札（J. M. Mossard）、夏波尼爾（B. Charbonnier）、房克（F. Funck）、貝多薩（M. Bedossa）、葛侯洛豪克斯（R. Grolleau-Raoux）、卡薩尼（J. Cassagnes）、道貝赫（J. C. Daubert）、波菲爾斯（Ph. Beaufils）、朱利亞德（J. M. Juliard）、貝塞德（G. Bessede）、維托克斯（B. Vitoux）、泰西（C. Thery）、哈那尼亞（G. Hanania）、米辛斯基（C. Mycinski）、波赫謝（E. Brochet）、卡薩（C. Cassat）、索可洛夫斯基（C. Socolovsky）、馬札茲（R. Mossaz）、馮克爾（J. L. Fincker）、蘭恩（M. Lang）、古赫蒙普黑（J. L. Guermonprez）、狄馬克（J. M. Demarcq）、帕基（A. Page）、古侯（C. Guerot）、巴黑尼（R. Barraine）、莫罕（Ph. Morand）、巴尤雷（A. Bajolet）、維戴爾（J. Vedel）、丹布林（P. Dambrine）、拉多克斯（H. Lardoux）、威耶爾（B. Veyre）、瓦榭宏（A. Vacheron）、拉圖赫（F. Latour）、諾曼（J. P. Normand）、提斯（J. Y. Thisse）、瑪謝古赫（J. Machecourt）、巴松（J. P.

Bassand)、加黑特(B. Carette)、圖松(C. Toussaint)、西布宏(J. P. Cebron)、布哈加赫(M. F. Bragard)、傑斯林(Ph. Geslin)、勒侯伊(O. Leroy)、阿拉拉圖赫(G. Allard-Latour)、佛肯尼赫(F. Fockenier)、古提耶赫(J. Gauthier)、埃斯坎(M. Escande)和威列(M. Viallet)。

英國——威爾考克斯(R. G. Wilcox)、湯瑪斯(R. D. Thomas)、波伊爾(R. M. Boyle)、史密斯(R. H. Smith)、達維斯(E. T. L. Davies)、庫那(J. Kooner)、泰瑞(G. Terry)、郭爾德(B. Gould)、庫普(M. O. Coupe)、波爾(J. E. F. Pohl)、巴恩斯(E. W. Barnes)、辛普森(H. Simpson)、戴維斯(A. Davis)、貝爾(J. A. Bell)、芬德雷(I. N. Findlay)、威爾金森(P. Wilkinson)、蘇頓(G. C. Sutton)、卡拉漢(T. S. Callaghan)、衛克禮(E. J. Wakely)、華勒(D. Waller)、提爾德斯里(G. Tildesley)和布蘭德福特(R. L. Blandford)。

紐西蘭——萊斯利(P. Leslie)、伊克蘭(H. Ikram)、佛伊(S. Foy)、曼恩(S. Mann)、米利爾斯(A. Mylius)、阿南達拉加(S. Anandaraja)、辛赫(M. Singh)、佛瑞德蘭德(D. Friedlander)、布朗斯(B. Bruns)、拿恩(L. Nairn)、阿伯奈西(M. Abernethy)、蘭金(R. Rankin)、杜漢(D. Durham)、多蘭(J. Doran)、奧朵(M. Audeau)、懷特(H. White)、魯本(S. Reuben)、路易斯(G. Lewis)、哈特(H. Hart)和威爾金斯(G. Wilkins)。

西班牙——佛盧菲(G. Froufe)、波許(X. Bosch)、阿維爾斯(F. F. Aviles)、盧安哥(C. M. Luengo)、柯隆斯(J. Corrons)、貝斯可斯(L. L. Bescos)、洛馬(A. Loma)、馬夏(R. Masia)、菲古拉斯(J. Figueras)、伐爾(V. Valle)、山茲(L. Saenz)、貝特呂(A. Betriu)、阿雷格里亞(E. Alegria)和艾伊薩吉雷(J. Eizaguirre)。

波蘭——喀拉斯卡(T. Kraska)、庫區(J. Kuch)、戴達辛斯基(A. Dyduszynski)、史戴賓斯卡(J. Stepinska)、瑞貝克(K. Wrabec)、捷斯托佐斯卡(E. Czestochowska)、薩朵斯基(Z. Sadowski)、札威斯卡(K. Zawilska)、柯爾納斯維茲(Z. Kornacewicz-Jach)、納托維茲(E. Nartowicz)、皮沃瓦斯卡(W. Piwowarska)、史威特卡(G. Swiatecka)、烏涅齊(J. Wodniecki)、皮特連茲(T. Petelenz)和卡利辛斯基(A. Kalicinski)。

瑞士——烏爾本(P. Urban)、普菲斯特勒(M. Pfisterer)、伯爾泰(O. Bertel)、簡澤爾(H. R. Jenzer)、安格恩(W. Angehrn)和鮑爾(H. R. Baur)。

愛爾蘭——達里(K. M. Daly)、霍爾根(J. Horgan)、華爾許(M. Walsh)、塔菲(J. Taaffe)、墨瑞(D. Murray)、蘇格魯(D. Sugrue)、蘇利文(P. Sullivan)、慕爾敦(B. C. Muldoon)、麥克考伊(D. McCoy)、墨瑞爾(B. Maurer)、費茲傑羅(G. Fitzgerald)、皮爾斯(T. Pierce)和波爾內佛(K. Balnave)。

盧森堡——厄爾培爾丁(R. Erpelding)。

九百四十八篇論文的作者都有他

或許有人會問，為什麼尤里要這麼積極地發表論文，究竟是什麼樣的動機讓他都不會想偷懶一下？

——引自尤里．提摩菲耶維區．史托路契科夫的訃告，
由奧洛約什．卡爾曼（Alajos Kálmán）撰寫，
登在《結晶學報》（*Acta Crystallographica*）上。

正式宣布｜搞笑諾貝爾獎文學獎頒給

尤里．提摩菲耶維區．史托路契科夫（Yuri Timofeevich Struchkov），**他是莫斯科「有機元素化合物研究所」**（Institute of Organoelemental Compounds）**的成員，是一位停不下筆的作家，他在一九八一年到一九九〇年間，發表了九百四十八篇學術論文，大約平均每3.9天就發表一篇。**

對學術界裡的眾多科學家來說，決定一個人的聲望、薪資、升遷以及飯碗最重要的因素只有一個，就是擁有一份已發表論文清單。總有些科學家要比其他科學家更多產。但有一個人，就是史托路契科夫，創造了幾乎無人能及的紀錄。他在十年之間發表的研究論文，數量遠遠超過地球上其他科學家。

史托路契科夫是位在莫斯科的「俄羅斯科學院有機元素化合物研究所」的所長。他是世界上相當優秀的結晶學家。結晶學家用X光機來拍攝晶體的影像。這是二十世紀相當重要而且了不起的技術，化學家用這個技術來了解複雜分子的結構。很多化學家都是用結晶學來探索自然界的化學奧祕，而得享聲望與榮耀的，有些化學家甚至因此贏得諾貝爾獎。

然而，雖然史托路契科夫在結晶學的圈子裡赫赫有名，但在

尤里・史托路契科夫。

一九九二年之前，世界上的普羅大眾實際上都沒聽過他。就在一九九二年，美國費城「科學資訊研究所」(Institute for Scientific Information)的大衛・潘鐸伯利(David Pendlebury)利用該研究所龐大的科學引文資料庫，查詢一九八一年到一九九〇年間發表論文最多的科學家是誰。

答案揭曉，沒沒無聞的史托路契科夫博士輕鬆獲勝。總共有九百四十八篇報告的作者或共同作者是史托路契科夫。平均算起來，在這十年當中，史托路契科夫每3.9天就發表一篇新論文。

事實上，史托路契科夫所有論文都是在結晶學這個領域裡，而且幾乎所有他掛名的論文都有共同作者，他不是獨自掛名。

比方說，在一九八五年，他是「Basicity of Metal-Carbonyl Complexes.19. CO Substitution in Azacymantrene and Reactions of (ETA-C_4H_4N)MN$(CO)_2$$PPH_3$ with Electrophiles-X-Ray Crystal-Structure of [$(PPH_3)(CO)_2$MN(ETA-5-C_4H_4N)$]_2$PDCL$_2$」[1]這篇耐人尋味的論文的共同作者，其他作者還有皮席諾葛瑞瓦(Pyshnograeva)、巴察諾夫(Batsanov)、金茨堡(Ginzburg)和謝基那(Setkina)。

就在同一年，他也是「Crystal and Molecular-Structures of

Diethylammonium Salt of 2-Hydroxy-4,5-Dibromophenyl Phosphoric-Acid, $C_{10}H_{16}BR_2NO_5P$」這篇注釋很多的論文的共同作者，其他作者還有切列平斯基馬洛夫・古拉里・李（Cherepinskiimalov Gurarii Li）、穆克曼尼夫（Mukmenev）和阿魯布佐夫（Arbuzov）。

他也是「Structure of Delta-1.7-2,2,6,6-Tetramethyl-4-Thia-8,8-Dimethyl-8-Germabi-Cyclo〔5.1.0〕Octene-The 1st Example of a Germacyclopropene」的共同作者，其他作者還有伊格洛夫（Egorov）、柯雷斯尼柯夫（Kolesnikov）、安提平（Antipin）、希列達（Sereda）和涅菲朵夫（Nefedov）。

該年他掛名共同作者的報告有九十幾篇，這些不過是其中三篇罷了，而一九八五年不過是這十年裡頭的其中一年而已。值得注意的是，史托路契科夫的黃金時期，早在一九八一年以前就已經開始了，在一九九〇年之後還穩定持續著。

史托路契科夫因為對世界文學有卓越貢獻，獲頒一九九二年搞笑諾貝爾獎文學獎。

但得主可能無法、或是不願參加搞笑諾貝爾獎頒獎典禮。

史托路契科夫持續以非常積極的步調，在發表科學論文。

史托路契科夫在一九九五年過世。刊登在《結晶學報》上的訃告說，他所發表的論文總共超過兩千篇。訃告的作者對史托路契科夫的產量感到十分訝異，也大膽猜測了他的動機：

「或許有人會問，為什麼尤里要這麼積極地發表論文，究竟是什麼樣的動機讓他都不會想偷懶一下？他之所以不加入共產黨，最具說服力的理由就是他全心全意在做研究，以致於沒有時間做別的事情。他覺得他唯一的選擇就是不斷地努力，今天比昨天更努力，明天比今天更努力。他只有在一九八八年得過涅斯梅亞諾夫金牌獎（A. N. Nesmeyanov Gold Medal），而且直到一九九〇年才被選為科學院的初級院士（Corresponding Member）。」

那是其中一種可能。還有另一種可能，是比較熟悉前蘇聯情況的西方科學家提出來的。蘇聯能夠做晶體實驗的設備很稀少。有些謠傳說，蘇聯科學院有機元素化合物研究所對想做晶體實驗的蘇聯科學家都來者不拒，很歡迎他們來使用所裡的設備，不過後者撰寫研究成果時，要把某個人加到共同作者名單裡當作回報才行。

搞笑諾貝爾獎小百科｜死也擋不住他

雖然史托路契科夫已經在一九九五年過世了，但他還是能繼續發表科學研究論文。例如下圖所列的報告，就是一九九八年投稿到《有機金屬化合物》（*Organometallics*）期刊，在一九九九年刊登出來的論文，史托路契科夫列名在九位共同作者裡的第七位。這只不過是有史托路契科夫掛名共同作者，在他死後陸續發表的許多論文當中的一篇而已。從產量來看，已故的史托路契科夫就算在世紀之交仍然很多產。

Organometallics **1999**, *18*, 726–735

Synthesis of Mixed-Metal (Ru–Rh) Bimetallacarboranes via *exo-nido-* and *closo*-Ruthenacarboranes. Molecular Structures of $(\eta^4\text{-}C_8H_{12})Rh(\mu\text{-}H)Ru(PPh_3)_2(\eta^5\text{-}C_2B_9H_{11})$ and $(CO)(PPh_3)Rh(\mu\text{-}H)Ru(PPh_3)_2(\eta^5\text{-}C_2B_9H_{11})$ and Their Anionic *closo*-Ruthenacarborane Precursors

Igor T. Chizhevsky,* Irina A. Lobanova, Pavel V. Petrovskii, Vladimir I. Bregadze, Fyodor M. Dolgushin, Alexandr I. Yanovsky, Yuri T. Struchkov,[†] Anatolii L. Chistyakov, and Ivan V. Stankevich

A. N. Nesmeyanov Institute of Organoelement Compounds, 28 Vavilov Street, 117813 Moscow, Russian Federation

Carolyn B. Knobler and M. Frederick Hawthorne*

Department of Chemistry and Biochemistry, University of California at Los Angeles, Los Angeles, California 90095-1569

Received July 31, 1998

The reaction of *exo-nido*-5,6,10-[Cl(PPh$_3$)$_2$Ru]-5,6,10-(μ-H)$_3$-10-H-7,8-$C_2B_9H_8$) (1) with [(η^4-diene)RhCl]$_2$ in EtOH or with [(CO)$_2$RhCl]$_2$ in MeOH in the presence of KOH produced novel

這份研究論文太晚出現了，實際上它是史托路契科夫死後很久才發表的，因此沒有算在讓史托路契科夫贏得搞笑諾貝爾獎的論文裡。

諸神的戰車

寫這本書很需要勇氣，讀這本書也是。

——摘自《諸神的戰車》開場白

正式宣布｜搞笑諾貝爾獎文學獎頒給

艾利希・馮・丹尼肯（Erich Von Däniken），**他是個想像力豐富、擅長說故事的人，也是《諸神的戰車？》**（*Chariots of the Gods?*）**一書的作者，他解釋了來自外太空的遠古外星人是怎麼影響人類文明而獲頒此獎。**

這本書是Putnam Press出版社和Bantam Books出版社在1968年出版。

一九六八年，艾利希・馮・丹尼肯彷彿駕著黃金戰車橫空出世，為圖書產業帶來靈感和不小的進帳。他的第一本著作引爆熱潮，而且催生了研究來自外太空的遠古外星人這種行業。

馮・丹尼肯是瑞士一家旅館的主管，他經常和一些在黑夜裡神祕地駕臨、然後只留下一些模糊但卻吸引人的蹤跡之後，就消失無蹤的客人打交道。因此馮・丹尼肯非常有資格寫這本《諸神的戰車？》。這本書於一九六八年在美國和德國兩地出版，然後馮・丹尼肯的生活就出現天翻地覆的變化，從此以後他就完全脫離旅館業了。

《諸神的戰車？》表示，歷史這門學科不是像學校教的那樣，僅僅匯集了簡單的事實，再隨隨便便賦予這些事過於簡單的解釋。馮・丹尼肯書裡最重要的一句話是：「這些硬湊合的解釋，沒有一個禁得起批判性的評鑑（critical assessment）。」

《諸神的戰車？》認為，歷史全都是批判性的評鑑。而且尤有甚者，全都和神祕事物有關，比如說：

- 祕魯納斯卡（Nazca）平原的古代機場降落跑道的祕辛。
- 在科潘（Copán）的馬雅（Mayan）城市遺址所發現的精細圖案之謎（這個圖案畫的是一個太空人正在操控一艘火箭，他下方的推進器還噴出火焰與氣體）；還有西元前一世紀亞述人圓筒之謎（從這個圓筒可看到原子結構的象徵，以及一個太空人正在操縱一輛火戰車）。
- 在義大利北部卡蒙尼卡（Val Camonica）發現的古圖畫之謎，這幅圖畫畫的是異常著魔的原始人，這些人外觀像是穿著太空衣、戴著不尋常的頭盔。
- 在土耳其伊斯坦堡托普卡匹宮殿（Topkapi Palace）發現的古代聲納圖之謎，這張圖繪出了南極洲幾英哩厚冰雪下的大陸地形狀，這一大片陸地是人類肉眼看不出來的。
- 在銅器時代城市發現的精巧複雜的電池之謎，目前這些電池電量已經耗盡；此外還有《聖經》裡寫到的，約櫃（Ark of the Covenant）的電線之謎。

以上只不過是種種神祕事物的冰山一角。

這本書很奇妙地被翻譯成二十八種語言，很奇妙地大賣數百萬冊。這本書本身還有一些細微的神祕之處。比方說，它的篇幅就很不可思議，這件事從來沒有一個圓滿的解釋。第一版的《諸神的戰車？》有一百八十九頁。接下來那一版有一百六十三頁；而另一版則有一百六十九頁。有評論家表示，他們曾經見過其他篇幅的版本。

這本書的成功還衍生出一個電視特別節目，叫作「尋找遠古太空人」（In Search of Ancient Astronauts），這個特別節目吸引了很多觀

馮・丹尼肯的《諸神的戰車？》。

眾，也衍生出了許多電視紀錄片。這本書還引出了一大堆一窩蜂跟進的錄影帶、電影和書籍，搞出這些錄影帶、電影和書籍的人，都沒有馮・丹尼肯那種一心想把事情做好的學術素養，這些人對賺錢比較感興趣，對於探測未知世界的深處根本興趣缺缺。

馮・丹尼肯沒有就此對於他獲得的榮耀與尊崇感到心滿意足。他繼續調查研究，在往後的二十多年裡寫出了一長串學術出版品：《來自外太空的眾神》(*Gods From Outer Space*)、《諸神的黃金》(*The Gold of The Gods*)、《史前文明的奧祕》(*In Search of Ancient Gods*)、《諸神的奇蹟》(*Miracles of The Gods*)、《馮・丹尼肯的證明》(*Von Däniken's Proof*)、《盤問》(*Im Kreuzverhör*)、《諸神的符號？》(*Signs of the Gods?*)、《通往諸神之路》(*Pathways to the Gods*)、《諸神和祂們的偉大計畫》(*The Gods and Their Grand Design*)、《我愛全世界》(*Ich Liebe Die Ganze Welt*)、《諸神來臨》(*Der Tag An Dem Die Götter Kamen*)、《跟蹤外星人》(*Dir Spuren Der Außerirdischen*)、《石器時代大不同》(*Die Steinzeit War Ganz Anders*) 和《古歐洲之謎》(*Die Rätsel im Alten Europa*)。

馮・丹尼肯對於來自外太空的古代太空人的好奇心，就像永遠填不滿的無底洞。他的學術聲望已經奠定了。他總會顧及常識的界線，並和這些界線保持距離。

「我知道古代曾經有太空人造訪過地球，」他在一九七四年告訴望重一方的《國家詢問報》(*The National Enquirer*)：「因為這些太空人造訪地球時，我就在場。我還知道他們一定會回來。」

馮・丹尼肯因為一而再、再而三地刺激讀者去買他的書，而獲頒一九九一年搞笑諾貝爾獎文學獎。

但得主可能無法、或不會參加搞笑諾貝爾獎頒獎典禮。

得到這個獎項並沒有稍減馮・丹尼肯的熱情，或是減緩他對這個有賺頭的探索的動力。一九九一年之後，他還是在他所選擇的領域裡繼續做研究，並且出版了進一步研究的全集，包括：《諸神衝擊》(*Der Götterschock*)、《古代的太空》(*Raumfahrt im Altertum*)、《庫庫爾坎的遺產》(*Das Erbe von Kukulkan*)、《追尋萬能天神的足跡》(*Auf den Spuren der All-Mächtigen*)、《斯芬克斯之眼》(*The Eyes of the Sphinx*)、《諸神歸來——外星人造訪地球的證據》(*The Return of the Gods－Evidence of Extraterrestrial Visitations*)、《諸神降臨——揭露外星降落機場納斯卡之謎》(*The Arrival of the Gods－Revealing the Alien Landing Sites of Nazca*)、《諸神奧迪賽——古希臘外星史》(*Odyssey of the Gods－An Alien History of Ancient Greece*)。

二〇〇二年馮・丹尼肯和一個投資團（包括Feldschösschen、瑞士零售商Valora、德國耳機大廠聲海、新力、Hotela、可口可樂、Bleuel Electronic和惠普）在瑞士因特拉肯（Interlaken）開了一家世界神祕現象主題樂園（Mysteries of the World Theme Park），位置就在他老家附近。最初的廣告口號有這兩句：「近距離接觸馮・丹尼肯家鄉！」(Close encounter in the home land of Erich Von Däniken!)和「因特拉肯將成為世界重大謎團的聖地！」

垃圾電子郵件之父

華萊士今天可是樂透了。他正優遊自在地窩在自己的天地，用手機接受記者電話採訪，對於「荷美爾食品公司」（Hormel Foods Corporation）寄給他停止並終止警告信這件事發表看法，「荷美爾食品公司」命令他停止使用特定字眼來推銷他的公司，他這家公司是利用自動發送的垃圾電子郵件轟炸網路。

你知道那個字：「spam」（垃圾郵件）。華萊士並不打算停用這個字，尤其現在更不可能了，因為他對「spam」這個字的運用讓他成為大眾矚目焦點，這可是他最高興的事了。事實上，他巴不得有這樣的宣傳機會。要不是他和「荷美爾食品公司」有法律糾紛，他很可能會寄電子感謝函給他們——當然也是自動發送的。

——一九九七年七月二日「科技資訊網」（CNET NEWS）的報導

正式宣布｜搞笑諾貝爾獎通訊獎頒給

桑福德．華萊士（Sanford Wallace），他是費城的「網路促銷公司」（Cyber Promotions）的總裁——不管是下大雨、下冰雹，或是三更半夜，都阻止不了這個自動自發的信差發送垃圾電子郵件給全世界。

桑福德．華萊士人稱「垃圾郵件大王」、「網路上被罵到最臭頭的男人」，此外他還有其他好幾千個稱謂，它們全都表達出同一種敬意。華萊士賺到了稱謂和嫌惡。拜他所賜，垃圾電子郵件訊息變得氾濫成災，在地球上某些地方甚至多過老鼠和蟑螂。

華萊士創辦了一家公司，協助人們運用當時還相當新穎的媒體：電子郵件。他知道自己能力有限，幫不了每個人，所以就專心幫助想要寄發垃圾廣告信的人，這些人很樂意付錢給沒良心的陌生人，來幹這種垃圾差事。

在華萊士出現之前，網際網路對於寄發電子郵件，是有一套眾人普遍遵守的優良行為規範的。基本規則是：別自動寄發廣告信給陌生人。

因為發送一條訊息（或十條、甚至數千條訊息）非常簡單且成本低廉，所以大家都體認到，這有可能帶來騷擾或被濫用。有些剛接觸網際網路的使用者由於不熟悉這套遊戲規則，就會寄發未經同意接收的廣告信。一般來說，他們會立刻收到潮水般湧來的抱怨信，有的算客氣，有些可就沒那麼好說話了，通常他們往後就會行為收斂些。

• • •

對於電子郵件可能騷擾人或被人濫用，華萊士知道得一清二楚。他意識到使用電子郵件的人多，就會有商機。如果用電子郵件發送（不管是什麼東西的）廣告信給一萬個陌生人，總有一、兩個人可能會買，不然十萬個人裡也會有一、兩個人買吧。這樣做可能會騷擾到九千九百九十九個人，或是九萬九千九百九十九個人，但華萊士覺得那根本無關緊要，所以他拉了幾個廣告商，開始代表他們寄發廣告給成千上萬的陌生人。

通常發送新一波廣告信之後，幾分鐘內他們就會收到抱怨，不過他不當一回事。在很短的時間內，居然就有幾十萬家投機公司捧著錢找上「網路促銷公司」，要它幫他們寄發垃圾電子郵件。每一天都有好幾百萬人發現，有自動發送的垃圾郵件寄到他們的電子信箱裡，而且通常為數不少。

華萊士告訴潛在客戶：「如果你想要利用垃圾電子郵件，底線是這做法要能夠奏效，會得到成果。」

華萊士宣稱，他一天寄超過一千五百萬到兩千萬封垃圾郵件，對此沒有人會懷疑。網際網路上的所有用戶，都開始討厭和害怕轟炸他們信箱的垃圾電子郵件。他們對於得花時間篩開重要郵件和垃圾郵件，感到深惡痛絕——這類垃圾郵件有快速致富計畫、陰莖增大器、色情錄影帶、特價五金工具、真大學的假文憑和假大學的真文憑，還有更多，多到讓人難以想像，多到讓人抓狂。

• • •

「spam」這個字一下子就變成垃圾電子郵件的通稱了，不過背後的原因還不是很清楚。大量寄發垃圾電子郵件的行為，就稱為「spamming」。華萊士宣稱他很喜歡別人叫他「垃圾郵件之王」，而如果別人願意叫他「垃圾福・華萊士」（Spamford Wallace）的話，他會更開心。

生產「Spam」這個品牌怪異食品的「荷美爾食品公司」[1]，對於這種把他們產品正面、滑膩的名字綁架的行為非常生氣，尤其是華萊士還很浮誇地大肆鼓吹這個字，但他們發現從法律上來說，他們拿「spam」的新用法沒輒。

華萊士的生意很有賺頭，也變得越來越有名，但仍有很多問題。

「網路促銷公司」為了發送電子郵件，必須取得很多電子郵件帳號。雖然提供電子郵件帳號這個行業裡有好幾千家公司，但沒有幾家公司願意保有「網路促銷公司」這樣的客戶。不論「網路促銷公司」什麼時候開始用新的網際網路服務供應商（ISP），收到垃圾郵件的暴怒使用者只要花幾個小時，就可以追蹤到該公司，接下來這家公司就會被客訴、威脅和官司給淹沒了。

這就是網際網路，科技高手自有辦法來表現他們的不爽。駭客可以「駭」進「網路促銷公司」的網站，一而再地癱瘓他們的網站。這種行為雖然不是法律所容許的，但也算是另類的為善不欲人知，程式設計師都覺得，關掉這個人人都討厭的東西，根本就是在做功德，造福大眾。

但是華萊士沒有被這些難關打倒，他撐得意外的久。這些麻煩只不過是做生意要付的代價罷了，何況這些麻煩還幫他打知名度——雖然得到的是臭名。不管有多少網際網路服務供應商把「網路促銷公司」踢出他們的系統，華萊士總能設法找到新的網際網路業者和他共處個一天、兩天或是三天，反正時間就是長到可以讓他丟出數百萬則以上的電子郵件，然後再找到下一家網際網路服務供應商。

由於華萊士非常成功而且很努力地把垃圾郵件發送到全球，所以獲頒一九九七年搞笑諾貝爾獎通訊獎。

但得主可能無法、或是不願參加搞笑諾貝爾獎頒獎典禮。搞笑諾貝爾獎委員會由於擔心他遭遇不測，所以沒有邀請他。

• • •

在接下來幾個月裡，「網路促銷公司」繼續力爭它們有權在任何時間、任何地點，未經收件人准許就發送擾人的電子郵件給他們。受到華萊士的厚臉皮、知名度與客戶群所鼓舞，他的競爭對手像蟑螂、老鼠那樣，在各地大量繁殖。

後來事實證明，官司和競爭不斷，連這個垃圾郵件之王也難以招架。一九九八年，他關閉「網路促銷公司」，宣稱要改邪歸正了。「數位連線」(Wired News) 也報導了這個場面：

「『我再也不會發送垃圾郵件了。我再也不會跟垃圾郵件扯上任何關係了。就這樣！』華萊士這個二十九歲的網路壞胚子，正式宣布放棄『垃圾郵件之王』這個封號，保證從今以後會安分守己。」

「他不僅會安分，還會宣布支持『史密斯法案』（Smith Bill）——這法案又稱『網路公民保護法』（Netizens Protection Act），在美國國會的編號為HR 1748（也就是一七四八號提案）——聯邦法令早於國會之先，就已判定垃圾郵件違法了。」

「就在最近半年前，華萊士還說他不覺得寄發垃圾郵件有什麼錯。但現在，『垃圾郵件已經太無法無天了，而且垃圾郵件的品質簡直變得令人作嘔，』說著他還加了一句：『我得負點責任，因為是我把垃圾郵件搞成這麼無法無天的。』」

就在幾天之後，賓州一家法院裁決華萊士有罪，因為他寄發未經准許的垃圾傳真，違反了一九九一年通過的一項聯邦法律。

華萊士還是繼續開辦眾多網路公司，他總是宣稱他反對萬惡的垃圾郵件，而且總會設法提供效果與吸引力相去不遠的替代品，雖然它們的獲利差了一點。

這位垃圾電子郵件之王高枕無憂的日子，或許已經結束，但他的影響力，仍然以數百萬個發亮光點的熱能閃耀著。華萊士給新世代的垃圾郵件發送者開了一扇大門，這些人聰明的技術創新，勢必會為地球上許多國家的人們帶來更大量、更五花八門、讓人眼花撩亂的垃圾郵件。他向這些人證明，這種事是辦得到的，而且很可能根本沒有人阻止得了他們。

1 〔譯註〕這家公司的顧客因為「五十四年來都照單全收加以消化」，在一九九二年獲得了搞笑諾貝爾獎。

直腸裡能塞進多少東西？

我們報告了兩名顯然是自己把異物塞進直腸的鉗閉現象病人的手術治療過程。我們查閱了從前和這個主題有關的大量醫學文獻，把這些舊文獻裡的一百八十二個病例，依照找出的物品種類與數目製表，討論了這些病人的年齡分布、病史、併發症和預後。

——摘自大衛・布許和詹姆斯・施特林所撰寫的醫學報告

正式宣布｜搞笑諾貝爾獎文學獎頒給

威斯康辛州麥迪遜市（Madison）**的大衛・布許**（David B. Busch）**和詹姆斯・施特林**（James R. Starling），**因為他們撰寫了一篇相當深入剖析的研究報告〈直腸異物：個案報告與對全球相關文獻的全面檢查〉**(Rectal Foreign Bodies: Case Reports and a Comprehensive Review of the World's Literature)。**他們引用的報告裡頭出現了以下物品（只列舉其中一部分）：七顆燈泡；一個磨刀器；兩支手電筒；一個鋼絲彈簧；一個鼻菸盒；用馬鈴薯塞住的汽油罐；十一種不同的水果、蔬菜和其他食材；珠寶鋸；一條冷凍豬尾巴；一個錫杯；一個啤酒杯；某個病人無人能及的收藏，包括好幾副眼鏡、一隻手提箱的鑰匙、一個菸草袋以及一本雜誌。**

他們的研究報告發表在1986年9月第100期第3號的《外科醫學》(*Surgery*)，512頁到519頁。

大多數的醫生至少都處理過一些讓人目瞪口呆的病例——這些病人的小病實在太驚人、太不可思議，讓他們足以在醫療史上留名。這類極為令人吃驚的病例，就包括了會往自己直腸塞東西的人。

施特林醫生就處理過好幾件這樣的病例，這促使他想要深

> 入研究，於是他和一名同事合作，在醫療文獻裡刨根究底，尋找更多病例。這兩名醫生發現了很多未公諸於世的事情。為了在自己的本行盡一份心力，他們把發現寫成一份全面性的報告——這是空前的報告。

施特林醫生在威斯康辛州麥迪遜市執業，激發他興趣的第一個此類病例相當出人意料：

「一名三十九歲已婚白人男性，職業是律師，他親手把香水瓶塞到自己的直腸裡，但他試了各種工具，包括抓背用的不求人，就是沒辦法把香水瓶拿出來。」

在第二位直腸塞了東西卻拿不出來的病人前來就診後，施特林醫生找了他的朋友布許醫生幫忙，展開這項後來變成學術及醫療調查經典的研究。他們造訪各家醫學圖書館，深入以前沒有醫生系統性探討過的部分，潛心研究「該主題的第一手文獻，包括從近兩百名病人直腸內找到的，約七百件經確認過的物品」的資料。

他們注意到一九三七年的《肯塔基醫學期刊》(*Kentucky Medical Journal*) 上登了一篇報告，描述「幾個酩酊大醉的『朋友』把一顆燈泡塞進一名五十二歲阿公的直腸裡」。

comprehensive review of the world's literature

David B. Busch, Ph.D., M.D., *and* James R. Starling, M.D., *Madison, Wis.*

The surgical management of two patients presenting with incarcerated, apparently self-inserted foreign bodies is reported. The large volume of prior literature on this subject is reviewed, with tabulation of 182 previous cases by type and number of objects recovered and with a discussion of patients' age distribution, history, complications, and prognosis. Management problems addressed include history, differential diagnosis of reported pruitis ani, and handling of suspected assault. The variety of surgical techniques used to remove rectal foreign bodies transanally or after celiotomy is discussed. Vaginal foreign bodies and large bowel injuries due to fist fornication, colorectal instrumentation, pneumatic rupture, foreign body ingestion, impalement, and abdominal trauma are also discussed.

From the Departments of Pathology and Surgery, University of Wisconsin Hospital and Clinics, Madison, Wis.

Injuries to the colon, rectum, and anus are important causes of morbidity and death. Among the sources of such injuries is the introduction of foreign bodies into the rectum in the absence of medical advice or approval. We report two cases of nontherapeutic introduction of rectal foreign bodies and review the substantial

removed by manual or endoscopic means. The patient consented to extraction of the dildo under general anesthesia. Biopsy specimens of the hemorrhagic rectal mucosa were performed and were negative on Ziehl-Neelsen stains for mycobacterial or cryptosporidium infection. The patient was discharged without complications the following day.

這份報告讓布許和施特林拿下搞笑諾貝爾獎。

在一九五九年的《南非醫學期刊》(*South African Medical Journal*)上的一篇報導,也令他們覺得很費解,它詳述了「一名三十八歲男子被一個『朋友』把幾副眼鏡、一支手提箱鑰匙、一個菸草袋以及一本雜誌塞進他的直腸裡」。

一篇刊登在一九三四年《紐約州醫學雜誌》(*New York State Journal of Medicine*)上的論文,引起了他們的注意,它描述一個「據推測被誤報為遭到攻擊的病例」:「一名五十四歲的已婚男子,坦承自己把兩顆蘋果塞入直腸內,這名男子先前曾經指控有幾名男子攻擊他,硬是把蔬菜(一根黃瓜和一根歐防風)塞到他的直腸裡。」

布許醫生和施特林醫生解釋說,會這樣埋怨的病人,有的會刻意誤報某些資料。「似乎是因為醫生問的問題令他們難以啟齒,」他們寫道。「我們治療這些病人時應該盡量關懷他們、婉轉一些,切記他們會覺得很不好意思。」一九二八年的《美國外科學期刊》(*American Journal of Surgery*)上刊登了這樣一個病例:「有個病人一開始坦承,是自己動手把一顆檸檬和一罐冷霜塞到直腸裡的,但在病後恢復期間,他改口說是藥房的店員建議他,用檸檬汁和冷霜來紓解痔瘡的疼痛,但我們在檢查的時候並未發現他患痔瘡。」一九三五年,同一份期刊上登了這樣一名病人:「該病人的直腸裡有一截斷掉的掃帚柄,他表示他是用這個東西來按摩他的前列腺的;據說是他的醫生在他比較有錢之後,提議要他一個星期做兩次按摩。」一九三二年是經濟大蕭條最悽慘的時期,那年的《伊利諾州醫學雜誌》(*The Illnois Medical Journal*)報導:「一名病人表示為了止癢,自己動手把兩個水杯塞進直腸裡。」

布許醫生和施特林醫生的「直腸異物:個案報告與對全球相關文獻的全面檢查」,不只是偉大的文學著作,在醫療史上也佔有一席之地,還為他們的同行提供了實用的技術,比如它寫了幾種辦法,教人一旦在直腸內找到異物,可以藉此順利取出。

「可以用網眼極細的紗布或乾酪包布包著燈泡，接著小心地打碎燈泡，那麼就可以取出燈泡而不會傷到人了。要把燈泡從直腸裡取出來，還可以用綁線的掃帚柄和兩隻大湯匙。」

「某個病例是利用在直腸內填塞熟石膏，來包覆住錨定的繩子，在石膏凝固之後，拉繩子把玻璃水杯抽出來。」

「十六世紀有一個病例特別有名：有個婦女拿一條豬尾巴，豬鬃對著接近尾部的地方（也就是朝著屁股），插進自己的直腸裡，插得很深。這個病例是藉由巧妙地把一支空心的蘆葦桿插進直腸，讓它超過豬尾巴，之後就輕易把這兩樣東西一起拉出來了。」

下面是一九八六年由布許和施特林醫生整理出來，在病人直腸裡找到的物品的完整清單。

物品	找到的數量
玻璃製品或陶製品	
瓶子或是罐子	31
綁上繩子的瓶子	1
大杯子或小杯子	12
燈泡	7
管子	6
食物	
蘋果	1
香蕉	2
胡蘿蔔	4
黃瓜	3
洋蔥	2
歐防風	1
大蕉（套著保險套）	1
馬鈴薯	1
莎樂美腸（Salami）	1
蕪菁	1
節瓜	2
木製品	
斧頭柄	1
棍子或掃帚柄	10
雜貨或是沒有具體說明的	3
性玩具	
電動按摩棒	23*
假陽具	15

廚房用品

鈍刀 1
冰錐 1
磨刀器 1
杵和臼 2
抹刀（塑膠的） 1
湯匙 1
錫杯 1

雜項工具

蠟燭 1
手電筒 2
鐵棒 1
筆 2
橡皮管 1
螺絲起子 1
牙刷 1
鋼絲彈簧 1

會脹大的物品

氣球 1
綁上圓筒的氣球 1
保險套 1

球類

棒球 2
網球 1

雜項容器

嬰兒爽身粉罐 1
燭盒 1
鼻菸盒 1

雜類

瓶蓋 1
牛角 3
冷凍豬尾巴 1
袋鼠瘤（Kangaroo Tumor） 1
塑膠桿 1
石頭 2
牙刷架 1
未拆封的牙刷 1
鞭子握柄 2*

收藏品（每一列代表一個病例）

兩條玻璃管
72.5（mm）的珠寶鋸子
用馬鈴薯塞住的汽油罐
木塊、花生
傘柄和灌腸接管
兩個大玻璃杯
含磷的火柴頭（來自殺人案）
402顆石頭
工具盒**
兩塊肥皂
啤酒杯和密封罐
檸檬和冷霜罐
兩顆蘋果
幾副眼鏡、一隻手提箱的鑰匙、一個菸草袋和一本雜誌

* 數量可能更多（內文沒有寫明）
** 從囚犯體內找到；工具盒裡裝有鋸子和其他物件，可以用來逃脫。

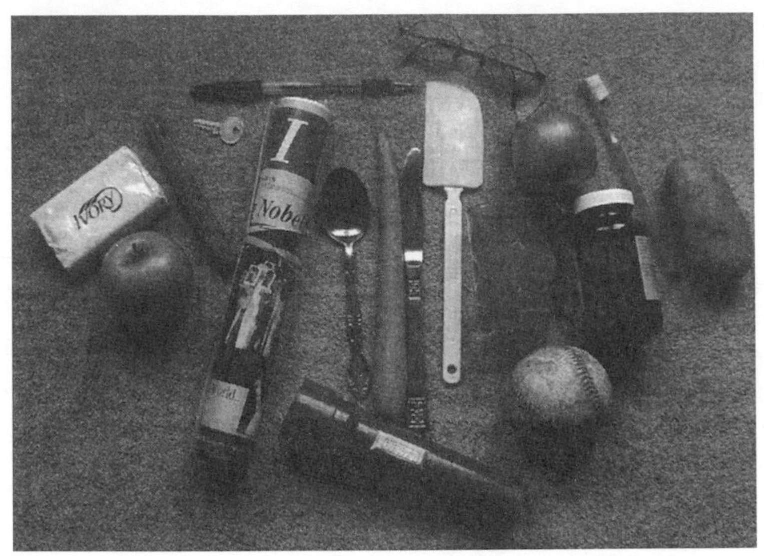

這五花八門的物品，都是醫生從病人直腸裡取出來的。（照片提供：卡斯威爾〔A. S. KAswell〕，《不可思議研究年鑑》）

布許醫生和施特林醫生倆人，由於解開了許多一度隱沒在又深又暗之處的物品之謎，獲頒一九九五年搞笑諾貝爾獎文學獎。

他們無法前來參加搞笑諾貝爾獎頒獎典禮，不過施特林醫生寄來了得獎感言錄影帶。在影片中，他全身穿著手術衣，用一種了無生趣的單調聲音說：

「能夠拿到今年的搞笑諾貝爾獎，我萬分感激。當然，我也得感謝和我合作的布許醫生，他鼓勵我把我那些病人交給他，還幫我做學術研究。我今天之所以穿成這樣是想提醒各位，如果你們想踏進這個有時很危險的領域，請確保自己有穿戴整齊，因為後果有時候可能會不可收拾，可能會很出乎意料。如果你打算從事這類工作，要穿戴整齊，有幽默感，還要有好運氣。」

布許醫生和施特林醫生的報告是在一九八六年發表的，記錄的是這一年之前在直腸裡發現的物品。讀過他們報告的人都明白，這只不過是開始而已。

在接下來幾年，隨著消費者信心指數攀升，在病人直腸裡所發現、由病人購買的物品，也變得五花八門。以下是我們從近年來的病例中，隨意挑選出的幾個有趣例子。

- 一九八七年：《美國法醫學與病理學雜誌》（*American Journal of Forensic Medicine and Pathology*）刊登了「用混凝土灌腸所造成的直腸阻塞」（Rectal Impaction Following Enema with Concrete Mix）這份報告。
- 一九九一年：日本的醫學期刊《日本法醫學雜誌》（*Nippon Hoigaku Zasshi*）詳述了一個不幸的案例，「用枴杖插進直腸的殺人行為」（Homicide by Rectal Insertion of a Walking Stick）。
- 一九九四年：《美國胃腸病學雜誌》（*American Journal of Gastroenterology*）報導了一個「肛門有牙籤」的病例。
- 一九九六年：《印度腸胃病學期刊》（*Indian Journal of Gastroenterology*）登了一個病例報告，標題是「直腸裡的威士忌酒瓶」（Whisky Bottle in the Rectum），隔年又登出兩則專科醫生可能會感興趣的報導，一則是「把直腸裡的胡蘿蔔用轉的轉出來」（Screwing a Carrot Out of the Rectum），另外一則是「現在，直腸裡出現一根針」（And Now, a Needle in the Rectum）。
- 一九九九年：《急診醫學期刊》（*Journal of Emergency Medicine*）報導在一名二十歲男子的直腸裡找出了一只隔熱手套。
- 二〇〇一年：《捷克外科醫學期刊》（*Rozhledy v Chirurgii*）上刊登了一份報告，指出在捷克共和國一名男子的直腸內找到了一個瓷杯。而《英國牙科雜誌》（*British Dental Journal*）上刊登了一份報告，標題是「別忘了把牙刷拿出來！」（Don't Forget Your Toothbrush），記載了某病人忘了把牙刷從直腸裡拿出來。

搞笑諾貝爾獎官方網站

上網搜尋「搞笑諾貝爾獎得獎者」，可查到列有歷年得獎者的維基百科頁面。

搞笑諾貝爾獎網站的網址是：www.improbable.com，它是《不可思議研究年鑑》的一部分，上頭也可以找到完整的得獎者名單，其中多數可以連到得獎者個人的網頁、研究原文，以及相關的媒體報導。網站上也公布了部分頒獎典禮的影片，此外還發布了得獎者的近況。

如果想要得知日後搞笑諾貝爾獎頒獎典禮相關活動，你可以訂閱每個月發行一次的免費新聞稿《不可思議研究迷你年鑑》，或者寫信到以下電子郵件信箱：

Listproc@air.harvard.edu

郵件內容僅需寫「SUBSCRIBE MINI-AIR」+「您的大名」，以下謹舉二例：

SUBSCRIBE MINI-AIR Iren Curie Joliot

SUBSCRIBE MINI-AIR Nicholai Lobachevsky

致謝

這本書獻給羅賓。

在搞笑方面，特別感謝Sid Abrahams、Margot Button、Sip Siperstein、Don Kater、Stanley Eigen、Jackie Baum、Joe Wrinn、Gray Dryfoos、Harvard Computer Society、Harvard-Radcliffe Science Fiction Society和HARVARD-Radcliffe Society of Physics Students。

出版方面，特別感謝Regula Noetzli、Trevor Dolby、Pandora White和Alexa Dalby。

每年，大約有五十到一百人協助籌辦搞笑諾貝爾獎頒獎典禮，如果沒有這些人盡心協助，就沒有這個典禮與這本書。這些人是：Alan Asadorian and Dorian Photo Lab、Brad Barnhorst、Referee John Barrett、Charles Bergquist、Boug Berman、Silvery Jim Bredt、Blinsky、Alan Brody、Jeff Bryant、Nick Carstoiu、Jon Chase、Keith Clark、Jon Connor、Sylvie Coyaud、Frank Cunningham、Cybercom.net、Investigator T. Divens、Bob Dushman、Kate Eppers、Relena Erskine、Dave Feldman、Len Finegold、Ira Flatow、Stefanie Friedhoff、Jerry Friedman、Martin Gardner、Greg Garrison、《伯明罕新聞》的圖書館同仁、Bruce Gellerman、Sheila Gibson、Shelly Glashow、Margaret Ann Gray、Deborah Henson-Conant、Jeff Hermes、Dudley Herschbach、Holly Hodder、David Holzman、Karen Hopkin、Jo Rita Jordan、Roger Kautz、Hoppin' Harpaul Kohli、Alex Kohn、Deb Kreuze、Leslie

Lawrence、Matt Lena、Jerry Lettvin和Maggie Lettvin、Barbara Lewis、Bill Lipscomb、Tom Lerer、Harry Lipkin、Alan Litsky、Julia Lunetta、Counter-Clockwise Mahoney、Lois Malone、William J. Maloney、Mary Chung Restaruant、Micheline Mathews-Roth、Les Frères Michel、MIT Museum、MIT Press Bookstore、David Molnar、Carol Morton、Lisa Mullins、The Museum of Bad Art、Steve Nadis、Mary O' Grady、Bob Park、Jay Pasachoff、The Flying Petscheks、Stephen Powell、Harriet Provine、Sophie Renaud、Boyce Rensberger、Genevieve Reynolds、Rich Roberts、Nailah Robinson、Nicki ohloff、Bob Rose、Deniel、Isabella、Katrina、Natasha、Sylvia Rosenberg、Louise Sacco、Rob Sanders、桑德斯劇院裡整個了不起的團隊、Margo Seltzer、Roland Sharrillo、Sally Shelton、Miles Smith、Smitty Smith、Kris Snibbe、Earle Spamer、Chris Small、Naomi Stephen、Alan Symonds、Judy Taylor、Chris Thorpe、Peaco Todd、Clockwise Twersky、Tom Ulrich、Mark Waldstein、Verena Wieloch、Bob Wilson、Eric Workman、Howard Zaharoff。

另外，我也代表我們全體，謝謝搞笑諾貝爾獎的得主們，也謝謝那些接受提名的人。正如我們每年在典禮結束時說的：「如果你沒有得到搞笑諾貝爾獎，祝你明年好運；如果你得到了，那更要祝你明年好運了！」

INSIDE 4

最有梗的桂冠：搞笑諾貝爾獎

THE IG NOBEL PRIZES: The Annals of Improbable Research

作　　者　馬克・亞伯拉罕斯（Marc Abrahams）
譯　　者　林東翰
責任編輯　林慧雯
封面設計　蔡佳豪

編輯出版　行路／遠足文化事業股份有限公司
總 編 輯　林慧雯
社　　長　郭重興
發行人兼出版總監　曾大福
發　　行　遠足文化事業股份有限公司　代表號：（02）2218-1417
23141新北市新店區民權路108之4號8樓
客服專線：0800-221-029　傳真：（02）8667-1065
郵政劃撥帳號：19504465　戶名：遠足文化事業股份有限公司
歡迎團體訂購，另有優惠，請洽業務部（02）2218-1417分機1124、1135
法律顧問　華洋法律事務所　蘇文生律師
特別聲明　本書中的言論內容不代表本公司／出版集團的立場及意見，由作者自行承擔文責。

印　　製　韋懋實業有限公司
二版首刷　2020年9月

定　　價　420元

國家圖書館預行編目資料

最有梗的桂冠：搞笑諾貝爾獎
馬克・亞伯拉罕斯（Marc Abrahams）著；林東翰譯
－二版－新北市　行路出版：遠足文化發行，2020年9月
面；公分
譯自：The Ig Nobel Prizes: The Annals of Improbable Research
ISBN　978-986-98913-4-9（平裝）
1.科學　2.通俗作品
307　109009945